植物病原細菌学

加来久敏 著

養賢堂

はじめに

　植物もヒトや動物と同様に，多様な微生物による感染の脅威にさらされている．細菌も植物の病原微生物として非常に重要な位置を占めている．細菌は糸状菌に比べるとはるかに微小な微生物群であり，湿度や温度など環境条件が揃えば，植物組織内で対数的に急速に増殖して病気を引き起こし，作物生産に甚大な被害をもたらす．また，細菌は診断が難しく卓効を示す薬剤が少ないため，難防除病害が多い．またリンゴ火傷病やスイカ果実汚斑細菌病など，国際的な検疫問題となっている病害も存在する．また，植物病理学の分野でも，細菌は非常に小さく，光学顕微鏡でようやく観察されるほどの大きさであって，形態的に極めて単純なため，同定や分類が難しい微生物群である．さらに，近年他の植物病原微生物と比較して植物病原細菌のゲノム解析が非常な勢いで進んでおり，ゲノム情報を基盤とした植物との相互作用の解析も進んでいる．このように植物病原細菌はいろいろな意味で注目されている植物病原微生物である．

　この「植物病原細菌学」は後藤正夫先生の「植物細菌病学概論」に続く，植物細菌病学の教科書として使用されるよう起稿したものである．植物細菌病の分野ではここ20年以上解説書が発刊されていないため，本書ではゲノム解析などこの分野における分子生物学的研究の成果を取り入れることに留意した．さらに，近年，植物医科学の興隆で明らかなように，農業の現場における植物の細菌による病害の診断の重要性を鑑み，主要な植物細菌病を各論として纏め，診断も実用的な解説を加えた．

　また，分子生物学的手法の発達に伴い，イネ白葉枯病菌やナス科植物青枯病菌のような代表的な植物病原細菌でさえ，学名は *Xanthomonas oryzae*→*Xanthomonas campestris* pv. *oryzae*→*Xanthomonas oryzae* pv. *oryzae* へ，後者は *Pseudomonas solanacearum*→*Burkholderia solanacearum*→*Ralstonia solanacearum* へと変遷を見た．とくに 16S rRNA 遺伝子のシークエンスが主体となっているため，*Erwinia* や *Pseudomonas* といった，これまで普通に使われてきた属名も新しい，多様な属へと再編されつつあり，植物病原細菌の研究者でさえ全体の学名の変遷を追うのは難しい時代となっている．最も典型的な例が *Agrobacterium* 属細菌である．植物病原細菌の中でもひときわ有名な属名であるにもかかわらず，16S rRNA 遺伝子のシークエンスに基づく分類では *Rhizobium* 属と分けるのは不合理とされ，より古い属名である *Rhizobium* 属が採用されたため，*Agrobacterium tumefaciens* や *A. rhizogenes* は植物病原性 *Rhizobium* と今日では呼ばれている．もちろん実学としての植物病原細菌学ではこのような多岐にわたる属の増設や学名の変更はけっして好ましい動向ではなく，植物病原細学の国際学会などでも批判的な動きも多い．

　また，分子生物学的な流れとして，近年，植物病原細菌のゲノム解析は飛躍的なものがある．筆者自身，イネ白葉枯病菌のゲノム解析に関わってきた．まだ細菌のゲノム解析の黎明期であり，ショットガン方式がようやく取り入れられるようになった時期に，小さなチームで試行錯誤で行ったゲノム解析は，苦労の連続であった．しかし，

イネ白葉枯病の研究をリードしてきた我が国で，イネ白葉枯病菌のゲノム解析が完了したことは意義深いことであると自負している．現在では解析技術の進歩とヒトやイネといった大型ゲノム・プロジェクトが終了し，解析のコストの低減化もあって夥しい数の微生物のゲノム解析が進んでいる．従って，植物病原細菌も重要な種については複数株の解析が行われているのが現状である．

本書を仕上げる過程で，複数の章を査読いただいた岩田道顕博士（元明治製菓），西澤洋子博士（農業生物資源研究所），藤川貴史博士（果樹研究所），塚本貴敬博士（横浜植物防疫所）に厚くお礼申し上げる．とくに，藤川氏には図版の作成までお願いし，写真や引用した図以外は彼の貢献によるものである．

また，植物病原細菌学と植物細菌病学の分野で長年にわたってご指導いただき，議論の相手となってくださった露無慎二静岡大学名誉教授及び堀野 修京都府立大学名誉教授，西山幸司博士，またイネ白葉枯病に関して終始ご指導いただいた江塚昭典博士に深謝の意を表する．さらに，植物細菌病学及び植物感染生理学の分野でご指導いただいた多数の方々に厚くお礼申し上げる．

最後に，本書を恩師である野中福次佐賀大学名誉教授に捧げたい．植物病理学の深遠な，そして知的探究心を駆使するにふさわしい研究分野へ導いて下さり，今日に至るまでご指導いただき，本書を上梓するに当っても，終始激励いただいた．そのご恩は計り知れない．

出版に際して，終始編集の作業を進めていただいた養賢堂編集部の小島英紀氏に深謝の意を表する．

平成28年　5月
著者

目次

はじめに …………………………………………………………………… iii

第1章　植物病原としての細菌 …………………………………………… 1
1. 植物細菌病の位置づけ ………………………………………………… 1
2. 植物病原細菌の特徴 …………………………………………………… 2
3. 植物病原細菌の進化 …………………………………………………… 3
4. 寄生と共生のはざま …………………………………………………… 4
5. 世界的に重要な細菌病 ………………………………………………… 4
6. 植物細菌病と植物病原細菌の重要性 ………………………………… 5

第2章　植物細菌病研究の歴史 …………………………………………… 10
1. 植物の病害の発見と植物病理学の興隆 …………………………… 10
2. 植物細菌病の発見と植物細菌病学の確立 ………………………… 10
3. 植物病原細菌と植物細菌病の分子生物学的研究の展開 ………… 12
4. 植物細菌病学におけるゲノミックスと今後の展開 ……………… 15
5. わが国における植物細菌病研究の歴史 …………………………… 16

第3章　植物病原細菌の構造と機能 ……………………………………… 18
1. 細菌の形態の概要 …………………………………………………… 18
2. 細菌細胞の構造と機能 ……………………………………………… 19
3. 細菌の染色性と色素 ………………………………………………… 28

第4章　植物病原細菌のゲノム …………………………………………… 31
1. 植物病原細菌のゲノム解析の概要 ………………………………… 31
2. 植物病原細菌のゲノム解析の歴史 ………………………………… 32
3. 植物病原細菌のゲノム構造 ………………………………………… 34
4. ポスト・ゲノム研究の展開 ………………………………………… 41
5. 今後の展望 …………………………………………………………… 44

第5章　植物病原細菌の分類 ……………………………………………… 48
1. 植物病原細菌の分類の概要 ………………………………………… 48
2. 細菌の種の概念 ……………………………………………………… 49
3. 細菌分類の歴史 ……………………………………………………… 50
4. 人為分類と系統分類 ………………………………………………… 51
5. 植物病原細菌の学名 ………………………………………………… 52
6. 植物病原細菌の分類法 ……………………………………………… 55

7. 植物病原細菌の分類体系 …………………………………… 60
　8. 植物病原細菌の属と種 ………………………………………… 60

第6章　植物病原細菌の感染と病原性発現機構 ……………………… 74
　Ⅰ. 植物病原細菌の感染機構 ……………………………………… 74
　　1. 植物病原細菌の侵入前行動 ………………………………… 74
　　2. 植物病原細菌の侵入機構 …………………………………… 77
　　3. 定着と増殖・移行 …………………………………………… 80
　　4. 発病因子 ……………………………………………………… 80
　Ⅱ. 植物病原細菌の病原性発現機構 ……………………………… 89
　　1. 増生病における病原性発現機構 …………………………… 89
　　2. 萎凋病における病原性発現機構 …………………………… 96
　　3. 軟腐病における病原性発現 ………………………………… 100
　　4. 壊死斑病における病原性発現 ……………………………… 103

第7章　植物の病原細菌に対する抵抗性と防御機構 ………………… 109
　Ⅰ. 植物の病原細菌に対する抵抗性 ……………………………… 109
　　1. 細菌の病原性分化と植物の抵抗性 ………………………… 109
　　2. 代表的な細菌病における細菌のレースと品種抵抗性 …… 112
　Ⅱ. 植物の病原細菌に対する防御機構 …………………………… 118
　　1. 植物の植物病原細菌に対する反応 ………………………… 118
　　2. 抵抗性機構としての過敏感反応 …………………………… 119
　　3. その他の抵抗性機構 ………………………………………… 126

第8章　植物-病原細菌の相互作用の分子生物学 ……………………… 136
　　1. 植物病原細菌のエフェクター分泌 ………………………… 136
　　2. 細菌病に対する植物の抵抗性遺伝子 ……………………… 140
　　3. 細菌のエフェクターと抵抗性遺伝子の相互作用 ………… 144

第9章　植物病原細菌の生態 ……………………………………………… 149
　Ⅰ. 細菌病発生の世界的動向と細菌性エマージング病の発生 …… 149
　　1. 世界における細菌病発生の動向 …………………………… 149
　Ⅱ. 植物病原細菌の伝染環 ………………………………………… 155
　　1. 細菌病の伝染源 ……………………………………………… 155
　Ⅲ. 細菌病の伝搬 …………………………………………………… 160
　　1. 水による伝播 ………………………………………………… 160
　　2. 土壌による伝搬 ……………………………………………… 161
　　3. 昆虫による伝播 ……………………………………………… 162
　　4. 鳥獣による伝播 ……………………………………………… 162
　　5. 農作業による伝播 …………………………………………… 162

Ⅳ．発病と環境 ……………………………………………………… 163
　　　1．温度 ………………………………………………………… 163
　　　2．湿度 ………………………………………………………… 164
　　　3．風 …………………………………………………………… 164
　　　4．土壌 ………………………………………………………… 164
　　　5．日照 ………………………………………………………… 166

第 10 章　植物細菌病の診断と同定 ………………………………… 169
　　1．植物の細菌病の病徴 ………………………………………… 169
　　2．植物細菌病の診断 …………………………………………… 171
　　3．分離と同定 …………………………………………………… 179

第 11 章　植物細菌病の防除 ………………………………………… 193
　　1．防除 …………………………………………………………… 194
　　2．薬剤による防除 ……………………………………………… 197
　　3．耕種的防除 …………………………………………………… 207
　　4．総合防除 ……………………………………………………… 211
　　5．植物検疫と植物防疫 ………………………………………… 211

第 12 章　植物病原細菌の保存と利用 ……………………………… 218
　　1．植物病原細菌の保存 ………………………………………… 218
　　2．植物病原細菌の保存機関 …………………………………… 221
　　3．植物病原細菌の産業的利用 ………………………………… 224
　　4．今後の展望 …………………………………………………… 226

第 13 章　各論 ………………………………………………………… 229
　　1．食用作物の細菌病 …………………………………………… 229
　　2．特用作物の細菌病 …………………………………………… 241
　　3．野菜の細菌病 ………………………………………………… 245
　　4．果樹・樹木の細菌病 ………………………………………… 255

索引 ……………………………………………………………………… 265

付録
1．主要植物細菌病リスト …………………………………………… 274
2．主要植物病原細菌の学名 ………………………………………… 277

著者略歴 ………………………………………………………………… 279

第1章　植物病原としての細菌

1. 植物細菌病の位置づけ

　植物の病原として細菌は重要な位置を占め，細菌に起因する植物の病害は双子葉，単子葉植物をはじめ多数の植物の種類に及んでいる．現在，世界に分布する植物病原細菌の数は種，亜種，病原型（pathovar）含めて約350と推定されている．

　細菌は二分裂によって増殖する単細胞性の微生物であり，細胞内に核や細胞内小器官といった明瞭な構造を欠く最小の生物である．

　細菌の特徴は原核生物であるため，構造的に真核生物よりはるかに小さい．形態的に単純で植物の細胞内小器官である葉緑体やミトコンドリアとほぼ同等の大きさである．この大きさは光学顕微鏡の高倍でようやく微粒子として観察できる．かつては位相差顕微鏡で観察が可能とされていたが，顕微鏡用レンズの設計の進歩から高解像力レンズの生産が可能となり，さらに特異的染色との組み合わせで，植物組織内の細菌の観察も容易になっている（図1-1）．

　植物で最も重要な病原微生物は菌類である．主要作物を対象とした場合，50~65%が糸状菌に起因する．次いで，10〜20%がウイルスによって起こり，細菌によって起こる病害はウイルスとほぼ同じか，若干少ない．他の病原として線虫，藻類，高等植物などがあるが，重要度はさらに低い．

　このように一般的には植物にとって菌類が病害の数や経済的損失などを考慮すると最も重要な病原微生物であるが，植物のすべての科の植物に寄生するなど細菌の病原微生物としての重要度は極めて高い．また，近年，研究面では植物-微生物相互作用の分子生物学的研究が著しく進展しているが，そのモデル系として細菌は糸状菌に比べてゲノム解析が比較にならないくらいの速度で進んでおり，その結果，ゲノム情報が豊富で，しかも形質転換が容易などの利点があり，分子レベルでの解析をリードする形で進んで

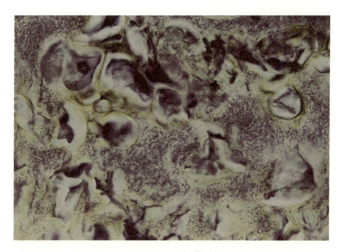

図1-1　カンキツかいよう病菌（*Xanthomonas citri* pv. *citri*）のラフレモン葉肉組織中における増殖

いる.

さらに農業の現場において，病害防除の面でも植物の菌類病では有効な防除薬剤が多数開発されているが，細菌病では卓効を示す薬剤が極めて限られており，難防除病害として大きな問題となっている．とくに，種子伝染性の病原細菌が多くの問題を引き起こし，種子病理の分野や植物検疫の場面で重要な病原となっている．

2. 植物病原細菌の特徴

植物病原細菌による病害は植物の他の病原による病害と比べた場合，病原細菌に共通の特徴をもっている．とくに植物にとって最も重要な病原である菌類病と比べた場合，その差異は大きい．植物病原糸状菌と比較して植物病原細菌の特徴を列記すると，下記のようになる（表1-1）．

1) 細菌は原核生物である．従って，細菌の細胞は構造的に薄い膜で囲まれてはいるが，核の染色体DNAは核膜に包まれない．このため，核様体（nucleoid）と称される．また，細胞質内にミトコンドリアや小胞体などの膜構造物は存在せず，原形質流動やエンドサイトーシス・エキソサイトーシス作用がみられない．
2) 核酸は微量のヒストン様タンパク質と結合しているが，有糸分裂や減数分裂はみられず，二分裂で増殖する．
3) 糸状菌とは異なり，植物病原細菌は胞子形成などの形態形成を行わない．すなわち，耐久体を形成しないので，過酷な環境条件下では生存できない．その代わり，細胞外多糖質などを産生して，環境適応を行う．
4) 胞子を作らないので，糸状菌と比べて遠距離への飛散ができない．また，細菌細胞は粘性を有し，空気伝搬は難しいが，風や水によって受動的な伝染が起こる．
5) 感染において糸状菌とは異なり，直接植物のクチクラを貫入できない．

表1-1 植物病原性の細菌と糸状菌との比較

性質	細菌	糸状菌
分類的位置	原核生物	真核生物
大きさ	2μm×1μm	径0.5-100μm
細胞壁	ペプチドグリカン	多様
ゲノムのサイズ	約5MB	約40MB
リボソーム	70S	80S
翻訳開始のtRNA	ホルミルメチオニン	メチオニン
分裂法	二分裂	先端成長，分枝
侵入	自然開口部，傷	主としてクチクラ侵入
胞子形成	無	有
主な伝搬法	水媒伝染	空気伝染
伝染速度	速い	遅い

気孔のような自然開口部，もしくは傷からしか侵入できない．
6) 二分裂で増殖し，複雑な形態形成がないため，温度や湿度などの最適条件が整うと対数的に増殖する．このため，病気の進展速度が速い．細菌病では発病に気づいた時には手遅れといったことがよく起こる．
7) 卓効を示す薬剤が少なく，菌類病に比べて防除が難しい．

3. 植物病原細菌の進化

　自然環境下には無数の細菌が存在する．植物関連細菌に限って，それらを分類すれば二つのカテゴリーに大別できる．一つは植物体の表面に生息する細菌群，今一つは植物体の中で生息する細菌群である．前者はさらに，根圏に生息するグループと地上部に付着するグループとに大別される．植物病原としての細菌はほとんどが植物体の中で生息することが可能なグループに属するが，例外もあって，植物が軟弱であったり，傷害を受けたりすると植物体内に侵入し，増殖するものもある．日和見感染細菌の大部分がそのようなグループに属する．

　植物病原細菌，すなわち植物に寄生できる細菌の特徴は基本的に植物に侵入できるという能力である．植物に侵入し，増殖し，その結果植物に病気を起こす．植物病原細菌は植物の細胞壁を破って細胞内に入ることはできず，大多数は細胞間隙や維管束の導管といった空間で増殖する．しかし，中には *Agrobacterium* や *Rhizobium* のように細菌の細胞の一部あるいは全体が植物細胞内に移行するものもある．このような植物病原細菌はどのように進化を遂げたのであろうか．

　上に述べたように自然環境下には夥しい数の細菌が存在するが，植物病原としての記載されているものは数が非常に限られている．旧分類体系で言えば，*Agrobacterium*，*Erwinia*，*Pseudomonas*，*Xanthomonas* といったグラム陰性細菌の一部，それに *Clavibacter* など，少数のグラム陽性細菌のみである．従って，植物に病気を起こす細菌は植物との関係で他の細菌とは極めて異なった選択圧で進化してきたようである．とくに *Xanthomonas* 属細菌はそれを構成する種のほとんどが植物に対して病原性を有するという点で特異な存在である．

　植物の組織は細菌の生育にとってけっして好適な環境とは言えない．湿度は保たれているが，低栄養であり，植物の防御反応をもろに受けやすい．したがって，グラム陰性の植物病原細菌は共通の病原性関連遺伝子ともいうべき *hrp* 遺伝子を有し，自者の都合のよいような栄養成分を分泌させたり，毒素など生理活性物質を出したり，あるいは植物の通導組織に内生したり，多様な戦略で適応し，進化を遂げてきたと考えられる．

　植物病原細菌と同様，植物に感染する能力を獲得したマメ科植物根粒菌も分類学的には複数の綱・科・属・種にまたがっており，感染部位や感染様式などは植物病原細菌と異なっているものの，同様のことが言える．また，ゲノム解析の結果，共生関連の遺伝子が集中している共生アイランド

がゲノム上に存在するものとメガプラスミド上に座位するものに大別されるが，病原細菌固有と考えられていた *hrp* 遺伝子を根粒菌も有しており，病原性細菌と共生細菌の比較ゲノムによって，植物病原細菌の進化の手がかりとなるような知見が得られる可能性がある．

4. 寄生と共生のはざま

　植物と微生物の関係で，病原体が感受性の植物に侵入し，栄養をとって生活できるようになることを「感染の成立」という．また，この場合の病原体を寄生者，感受性植物を宿主と称する．植物病原細菌も宿主の侵入して，栄養をとるため，「寄生」という範疇に入ることとなる．一方，糸状菌では菌根菌（mycorrhiza），細菌ではマメ科植物根粒菌やフランキア（Frankia）などは植物に感染し，植物側にリン酸や窒素を供給し，植物からは炭酸同化産物をもらい受け生活する．このような関係を共生（symbiosis）と称し，感染する側を共生者（共生菌，symbiont）と称する．

　このように一見，寄生と共生の境界は非常に明瞭のように見えるが，実際には根粒菌が毒素を産生して植物に障害を起こしたり，植物病原細菌である *Agrobacterium* と共生細菌の *Rhizobium* が細菌としてはほぼ同じ仲間であったりと境界域があいまいとなる場合もある．

　実際に細菌の分類学上，*Agrobacterium* 属細菌は現時点では *Rhizobium* 属に編入されている．両属を比較すると，極めて興味深い考察が可能である．

　ともに土壌細菌であり，植物に瘤などの増生を引き起こす性質も共通している．しかし，*Agrobacterium* 属細菌は寄生が主体であるのに対して *Rhizobium* 属細菌はほとんど共生細菌である．前者はバラ科植物に寄生性が高く，一方，後者はマメ科植物との関係が深い．*Agrobacterium* 属細菌は植物組織の中で増殖移行することはまれで，逆に *Rhizobium* 属細菌は感染糸を通って植物組織内に入り込み，根粒中でバクテロイドとして棲息する．

　また，寄生や共生に関連する遺伝子は多くがプラスミド上にあり，相互の入れ替えによる機能の逆転が可能である．

5. 世界的に重要な細菌病

　植物の細菌病の重要性は第一に食料生産における減収要因としての位置づけとなる．総合的に判断した場合，世界における重要な細菌病は表 1-2 のようである．

　この表から明らかなように，植物病原細菌の種は多岐にわたっており，作物も穀物，食用作物，野菜，果樹と多様である．とくに食用作物であるイネやジャガイモの細菌病は減収要因として重要である．これに対して，ムギ類では壊滅的な被害を与える細菌病が存在しない．また，細菌病は診断の難しさや種子伝染性病害が多いこと，さらに卓効を示す薬剤が少ないことなどから，植物検疫の対象となっている病害が多い．中でもリンゴ火傷病は世界的に蔓延しつつあり，壊滅的な被害を被害を与える病害である

表 1-2　世界的に重要な細菌病と病原細菌

宿主植物	病害	病原細菌
イネ	白葉枯病	*Xanthomonas oryzae* pv. *oryzae*
ジャガイモ	黒脚病	*Pectobacterium atrosepticum*
バラ科植物	根頭がんしゅ病	*Agrobacterium tumefaciens*
リンゴ	火傷病	*Erwinia amylovora*
野菜類	軟腐病	*Pectobacterium carotovorum* subsp. *carotovorum*
ウリ科野菜	斑点細菌病	*Pseudomonas syringae* pv. *lachrymans*
ナス科植物	青枯病	*Ralstonia solanacearum*
トマト	かいよう病	*Clavibacter michiganensis* subsp. *michiganensis*
アブラナ科野菜	黒腐病	*Xanthomonas campestris* pv. *campestris*
カンキツ類	かいよう病	*Xanthomonas citri* pv. *citri*

ため，未発生の国も厳重な侵入警戒策をとっている．また，イネ白葉枯病はイネいもち病と並んで生物兵器として利用される危険性をはらんでいるため，病原細菌の国際的な移動が厳しく制限されている．

さらに，研究面においても近年，植物-微生物相互作用の解析が急速な勢いで進展しており，そのモデル系として *Xanthomonas oryzae* pv. *oryzae*（イネ白葉枯病菌），*Pseudomonas syringae* pv. *tomato*（トマト斑葉細菌病菌），*Ralstonia solanacearum*（ナス科植物青枯病菌），*Xanthomonas campestris* pv. *campestris*（アブラナ科野菜黒腐病菌）などが採用されている．これらの病原細菌はそれらのゲノム解析が完了しており，ゲノム情報が公開されている．とくに，*X. oryzae* pv. *oryzae* 及び *P. syringae* pv. *tomato* はそれぞれ宿主植物のイネとシロイヌナズナのゲノム解析も完了しており，植物-微生物相互作用の解析がゲノムを基盤として行われている．

また，細菌病では卓効を示す薬剤が少ないのが現状であるが，ヒトの場合と同様，将来的にはゲノム創農薬により新農薬が開発される時代が訪れるであろう．

植物病原細菌の重要性は作物の病原としての重要性に留まらず，キャベツ黒腐病菌（*X. campestris* pv. *campestris*）のように，細菌が産生する粘着性の細胞外多糖質の食品添加物などへの利用，根頭がんしゅ病菌 *Agrobacterium tumefaciens* のプラスミドの植物のバイテク育種における遺伝子ベクターとしての利用，生物防除剤としての利用等有効利用される例も少なくない．

6. 植物細菌病と植物病原細菌の重要性

近年，いろいろな分野で植物病原細菌が注目されているが，それらは下記のように要約されるであろう．植物病原としての細菌はほとんどの植物に寄生し，原核生物であることから，好適な栄養及び環境条件下で急速に増殖し，栽培作物に甚大な被害を及ぼすほか，診断が困難，さらに防除も難しいという特徴がある．

1) エマージング病及びリエマージング病の病原としての植物病原細菌

近年，ヒトや家畜の場合と同様にエマージング感染症が地球規模で問題となっており，植物におけるエマージング病の病原としても植物病原細菌は極めて重要である．他の植物病原，例えば糸状菌やウイルスによってもエマージング病は発生する．しかし，病原性遺伝子の水平伝搬が比較的簡単に行われることから，かつてのエマージング病の再発生（reemerging diseases）も問題であるが，新しいエマージング病の発生がとくに問題となっている．これには人間の活動のグローバリゼーションの問題が根底にあり，地球の温暖化など環境要因，種子生産の国際化，さらには近代品種の栽培や窒素肥料の多用など栽培法の変化など，いくつもの要因が関係している．また，植物の細菌性のエマージング感染症の発生についても，別に近年発生が認められるようになった訳でもなく，かつて，米国の東海岸の一地域のローカルな病害に過ぎなかったリンゴ火傷病が米国内で拡がり，さらに，その発生はヨーロッパやオセオニアにまで及び，植物検疫で最も重要な病害となっていることなど，この種の細菌病の典型であろう．さらに，ブドウのピアース氏病が1996年頃から米国西海外で蔓延し，ワイン業界の存亡に影響を与えるような病害となった．このカリフォルニアでブドウ畑が全滅の危機に直面したことの原因はフロリダから，ピアース氏病という病気を媒介する昆虫 glassy-winged sharpshooter が入り込んだためとされている．

さらに東南アジアにおける「緑の革命」神話の崩壊にも病害が大きく関わっている．この「緑の革命」はIRRI（国際イネ研究所）で育成された半矮性イネ品種IR8が1966年より東南アジア各地に普及し始め，急速に栽培面積が拡大した．ところが，ウンカの大発生とともにイネ白葉枯病，ツングロ病などの病害の激発が相次ぎ，ついに大きな食糧問題を引き起こした．これらの病害の大発生は多収を狙った窒素肥料の投入も誘因となった．これは単一あるいは特定少数の品種の大面積栽培が病害虫の大発生を誘発する危険性を内包することのよい例である．このような脅威は21世紀に入った現在でも完全に取り除かれたわけではなく，ハイブリッド・ライスの普及に伴い，イネ白葉枯病が東南アジア各国やアフリカで再び大きな問題となっている．

このような例を持ち出すまでもなく，わが国においてもイネのエマージング病の格好の例がある．わが国で1970代後半からの機械移植の普及に伴うイネもみ枯細菌病やイネ苗立枯細菌病の問題である．従来，わが国ではイネ白葉枯病が最も重要な病害として認識されていた．ところが，機械移植のための稚苗の育苗で種子伝染性の細菌病が大きな問題となり，逆に機械移植の普及によりイネ白葉枯病の発生が激減したため，病害としての重要度が逆転するに至った．これは稚苗の育苗が高温多湿条件下で行われるため，イネの苗が軟弱となり，日和見感染する細菌が感染を起こすようになったためである．

このように，細菌性のエマージング病は上記したように，ヒトにおけるO157のような腸管出血性大腸菌の出現と同様に，細菌における遺伝子の水平伝搬が比較的簡単に起こりやすいという特性が基本として存在する．これに加えて，栽培環境の変化，種子，苗，遺伝資源の流通のグローバル化などにより，エマージング病の重要性は今後ますます増してゆくものと予想される．

2）植物検疫における植物病原細菌

植物の病害の発生地から未発生地への拡大を阻止することは病害防除の基本である．植物細菌病は診断が困難なこと，卓効を示す薬剤が少ないことなどから，ある地域から他の地域に伝播して大きな被害を及ぼす．とくに，病気によってはある国から他の国へと伝播し，パニックを引き起こす．過去において，大流行し国際的な問題となった細菌病としてはリンゴ及びナシ火傷病，カンキツかいよう病，イネ白葉枯病などがある．さらに，近年，ウリ類果実汚斑細菌病，イネ赤条斑病，カンキツ類グリーニング病などが国際的な問題として浮上してきている．

国際検疫は，このような海外の新しい病害，さらには害虫などが国内に侵入するのを阻止するために行われる．中でも国際検疫の対象として植物病原細菌はきわめて重要である．すなわち，この重要性は上記のエマージング病の発生と関連しているのであるが，リンゴ火傷病やウリ類果実汚斑細菌病，カンキツ類グリーニング病などは各国で植物検疫対象病害として扱われている．

3）ゲノミックスの研究対象としての重要性

ゲノムのサイズが植物の約 1/100，糸状菌の約 1/10 と小さいため，病原微生物の中ではゲノム解析が急速な勢いで進んでいる．すべての重要な植物病原細菌でゲノム解析が完了しており，ゲノム解析のテクノロジーの進化によって，さらに多数の植物病原細菌でゲノム解析が行われている．中にはイネ白葉枯病菌（*Xanthomonas oryzae* pv. *oryzae*）のように，一つの種で病原性が異なる 5，6 菌株でゲノムのシークエンスが明らかにされているものまであり，比較ゲノム解析の格好のターゲットとなっている．同じ植物に感染する病原細菌と共生細菌でゲノム構造にどのような差があるのか，病原性関連遺伝子や共生関連遺伝子でのどのような相違があるのか等，マイクロアレイ解析などとともに今後のポスト・ゲノム展開が期待される．

細菌は形態や特性の特徴から分類が困難な微生物であるが，将来的にはゲノム情報を基盤とした，より合理的な分類法が開発される可能性が高い．

4）植物-微生物相互作用解析のモデル系としての重要性

近年，病原微生物や共生微生物と植物との相互作用が重要な研究分野と

して注目を集めているが，細菌はこの分野でのモデル系としての重要な微生物となっている．

それは細菌が微小な単細胞で，DNA の含有量が糸状菌に比べてはるかに少なく，効率的な形質転換が可能なためである．実際，病原性関遺伝子，品種特異的抵抗性遺伝子，さらには細菌側が分泌するエフェクターなどの研究は細菌の系が先鞭を切っている．

実際，1970 年代に遺伝子組換え法が開発され，本法を用いた分子生物学的解析が容易になったことから，植物病原細菌が病原性発現機構はじめ植物-微生物相互作用の解析に最も適した微生物として扱われるようになった．

さらに，現在のゲノミックスの急速な展開から，主要な細菌のゲノム解析はすべて完了し，さらにイネやシロイロナズナなど主要なモデル植物のゲノム解析も終了していることから，病原微生物と宿主，双方のゲノム情報を基盤として相互作用の解析が進んでいる．今後もこのようなゲノム情報を基盤とした最先端の解析研究が展開されるであろう．

さらに，細菌は植物組織内での増殖を定量できるというメリットがある．希釈平板法で組織内細菌数を測定することが可能で，病徴の発現のみでなく，組織内での細菌の増殖度による抵抗性の評価が可能である．また，組織内に細菌浮遊液を注入した場合，抵抗性発現時には多くの系で過敏感反応（HR）が発現するため，非親和性の系での指標として使われている．このような生物学的解析が可能なことも大きな利点である．

最近，この研究分野における重要性から，植物病原細菌 10 種が選ばれている．作物に被害を与える重要性は表 1-2 のランクであるが，研究のモデル系としての重要度が加味された選定の結果は，(1) *Pseudomonas syringae* pathovars, (2) *Ralstonia solanacearum*, (3) *Agrobacterium tumefaciens*, (4) *Xanthomonas oryzae* pv. *oryzae*, (5) *Xanthomonas campestris* pathovars, (6) *Xanthomonas axonopodis* pathovars, (7) *Erwinia amylovora*, (8) *Xylella fastidiosa*, (9) *Dickeya*（*dadantii* and *solani*），(10) *Pectobacterium carotovorum*（及び *Pectobacterium atrosepticum*）であった．これらに続くものとして，*Clavibacter michiganensis*（*michiganensis* 及び *sepedonicus*），*Pseudomonas savastanoi* 及び *Candidatus Liberibacter asiaticus* が挙げられている．

5）産業的利用における重要性

これまで述べてきたように，食料としての植物生産における重要性から，植物細菌病学は欠かせない研究分野となっているが，一方でアブラナ科野菜黒腐病菌（*Xanthomonas campestris* pv. *campestris*）が産生するザンサンガム（キサンタンガム）のように食品添加物として広く利用されたり，根頭がんしゅ病菌（*Agrobacterium tumefaciens*）の Ti プラスミドが植物バイオテクノロジーで遺伝子ベクターとして利用されたりと，それらの機能の有効利用によっても植物病原細菌の重要性が認識されている．今後，この

よう細菌の機能性の有効利用を探ってゆくことは非常に重要なことである．

さらに近年，化学農薬使用の制限から生物農薬の開発が各国で行われているが，トリコデルマなどの糸状菌と同様，細菌も生物防除剤（BCA）として非常に重要な微生物である．培養が簡単で，糸状菌に比べて効率的な培養が可能であり，また製剤化も比較的容易である．BCA としては *Agrobacterium radiobacter* K84 株による根頭がんしゅ病の防除に始まり，*Pseudomonas fluorescens*，さらに *Bacillus subtilis* などが BCA として利用されている．

以上述べてきたように，植物病原細菌は形態が微小で，単純なことから分類・同定が難しく，実際の農業生産や植物検疫の場面で診断や検出が困難な微生物である．また，疫学的には細胞分裂が早いため，病害が顕在化した時には既に発生が拡がっていることが多く，さらには卓効を示す薬剤が少ないことなどから，植物病原微生物としてきわめてやっかいな存在である．しかしながら，科学の進歩，とくに分子生物学の発展により，植物病原細菌学は植物との相互作用の研究やゲノム解析が急速に進んだ研究分野であり，遠からずゲノム創農薬や近代的な診断技術の開発，さらにゲノム情報を基盤とした分類法などが確立されるはずである．従って，今後の植物病原細菌学研究のさらなる発展が期待される．

参考文献

1) Billing, E. (1987) Bacteria as plant pathogens. Chapman & Hall, London. p.79.
2) Bradbury, J. F. (1985) Guide to plant pathogenic bacteria. Oxford University Press, USA. p.332.
3) Holt, J. G., Krieg, N. R., Sneath, P. H. A., Staley, J. T. and Williams, S. T.(1994) Bergey's Mannual of Determinative Bacteriology, 9th Edition, Williams & Wilkins, Baltimore. p.787.
4) 後藤正夫（1990）植物細菌病概論，養賢堂，東京，p.283.
5) 後藤正夫（1980）新植物細菌病学，ソフトサイエンス社，東京，p.283.
6) J. Mansfield ら(2012) Top 10 plant pathogenic bacteria in molecular plant pathology. Molecular Plant Pathology 13: 614-629.
7) Mount, M. S. and Lacy, G. H. (1982) Plant pathogenic prokaryotes. Volume 1, 2. Academic Press, New York.
8) 日本植物病理学会編（1995）植物病理学事典，養賢堂，東京．p.1220.
9) Sigee, D. (1993) Bacterial Plant Pathology: Cell and molecular aspect. Cambridge University Press, Cambridge, p.325.
10) Stanier, R. Y., Ingham, J. L., Wheelis, M. L. and Painter, P. R. (1986) The Microbial World, 5th ed. Prentice-Hall, New Jersey. p.689.

第 2 章　植物細菌病研究の歴史

1. 植物の病害の発見と植物病理学の興隆

　人類の文明史上，植物の病気が早くから報告されていたことはいろいろな記載によって明らかである．植物の病気は遡ればすでに旧約聖書にその記載が認められる．その後，ギリシャ時代，ローマ時代の植物関連の書物にもさび病，そうか病，黒穂病，かいよう病などの病気が記載されている．しかし，西ローマ帝国滅亡以降の暗黒時代には植物の病気の記載はほとんどなされていない．

　その後のルネッサンス時代にはオランダの A. V. Leeuwenhoek が顕微鏡を自作し，1676 年に初めて細菌の細胞を観察描写した．同時期に英国の R. Hooke は彼の業績を高く評価するとともに，自らも顕微鏡を用いて植物細胞を発見し，生体の最小単位を"cell"（細胞）と名付けた．また，顕微鏡を使った様々な観察を行い 1665 年に「顕微鏡図譜」を出版した．Hooke はさび病についても記載している．このように 17 世紀に入って，顕微鏡による細菌の発見と植物分類学の発達が関連分野での大きな業績と言える．さらに J. C. Fabricius が植物の病気について微生物病原説を提唱したのは画期的なことであったものの，その説は当時の学会には受け入れられなかった．

　植物の病気が病気としてその原因が科学的に追求されるようになり，さらに植物病理学が学問として成立したのは 19 世紀の半ばと言われている．この背景には 19 世紀に入ってからの植物生理学の興隆があった．そして，その開祖は A. de Bary であった．すなわち，この時代には植物の病気の研究も植物生理学者によって行われ，この世紀の半ばに至って植物の病気を対象とした植物病理学が興ったのである．この時期にはアイルランドのジャガイモの疫病の大発生による飢饉が起きており，植物の病気が作物の生産にいかに大きな影響を与えるかが実証された時代でもあった．それから十数年を経て，ジャガイモ疫病の病原が *Phythophthora infestans* という菌であることを明らかにしたのも de Bary であった．彼はまた黒さび病菌の宿主交代の現象を解明するなど，多くの優れた研究業績を挙げている．A. de Bary と並んでこの時代の植物病理学を築いたのは J. Kuhn である．彼もまたドイツの Halle 大学の農学教授を務め，多数の植物病理学の論文を著したが，著作「植物病害論」が画期的な植物病理学書として有名である．19 世紀後半には，この 2 人の研究者以外にも多数の著名な学者を輩出し，植物病理学史上，最も華やかな時代といわれている．

2. 植物細菌病の発見と植物細菌病学の確立

　オランダの A. V. Leeuwenhoek が 17 世紀中頃に自作の光学顕微鏡によっ

て細菌が発見されて以来およそ一世紀以上を経て，細菌学も近代科学の一分野として確立されつつあった．これはパスツール（L. Pasteur）及びコッホ（R. Koch）という天才的な二人の科学者の功績である．パスツールは巧妙な実験によって，それまで一般に広く信じられていた「自然発生説」を覆し，各種発酵がそれぞれ異なる微生物の働きによるものであることを明らかにした．一方，ドイツのコッホは液体培地にゼラチンまたは寒天を加え，固形培地を考案し，純粋培養法を確立した．コッホはさらに各種の細菌染色法を考案するとともに，コッホの三原則（Koch's postulates）を確立した．また，コレラ菌，炭疽病菌，肺炎双球菌，破傷風菌などヒトの病原細菌の発見を促進し，細菌学の最初の黄金期をもたらした．こうしたヒトの細菌病の発見に少し遅れて，1900年前後の時代，すなわち上記したようにヨーロッパで植物病理学が学問として独立した時代の後期に，植物の病原としての細菌が最初に報告された．

　すなわち，コッホが細菌が動物及びヒトに病気を引き起こすことを証明してまもなく，米国イリノイ州で研究を行っていた T. J. Burrill は 1878 年に細菌がリンゴ及びナシの火傷病の病原であることを報告し，その病原細菌を *Micrococcus amylovorus* と命名した．この Burrill の見事な発見に続いて，いくつかの植物の病気が細菌によって引き起こされることが明らかにされた．J. H. Wakker によるヒアシンス黄腐病や E. F. Smith による一連の細菌病研究がそれに当たる．とりわけ，根頭がんしゅ病が細菌に起因するという E. F. Smith の発見は注目すべきである．これらの研究はそれまで菌類病を中心として進んできた植物病理学の中で，植物細菌病学が独立した学問として確立するのに大きく寄与したと言える．

　このような画期的な発見にもかかわらず，細菌が植物の病気の原因になるという事実はなかなか受け入れられず，植物細菌病という概念が確立したのはずっと後になってからである．例えば，高名なドイツの植物学者 A. Fisher は上記の Smith らの植物組織内における細菌の観察結果を否定した．この両者の白熱した論争は 1897 年から 1901 年に至るまで，実に 4 年に及んだのである．この議論は Smith の罹病組織の鮮明な解剖写真を基盤とした証明によって終止符を打ったと言ってもよい．従って，この時点で植物細菌病学は基盤を確立したということができる．

　さらに，その後も植物の細菌病に関する研究は世界各国で継続され，植物病理学の一分野としてのステータスが確立するに至った．その後も世界各国で多数の新しい植物細菌病が報告されるとともに，植物病原細菌の診断，分類・同定，血清学などが発達した．また，バクテリオファージの研究

図 2-1　Thomas J. Burrill
（1839-1916）

もこの時代の大きな研究成果である．

3. 植物病原細菌と植物細菌病の分子生物学的研究の展開

　この後，1950年代から1960年代にかけては植物細菌病における病態生理と植物病原細菌の生態学的研究の分野で大きな飛躍がみられた．この時代の研究で，Braunら（1955年）による *Pseudomonas tabaci* が産生する毒素であるタブトキシンの構造決定と作用機作の研究は，後に修正はされたものの，斑点性病害におけるハロー発現のメカニズムを初めて分子レベルで説明したもので，その後続々と発表された植物病原細菌の毒素研究の先駆的な報告といえる．

　また，同時に植物の新しい細菌病の探索とそれらの病原学の研究も継続され，古くからウイルスが病原として疑われてきたピアース氏病（Pierce's disease）の病原が細菌であることが解明された．この病気は19世紀からブドウの病害として知られてはいたが，一世紀近くもウイルス病と信じられてきた．ところが，1970年代に電子顕微鏡により維管束導管内での細菌の増殖が観察され，さらに1980年代に入って病原細菌が分離された．しかも，その後，植物病原細菌のゲノム解析の皮切りとなる病原細菌となった．本病は南カルフォニアで35,000エーカーのブドウ園で被害を与え，カルフォルニア州のワイン産業を危機に追い込んだ歴史がある．

　一方，我が国でも病原学上，偉大な研究がなされた．すなわち，1967年の土居らによるマイコプラズマ様微生物の発見である．土居らはクワ萎縮病，ジャガイモてんぐ巣病などの罹病部の師部の電子顕微鏡観察を行い，マイコプラズマに酷似した微生物様粒子を見出した．さらに，クワ萎縮病において，テトラサイクリン系抗生物質処理によってそれら粒子が消失し，その治療効果が認められたことからマイコプラズマ様微生物が病原であることが明らかになった．

　1970年代に入ると，植物病原細菌の分子遺伝学的研究が発展し始める．接合による遺伝子解析によって，植物病原細菌の一部で遺伝地図を作れる段階に達したのである．この研究はプラスミドなど核外遺伝子の研究と並んで，病原性など植物病原細菌の重要な特性の遺伝的背景の解明に大きく貢献してきた．これらの情報は植物病原細菌の分類学的研究や生態学的研究の発展に大きく寄与し，やがて分子生物学的な研究の時代が到来することになる．

　さて，上記した分子生物学的な研究の黎明期における画期的な成果，その端的な例が，根頭がんしゅ病の病原細菌（*Agrobacterium tumefaciens*）のがん腫形成のメカニズムの解明である．この発見は根頭がんしゅ病の病原細菌が報告されてから半世紀が経った後ということになる．この一連の研究はベルギーのゲント大学のグループによって進められた．その結果，プラスミドの一部が植物の組織内に送り込まれて感染が起きるという機構が解明され，このことは *A. tumefaciens* が植物遺伝子工学のベクターとし

て利用可能であることを示唆していた．そしてこの研究を基盤として植物バイオテクノロジーの基礎が形づくられたのである．

　このような病原性発現の分子生物学的な研究の端緒が開かれると，細菌は糸状菌に比べて変異の誘導などの面で多くのメリットがあり，植物-微生物相互作用のモデルとして分子植物病理学をリードしてきた．とくに，1970年代に遺伝子組換え法が開発され，本法を用いた分子生物学的解析が容易な植物病原細菌が病原性発現機構をはじめ植物-微生物相互作用の解析に最も適したモデル系として採用されることになった．その結果，植物病原細菌学という分野における分子生物学的研究の進展はめざましく，とくに病原性関連遺伝子や植物側の抵抗性遺伝子の解析が急速な勢いで発展し，現在もさらに進展している．

　この面ではまず，細菌の非病原性遺伝子（*avr* 遺伝子）の解析で，Staskawicz らはダイズ葉焼病細菌（*Pseudomonas syringae* pv. *glycinea*）で品種特異的に抵抗性を誘導する非病原性の優性遺伝子をクローニングすることに成功した．これによって，遺伝子対遺伝子説における病原側の実体が捉えられるに至った．その後，*avr* 遺伝子の構造解析やその機能解析が行われ，現在はその遺伝子産物とであるエフェクターと植物との相互作用の研究が進展している．

　一方で，植物病原細菌側では当初，病原性と抵抗性反応である過敏感反応（HR）の双方を誘導する *hrp* 遺伝子（hypersensitive reaction and pathogenicity）がトランスポゾンタギングによって単離された．本遺伝子群の一部がコードするタイプⅢ分泌機構は多くのグラム陰性の病原細菌が病原性に関与するエフェクターを分泌するために不可欠な分泌機構である．また，この分泌機構は植物病原細菌のみでなく，動物病原細菌に共通で，この分泌機構を構成するタンパク質は双方の間で相同性が高く，広範な病原細菌で病原性の発現に欠かせない分泌機構である．この *hrp* 遺伝子群の多くは 20〜30kb の領域にクラスターとして存在し，これらの翻訳産物は外膜や内膜の膜内及び膜内外に局在する．そして，分泌のための複雑なトンネルを形成し，菌体の外側の先端は針状構造や繊毛構造を呈し，細菌の細胞内で産生された各種エフェクターを植物細胞内に注入すると考えられている．

　それらの中で，核移行性配列（NLS）を持つ *avrBS3/pth* 遺伝子群など，植物細胞内に注入された後，さらに核内に移行して初めて機能を発揮するものもある．

　従って，とくにタイプⅢ分泌機構に依存したエフェクターは病原性発現のカスケードと，抵抗性誘導のそれの岐路における選択の謎を解く鍵を握っていると考えられている．

　また，植物病原細菌では分類が非常に重要である．1970年代後半，植物病原細菌の分類において大きな変革を余儀なくされた．これは Bergey's Mannual における植物病原細菌の取り扱いと，国際細菌命名規約の改正及

表 2-1　植物細菌病研究の発達史（後藤 1992 を改変）

年	研究者	研究内容
1882	Burrill, T. J.	ナシ火傷病（*Micrococcus amylovorus*）を発表
1896	大森順造	ワサビ腐敗病（*Bacillus alliariae*）を官報に発表
1901	Smith, E. F.	Fisher との論争を経て，植物細菌病の基礎を確立
1910	Jensen, C.O.	根頭がん腫病組織が自立的に増殖し，動物のがんに相当することを接種試験で証明
1912	堀正太郎	熱帯ラン腐敗病菌（*Bacillus cypripedii*）を発表
1925	Coons, G.H. and Kotila, J. E.	ニンジン軟腐病菌のバクテリオファージを分離
1944	岡部徳夫	*Pseudomonas solanacearum* の生理型の存在を証明
1954	Klein, R.M.他	根頭がん腫病菌の形質転換の過程を証明
1955	Braun, A. C.	タバコ野火病菌の産生するタブトキシンの分離と作用機作を解明
1962	Stolp, H.	ブデロビブリオを発見
1964	Klement, Z.他	細菌による過敏感反応を発見
1967	土居養二他	植物病原性マイコプラズマ様微生物を発見
1972	Chatarjee, A.K.他	接合による植物病原細菌（*Erwinia*）の遺伝子伝達を初めて証明
1972	New, P.B & Kerr, A.	*Agrobacter radiobacter* 84 株を用いた根頭がん腫病の生物防除に成功
1974	Schell & Montargue	根頭がん腫病の Ti プラスミドを発見
1974	Maki, L.R.他	氷核活性細菌を発見
1975	Graham, D.E.他	ジャガイモ軟腐病菌の細菌エアゾルによる伝搬を証明
1976	Melton, L.D.他	*Xanthomonas campestris* pv. *campestris* の菌体外多糖質キサンタンの構造を決定
1980	Dye, D.W.他	植物病原細菌の分類に pathovar の概念を導入
1982	Comai, L. & Kosuge, T.	クローニングによりオリーブこぶ病菌の病原性遺伝子を同定
1984	Staskawicz, B.J.他	ダイズ斑点細菌病菌のレース特異的非病原性遺伝子を同定
1993	Martin	病害抵抗性遺伝子（Pto）の単離に初めて成功
1994	国際細菌分類委員会	MLO の再分類によるファイトプラズマ属への移行
2000	Simpson, A.J.他	*Xylella fastidiosa* で植物病原細菌として初の全ゲノム解析
2002	Salanoubat, M.他	*Ralstonia solanacearum* の全ゲノム解析
2005	Lee, B.M.他 Ochiai, H.他	イネ白葉枯病菌の全ゲノム解析

び Approved list の作成による非合法学名の廃棄という局面に際し，国際植物病理学会はその対応に追われた．そして，結論として pathovar という概念を導入することとなった．

　植物病原細菌は従来，*Pseudomonas*, *Xanthomonas*, *Erwinia*, *Agrobacterium*, *Corynebacterium* 及び *Streptomyces* の 6 属に分類されていた．しかし，近年

Xylella，*Spiroplasma* などの新しい属が加わり，さらにグラム陽性の *Corynebacterium* 属も *Arthrobacter*，*Clavibacter*，*Curtobacterium* 及び *Rhodococcus* などに分けられ，細分化の方向に進んでいる．近年，他の細菌と同様，16S rDNA の塩基配列が一般に分類基準として用いられているが，細菌分類学は大きく変動しつつある分野であり，植物病原細菌もその例外ではない．さらに，植物病原細菌は種のレベル以下の"pathovar"が設けられているのが大きな特徴である．

4．植物細菌病学におけるゲノミックスと今後の展開

さらにこの分子生物学的研究に追い討ちをかけたのがゲノム解析である．ことの発端は 1998 年エディンバラで開催された国際植物病理学会で植物病原細菌のゲノム解析に関する非公式の集まりで，候補の細菌とどの国が分担するかについて議論が行われ，コンソーシアムが結成された．

その 1998 年当時植物病原細菌のゲノム解析はすでに着手されていたのである．すなわち，ブドウなどのピアース氏病の病原細菌 *Xylella fastidiosa* では全ゲノムのシークエンスが解読されており，一方，世界的に重要な青枯病細菌（*Ralstonia solanacearum*）ではメガプラスミドの解析が始まっていた．そして，この時の国際コンソーシアムの活動によって，その後続々と主要な植物病原細菌について全ゲノムのシークエンス解読が軌道に乗ったのである．わが国と韓国で，イネで最も重要な病原微生物であるイネ白葉枯病菌のゲノム解析がほぼ同時期に世界に先駆けて完了したのは快挙と言ってよいであろう．

植物病原細菌で，このゲノム解析が飛躍的に進んだのはひとえに植物の約 1/100，糸状菌の約 1/10 ゲノムのサイズであった．しかも，これらゲノム解析が完了した植物病原細菌の宿主植物にも全ゲノム解析が完了しているものもあり，植物-微生物相互作用がゲノム・ベースで解析される時代が到来したのである．イネ-イネ白葉枯病菌，シロイロナズナ-*Pseudomonas syringae* pv. *tomato* などがその代表的な例である．

約 5Mb でゲノム・サイズが小さいとは言え，病原細菌は通常の細菌のゲノム構造とは異なり病原性関連遺伝子を多数保有する．また，植物病原細菌は医学の分野での細菌学をお手本として研究が発展した歴史がある．従って，腐生的な生活をしている細菌とヒトなど動物の病原細菌のゲノム構造と比較することによって，すなわち比較ゲノム的なアプローチで植物病原細菌の特異性を明らかにし，それに基づいて植物と植物病原細菌の相互作用を従来とは別の角度から解析することも重要であろう．

上記したように，植物病原細菌のゲノム解析は主要なものについてはすべて解析が終わっており，さらに同種，同 pathovar 内での異なるレースや系統の解析も進んでいる．このようなゲノム解析の進展を背景に，モデル系としての植物－細菌の相互作用の解析は日進月歩の勢いで進んでおり，ゲノム情報をベースにエフェクターの解析が現在の研究のホットスポッ

トとなっている．gene-for-gene 説を基盤とした相互作用も分子レベルで解明される日も近いであろう．また，そのような相互作用の解析から画期的な耐病性育種による防除法の開発が期待される．

5. わが国における植物細菌病研究の歴史

わが国における植物細菌病学の歴史もきわめて古い．1986 年の大森順造によるワサビ腐敗病と，その病原細菌を *Bacillus alliariae* と命名した研究に端を発し，1920 年までに新しい病原細菌が続々と発表された．しかしながら，これらの細菌の多くは表生細菌や腐生細菌を誤認したものと考えられ，現在まで有効学名として残っているものはほとんどない．

1920 年代から第二次世界大戦までは瀧元清透，向秀夫及び岡部徳夫らを中心に植物細菌病の病原学的研究が進んだ．

我が国では，かつてイネ白葉枯病がいもち病と並んでイネの最重要病害であった．戦後には全国的な発生面積が 50 万 ha にまで達した．これに伴いイネ白葉枯病に関する研究は病原学的研究，発生予察，ファージやデロビブリオ，抵抗性品種の育種，抵抗性機構の解明，さらに今世紀に入ってゲノム解析まで，1980 年から 1990 年代にかけての分子生物学的研究を除き，世界のイネ白葉枯病研究をリードしてきたと言える．

遡って，1909 年にはすでに病原学的研究が端緒についている．その後，1910 年代から 1920 年代にかけて病原細菌が分離され，1922 年には *Pseudomonas oryzae* Uyeda et Ishiyama と命名されている．さらに，1927 年に Migura の *Pseudomonas* は Cohn の *Bacterium* にすべきとの E. F. Smith の意見により，中田はイネ白葉枯病菌を *Bacterium oryzae* (Uyeda et Ishiyama) Nakata に訂正した．その後，植物病原細菌の命名法の変遷によって，本細菌は *Xanthomonas oryzae* (Uyeda et Ishiyama) Dowson, *Xanthomonas campestris* pv. *oryzae* を経て，現在の学名は *Xanthomonas oryzae* pv. *oryzae* となっている．

このように主要穀物であるイネの細菌病として，イネ白葉枯病に関する研究はとくに我が国において著しい進展があったが，2005 年には先に述べたように我が国と韓国でほぼ同時にイネ白葉枯病菌のゲノム解析が完了した．

また，病原学における画期的な業績として，マイコプラズマ様微生物の発見がある．1967 年，土居養二らは新しい植物病原微生物として，世界で初めてマイコプラズマ様微生物を発見した．この発見に続いて，世界各国の萎黄叢生病でマイコプラズマ様微生物が確認された．

さらに，このマイコプラズマ様微生物はファイトプラズマと改称され，その後，ファイトプラズマ研究は世界をリードする形で進展し，さらに 2002 年には難波らによってゲノム解析が完了した．

1980 年代，米国でロックフェラー財団のサポートにより，イネ白葉枯病及びイネいもち病での分子生物学的研究が端緒につき，イネ白葉枯病につ

いては J. Leach が中心となり，カンザス州立大学と IRRI の共同研究で，病原細菌の遺伝多様性の解析に始まり，非病原性遺伝子などイネ品種との相互作用の研究が進展した．また，カリフォニア大学デーヴィス校では，P. Ronald のグループによって野生稲由来の *Xa21* 抵抗性遺伝子についての構造解析やイネとの相互作用の研究が進展し，我が国がリードしてきたイネの二大重要病害の研究が後手に回る状況となった．

しかし，京都府立大学，農業生物資源研究所及び静岡大学のグループによって，イネ白葉枯病の分子生物学的研究が進み，さらにイネ白葉枯病菌のゲノム解析も完了した．現在は，そのような基盤に立って，さらにイネとの相互作用の解析が進んでおり，ゲノム情報を基盤とし，エフェクターの解析が進展中である．

また，この分野では，ナス科植物青枯病，カンキツかいよう病及び *Pseudomonas syringae* 群をモデルとした植物-細菌相互作用の分子生物学的研究が進展中である．

参考文献

1) Dowson, W. J.(1957) Plant diseases due to bacteria. Cambridge Univ. Press, London.
2) Dye, D. W., Bradbury, J. F., Goto, M., Hayward, A. C., Lelliott, R. A. and Schroth, M. N. (1980) International standards for naming pathovars of phytopathogenic bacteria and a list of pathovar names and pathotype strains. Rev. of Plant Path. 59: 153-168.
3) 後藤正夫（1990）「植物細菌病概論」，養賢堂，東京．
4) Holt, J. G., Krieg, N. R., Sneath, P. H. A., Staley, J. T. and Williams, S. T. (1994) Bergey's Mannual of Determinative Bacteriology, 9th Edition, Williams & Wilkins, Baltimore. p.787.
5) 石山信一・向　秀夫（1944）「植物病原細菌誌」，明文堂，東京．
6) 日本植物病理学会編（1995）「植物病理学事典」，養賢堂，東京．
7) 岡部徳夫（1949）「植物細菌病学」，朝倉書店，東京．
8) Smith, E. F. (1920) Bacterial diseases of plants, W. B. Saunders and Co., Philad.
9) Smith, E. F. (1905, 1911, 1914) Bacteria in relation to plant diseases. Vol.1, 2, 3. Carnegie Inst., Washington, D.C.
10) Van der Zwet, T. and Keil, H. L. (1979) Fire blight. A bacterial disease of rosaceous plants, USDA agriculture handbook No.510.
11) Whitecomb, R. F. and Tully, J. G. (1989) The Mycoplasmas. Volume V. Spiroplasmas, Acholeplasmas, and Mycoplasmas of Plants and Arthropods. Academic Press, New York.

第3章　植物病原細菌の構造と機能

　植物病原細菌は分類学的にはすべて真正細菌（bacterium, pl. bacteria）に属していた．真正細菌とは分類学上のドメインの一つで，原核生物に属し，いわゆる細菌・バクテリアの総称である．1977年まで古細菌も細菌に含まれると考えられていたが，現在では両者は別の生物として取り扱われている．真正細菌は古細菌とは異なり，N-アセチルムラミン酸を含んだ細胞壁を持つ．

　近年，細胞壁を持たないファイトプラズマやスピロプラズマなどモリキューテス類なども細菌に編入され，菌糸を形成し，繊維状に増殖する放線菌も含まれることから，形態的な面でも例外が存在する．

　真正細菌は核を持たないという点で古細菌と類似するが，古細菌から真核生物に至る系統とは異なるグループに属しており，両者はおおよそ35-41億年前に分岐したと考えられている．遺伝やタンパク質合成系の一部に異なる機構を採用し，ペプチドグリカンより成る細胞壁とエステル型脂質より構成される細胞膜の存在で古細菌とは区別される．

1. 細菌の形態の概要

　細菌は原核生物（procaryote）に属し，その細胞は原核細胞（prokaryotic cell）で，単細胞から成る．染色体DNAは膜によって隔離されず，細胞質中に露出したDNA繊維の集合体として存在する．また，有糸分裂や減数分裂も認められず，二分裂で増殖する．細菌は細胞外マトリックスの構造の違いによってグラム陰性菌とグラム陽性菌に大別され，植物病原細菌のほとんどが前者に属する．

　細菌の大きさは0.2μmから75μmまで大きな幅があるが，植物病原細菌の多くはほぼ0.5〜1.0×1〜5μmの大きさの範囲に入る．

　一般に細菌細胞はこのように非常に微小であるため，光学顕微鏡や電子顕微鏡がなければ観察できない．かつては，光学顕微鏡も細菌の観察には位相差顕微鏡が用いられていたが，現在はレンズの性能の飛躍的向上によって，また染色法を工夫することによって，通常の光学顕微鏡でも観察が容易になっている．

　細菌の大きさは温度や培地組成などの培養条件で変わってくることが多く，また染色のための色素や染色方法によっても変わってくる．従って細菌の大きさの記載に当たっては培養条件を一定にし，培養24時間以内の新鮮な菌体を用いることが重要である．よって，記載に当たっては培養条件や染色法を併記する必要がある．

　一般に古い培養細胞は，新しい培養細胞に比べて小型となることが多い．また，植物体の組織内で増殖している細胞も，古い病斑組織内の細胞は新

鮮な病斑組織内の細胞に比べて小型となるのが普通である.

真正細菌の形態は基本的に,球状,桿状及びらせん状のいずれかである.それらは,それぞれ球菌(coccus;pl.cocci),桿菌(bacillus;pl. bacilli)及び螺旋菌(sprillum;pl. spirilla)として区別する.球菌には双球菌,ブドウ球菌,連鎖球菌など,桿菌には単桿菌,連鎖桿菌など,らせん菌にはコンマ状のビブリオからスピリルムまで変異がみられる.植物病原細菌は放線菌,ファイトプラズマ及びスピロプラズマを除いて,ほとんどが桿菌である(図3-1A, B).主要な植物病原細菌のうち,グラム陽性の *Clavibacter* 属細菌は分裂時にY字型やV字型を呈することが多い.

植物病原性の細菌群のうち,ファイトプラズマ(旧マイコプラズマ様微生物)とスピロ

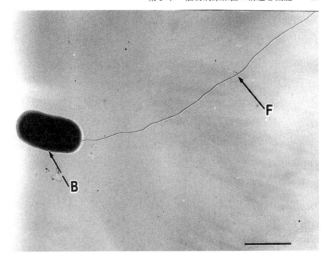

図3-1A 植物病原細菌の電子顕微鏡写真(*Xanthomonas oryzae* pv. *oryzae*)(堀野原図)

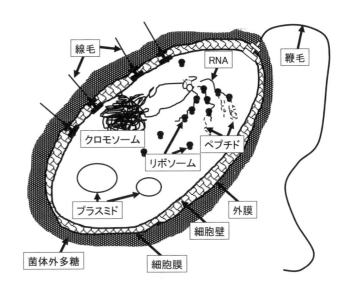

図3-1B グラム陰性細菌の内部構造

プラズマ(spiroplasma)は細胞壁を持たない.ファイトプラズマは径0.3~2.0μmで,基本的に球状ないしは不整球状である.しかし,生育段階や環境条件などにより,紐状,らせん状,小粒子状(径 60~100nm)というように,形態及び大きさともに変異が大きい.スピロプラズマは径120μmで,長さ2~4μmのらせん形を基本とするが,培養条件によっては紐状や球形となることもある.

2. 細菌細胞の構造と機能
1) 細胞壁 Cell wall

細胞壁は細胞膜の外側を覆う構造物で，細胞の形と堅さを維持する機能を有する．上述したように，その構造によりグラム陽性菌とグラム陰性菌に分けられる．共にペプチドグリカンの構成単位に N-アセチルムラミン酸を持ち，古細菌と真正細菌を区別する特徴の一つになっている．グラム陽性菌では細胞壁は多量のペプチドグリカンから成るが，グラム陰性菌ではタンパク質を多量に含み，ペプチドグリカンの外側に外膜（outer membrane）と呼ばれる構造を持つ（図 3-2）．グラム陽性菌と陰性菌共に細胞壁と細胞膜の間にペリプラズム（空間）と呼ばれる間隙があり，物質取り込みなどに関与するタンパク質が見出されている．

細胞壁は N-アセチルグルコサミンと N-アセチルムラミン酸が交互に連なった糖鎖がオリゴペプチドで架橋された構造を持つ．ペプチドグリカン（peptide glycan）は N-アセチルグルコサミンと N-アセチルムラミン酸のダイマーが繋がったポリマー（グリカン骨格）と N-アセチルムラミン酸に結合したペプチドから成る（図 3-3）．このペプチドは別のペプチドと結合することにより，強固なクロスリンクを形成する（図 3-4）．ペプチドグリ

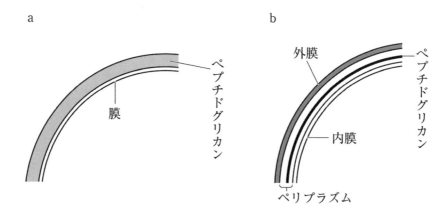

図 3-2 細菌の細胞壁
　　　グラム陽性菌（a）とグラム陰性菌（b）の細胞壁の模式図

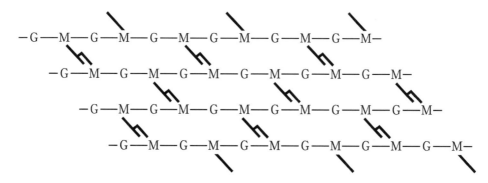

図 3-3 ペプチドグリカンの全体構造
　　　G は N-アセチルグルコサミン，M は N-アセチルムラミン酸，太線はペプチド架橋を，細線は β-1,4-グリコシド結合を意味する．

カンは糖であるため親水性で，疎水性の物質は通さない．

　細胞壁の厚さはグラム陽性細菌で 20～80nm，グラム陰性細菌で 10～15nm と，グラム陽性細菌の方が厚い．また，全外被構成成分に占めるペプチドグリカンの割合もグラム陽性細菌で 40～90％，グラム陰性細菌で 5～10％と，グラム陽性細菌の方が圧倒的に高い．さらに，グラム陽性細菌の場合，細胞壁の表層にテイコ酸，テイクロン酸，グリコリピド，多糖質などを持つことがある．放線菌類の細胞壁の構成成分はペプチドグリカンや中性多糖質など種によって異なる．

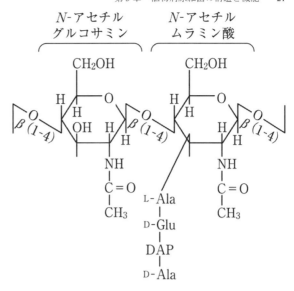

図 3-4　ペプチドグリカン細胞壁構造の繰り返し単位
この構造はグラム陰性菌の1例．DAP はジアミノピメリン酸あるいはリジン．

　細菌の細胞を溶菌酵素リゾチームを使って細胞壁を溶かしたり，ペニシリンを加えて細胞壁合成を阻害すると，細胞壁を欠くプロトプラストが生じる．リゾチームは N-アセチルグルコサミンと N-アセチルムラミン酸の間の β-1,4-グリコシド結合を分解する．細菌学ではこのようなプロトプラストを L 型細菌（L-form）と称する．L 型細菌は代謝活性を維持しているものの，浸透圧に敏感で，低張液の中では容易に破壊される．

　ブドウ球菌などの細胞壁には，テイコ酸（teichoic acid）が存在し，細菌の宿主細胞への付着に関与する．結核菌の細胞壁にはワックス（mycolic acid）が存在し，菌を乾燥などに耐えるものにしている．

2）外膜　Outer membrane

　外膜はグラム陰性菌の一番外側に存在する膜構造，すなわちグラム陰性細菌の細胞壁の外側に存在する膜構造である．外膜は細胞膜同様，リピド二重膜で，リポ脂質，タンパク質，ホスホリピド，リポタンパク質などから構成されており，ペプチドグリカンと強固に結合している．外膜は細胞質膜とは異なり，含有する酵素の種類も内膜ほど多くはない．また，外膜の外側の膜は外側に糖鎖を伸ばしているので，疎水性物質をも通さない．

　しかし，ポーリン（porin）という3分子のポーリンタンパクによって作られた孔が存在し，この孔を通って必要な親水性物質が取り込まれる．すなわち，この水に満たされた通路を通って種々の低分子，親水性物質を取り込むのであるが，上述したように疎水性物質は通さない，もしくは通し

てもわずかである．ポーリンは1菌体当たり10^5個ほど存在する．

外膜の機能としては，1）栄養分の取り込み，2）抗生物質や毒性物質などの拡散に対する防御壁，3）ファージやバクテリオシンの受容体，4）接合に際しての菌体の連結，などが挙げられる．これらに関与する成分は主として外膜タンパクやリポ多糖質などである．植物病原細菌においては，とくに病原性，薬剤の透過性や薬剤耐性を担う機構等が注目されている．

また，外膜では構成成分としてリポ多糖質（lipopolysaccharide, LPS）が重要である．このリポ多糖質は両親媒性分子で，疎水性のリピドAと，親水性の多糖質部分から成る．

リピドAの構造は細菌の種を問わず共通の化学構造を有しており，D-グルコサミル-β-D-グルコサミンから成る骨格に，炭素数14〜16個の飽和脂肪酸が結合した構造をとっている．多糖質の部分はコアーとO-鎖に分かれる．O-鎖の構成糖は細菌の種や系統により異なる場合が多く，軟腐性 *Erwinia* 属細菌では菌体抗原（O-抗原）として血清学的分類の基準となっている．また，植物病原細菌やリポ多糖質が宿主認識決定機構に寄与して場合があり，*Ralstonia solanacearum* の非病原性株はO-鎖を欠いている．

最近，環境の変化に対して，外膜タンパクの発現がダイナミックに変化することが知られるようになった，環境の変化に機敏に反応し，その構成を変え，外界から細胞を守る重要な役割を果たしていると考えられている．

3）莢膜と粘層 Capsule

莢膜は英語の capsule の訳語である．膜という名称が付いているが，細胞膜などのような細胞組織学的な膜ではなく，細胞壁の外側に高分子のゲル状あるいはゼラチン状の粘質物が均一な層状のものを形成するとき，これを莢膜と呼び，輪郭が明瞭でないものを粘層（slime）と呼ぶ．このような形態上の違いを除けば，本質的にはほぼ同様のものである．また，これらと類似したものとして，バイオフィルムが知られている．分泌した大量の粘質物によって複数の菌体を覆い包み，また物体の表面に強く付着して，増殖生存のための「場」を作り上げたものである．

菌体外多糖質を産生する細菌は液体培養では粘度を著しく上げたり，寒天培地上では湿光のある，盛り上がった集落を形成する．

莢膜や粘層の本体は親水性の多糖質である．植物病原細菌が産生する菌体外多糖質はヘテロ多糖質から成る場合が多い．高温や乾燥などの環境適応，伝搬などの生態的機能，病原性などで大きな役割を果たしている．

化学構造が解明された菌体外多糖質としてはザンサン（キサンタン；xanthan）や *Rhizobium* 属細菌が産生するサクシノグリカン（succinoglycan）や環状(1,2)-β-D-グルカン，蛍光性 *Pseudomonas* 属細菌が産生する酸性多糖質のアルギン酸やマージナラン（marginalan），中性多糖質のレバンなどがある．これらのうち，ザンサンはその化学的特性から食品産業などに広く利用されている（第10章「植物病原細菌の保存と利用」参照）．

莢膜は動物病原細菌の場合，感染時に宿主の免疫機構によって排除されることから逃れる役割を担っている．従って，莢膜を持つ細菌は，莢膜を持たない細菌と比較して，宿主の生体内で増殖しやすく，高病原性であるのが一般的である．例えば，チフス菌の莢膜由来の抗原である Vi 抗原を有する菌株は，持たない菌株よりも毒性が強い．また，肺炎双球菌では莢膜を形成してS字型コロニーを作る系統が病原性を有することが明らかになっている．

植物病原細菌においても，莢膜及び粘層が病原性発現における宿主認識機構で重要な役割を果たす場合がある．

莢膜は一部の細菌だけが作り出す構造物であり，菌種あるいは菌株によってそれを産生するかどうかが異なる．すなわち，同種の菌であっても莢膜を作る菌株と，作らない菌株とが存在する．また，同じ莢膜を作る菌株であっても，培養や生育の条件によっては莢膜を形成しない場合もある．一般に動物病原細菌の場合，動物に感染したときには莢膜を形成するが，そこから分離して純粋培養すると形成しなくなることは珍しくない．また，培養した菌に熱処理などを行うと，大部分の莢膜は比較的容易に分解され，内部の菌体が露出する．このことは細菌の抗原型を決定する際に利用されるが，大腸菌の A 型莢膜のように耐熱性の莢膜も一部には存在する．

莢膜の厚さは菌種によってさまざまであり，光学顕微鏡下での観察が可能な厚いもの（~1μm 程度）から，電子顕微鏡でないと観察できない薄いもの（マイクロカプセル）までが知られている．

光学顕微鏡で莢膜を観察するにはいろいろな工夫が必要である．莢膜が厚い場合には光の屈折率が周囲と異なるため，光学顕微鏡下で直接観察することも可能である．しかし，より詳細に観察するには，墨汁染色に代表されるネガティブ染色法で菌体の周囲を染色し，染色されにくい莢膜部分が透明に見えるのを観察するか，あるいは Hiss の莢膜染色法などを用いて，莢膜部分を菌体よりも淡い色調に染色して観察する．このように莢膜の観察は光学顕微鏡で観察が可能であるが，粘層の染色や染め分けは難しい．

4）細胞膜 Cell membrane

細胞膜は細胞壁のペプチドグリカン層の内側に存在し，真核生物と同じく sn-グリセロール-3-リン酸に脂肪酸が結合したエステル型脂質であり，sn-グリセロール-1-リン酸にイソプレノイドアルコールが結合している古細菌とは明確に区別される．細胞膜は上記のリン脂質の二重層からなる単位膜の中に多量のタンパク質が詰まった構造になっている．リン脂質構造のリン酸の部分は親水性であり，膜の表面に位置する．一方，脂肪酸の部分は疎水性で膜の内側に存在する．細胞膜のタンパク質は膜の疎水部に含まれており，有機・無機栄養分の細胞内への選択的取り込み，細胞壁や膜の脂質成分の合成，高分子物質の選択的排泄，染色体やプラスミドとの特異的結合などの機能を有する．培地中の栄養素や菌体内で生産された代謝

産物はこの細胞膜により選択的に輸送される．また，細胞膜には電子伝達系や各種輸送体，各種センサーなどに関連するタンパク質が分布している．細胞膜は細胞質内部に延びたメソゾーム（mesosome）という膜構造を有するものもある．このメソゾームは *Bacillus*，*Clavibacter*，*Nocardia*，*Streptomyces* などで知られており，その働きは呼吸，DNA 合成，隔壁合成，芽胞形成，酵素の分泌など多岐にわたっている．

ファイトプラズマ及びスピロプラズマでは細胞膜が外界と細胞質を隔てる唯一の膜構造で，細胞膜表面には糖タンパク質が存在し，宿主との相互作用に重要な役割を果たしていると考えられている．スピロプラズマの細胞膜の主なるタンパク質はスピラリンと呼ばれる両親媒性の分子量 26,000 のタンパク質である．スピロプラズマの螺旋構造は細胞膜の内壁に存在する繊維（fibrils）の収縮によるものと考えられている．また，ファイトプラズマの細胞膜には特殊なタンパク質が多量に存在し，これが媒介昆虫の種類を決める因子である可能性が高い．

5）細胞質 Cytoplasm

細胞壁に接して，その内側に存在する細胞膜に包まれた複雑なコロイド系から成る．

主として細菌において，タンパク質合成の場であり，代謝を司る部分である．細胞質は核様体とリボソームを内蔵する．

①リボソーム Rhibosome

リボソームは約 40％のタンパク質と約 60％の RNA から成る顆粒で，mRNA 上の遺伝暗号に従ってタンパクを合成する場であり，各種酵素，補酵素，さらには代謝中間物を含み，代謝活性の中心である．リボソームは 50S と 30S のサブユニットから構成される 70S の粒子で，50S サブユニットは 23S rRNA と 5S rRNA を含有する．また，30S 粒子サブユニットは 16S rRNA を含有する．

30S サブユニットは約 21 種のタンパク質と 16S rRNA（16S ribosomal RNA），50S サブユニットは約 34 種のタンパク質と 23S と 5S rRNA から成る．この翻訳過程は生物にとって必須であり，しかも基本的な機構は共通しているので，rRNA の塩基配列は進化の過程でよく保存されている．このため，現在では細菌の分類・同定の基礎的な情報となっており，16S rRNA の塩基配列は必須の情報となっている．

このリボソームの役割は上記したように，菌体生存及び増殖のために必要とする数千種類のタンパク質の合成であるが，細胞質内で多数のリボソームが 1 本の mRNA と結合してポリソームを形成し，タンパク質を合成する．30S サブユニットは約 21 種のタンパク質と 16S rRNA（16S ribosomal RNA），50S サブユニットは約 34 種のタンパク質と 23S と 5S rRNA から成る．この翻訳過程は生物にとって必須であり，しかも基本的な機構は共通しているので，rRNA の塩基配列は進化の過程でよく保存されている．こ

のため，現在では細菌の分類・同定の基礎的な情報となっており，16S rRNA の塩基配列は必須の情報となっている．

②核様体 Nucleoid

原核生物では核様体（nucleroid），ゲノム（genome）及び染色体（chromosome）は同義語となっている．

核様体は核膜によって細胞質との境界が作られている訳ではなく，また細胞分裂に際して有糸分裂をしない．一般に1細胞に1個の核が存在する．核分裂が細胞分裂に先行するため，核分裂が起こっている場合には1細胞内に複数の核様体が観察されることもある．

原核生物である細菌においては，DNAは膜構造によって隔離されることはなく，細胞中に露出した形で，DNAはある種の塩基性タンパク質に結合して折りたたまれ，裸の状態で細胞質（cytoplasm）に存在する．

細菌のゲノムを構成する染色体 DNA は二本鎖環状（closed double-stranded DNA）であり，その大きさは 10^9 Da で，細菌の生命維持に必要なあらゆるタンパク質に関する情報をコードしている．通常，遺伝子のセットを1組しかもたず，一倍体（haploid）という．染色体はヒストン様タンパク質を結合して上述した核様体という形で凝集しているが，上述したように，真核細胞のような核膜はない．

細菌のゲノムの大きさは約 5Mb で，植物や動物，微生物でも糸状菌などに比べるとはるかに小さく，このため主要な植物病原細菌についてはゲノム解析が完了している（第4章「植物病原細菌のゲノム」参照）．

6）プラスミド Plasmid

核外遺伝子のうち，染色体とは別に，独立して自己複製するものをプラスミドと称する．

プラスミドが細菌体の中に入ると，細菌は新たな遺伝形質を獲得する．プラスミドは細胞質内の核外にあり，構造的には染色体 DNA と同様に2本鎖の環状 DNA である．その大きさは染色体 DNA の 1/100 ないし 1/1,000 である．細菌自体の生命現象には必須ではない機能，例えば薬剤耐性，毒素産生，バクテリオシン産生などを司ることが多い．しかしながら，病原性関連遺伝子がプラスミド上に存在することも多く，そのような付加的な性質のみならず，重要な機能を有する場合もある．

プラスミドには接合（conjugation）によって他の細菌へ転移する伝達プラスミドと転移しない非伝達性プラスミド（non-transmissible plasmid）がある．非伝達性プラスミドの移行は伝達性プラスミドの助けを借りて行われる．伝達性プラスミドは染色体上の遺伝子の移行にも関与している．植物病原細菌では *P. aeruginosa* 由来の薬剤耐性プラスミドの P 群プラスミドが知られている．

これまで，多数の植物病原細菌からプラスミドが分離されている．それらのうち，最も有名なプラスミドは根頭がんしゅ病菌（*Agrobacterium tumefaciens*) の Ti-プラスミド（pTi）である．本プラスミドは病原性発現に関与しているが，その性質から植物育種工学用の最も優れた遺伝子ベクターとして利用されれている．

プラスミドを保有しているか否かは種や菌株によっても異なり，ナス科植物青枯病菌（*Ralstonia solanacearum*）は巨大なメガプラスミドを持っているが，イネ白葉枯病菌はゲノム解析の結果，プラスミドは保有していないことが明らかとなった．

7）貯蔵物質

細菌の細胞内にはグリコーゲン，デンプン，硫黄，ボルチン（無機リン酸重合体），高エネルギー源ピロリン酸の複合体，原核生物特有の脂質であるポリ-β-ヒドロキシル酪酸などを蓄えるものがある．植物病原細菌ではポリ-β-ヒドロキシル酪酸のみが貯蔵物質として知られている．本物質は染色性が高く，スダンブラック B などの脂溶性色素で容易に染色が可能である．このような貯蔵物質は貧栄養条件下で炭素源及びエネルギー源として消費される．これらの貯蔵物質は細菌の分類の指標としても用いられる．

8）芽胞 Spore

グラム陽性の *Bacillus* 属や *Clostridium* 属に属する細菌では環境が悪化したりすると内生胞子（endospore）を，放線菌などは外生胞子（exospore）を形成する．これらの胞子は芽胞（spore）とも称される．とくに内生胞子は休眠型であり，紫外線，高温や乾燥などの環境要因に対して強い耐性を持つ．この芽胞を滅菌するためには，高温・高圧殺菌（120℃，20分）することが必要である．

9）鞭毛 Flagellum（pl. Flagella）

鞭毛は細胞質内の顆粒から細胞壁を貫いて外部に突出している繊維状あるいは螺旋状の長い構造物である．大きさは幅約 120-190Å，長さは通常数 μm で，中心に径約 60Å の孔を持つ中空の螺旋状繊維構造体である．繊維はフラジェリン（flagellin）というタンパク質が重合したものである．

鞭毛の基部の末端はフックを形成し，細胞壁に差し込まれ，細胞壁の内側には基部球状体となっている．このように鞭毛の基部は複雑な構造を有しているが，グラム陰性細菌では 4 個，グラム陽性細菌では 2 個のリングによって外被に固定されている．鞭毛は細菌の運動器官で，基部が水素イオン濃度勾配やナトリウムイオン濃度勾配をエネルギー源にして回転させて運動するが，上記のフックが鞭毛に回転運動を伝える（図 3-5）．

鞭毛は全ての真正細菌が持っているわけではないが，鞭毛の数及び位置（付き方）はそれぞれの菌種に特徴があり，従って細菌の同定において重要な性質となっている．その付き方で単極毛，双（両）極毛，叢毛性，周毛性といったように表現する（図 3-6）．しかし，このような分け方は絶対

的なものではなく，培養条件によって変化するものもある．

鞭毛の組成は主としてタンパク質で，抗原性があり，菌種の血清学的診断に利用される．また，近年，一部の植物病原細菌では，病原性に関わる遺伝子群が座位し，べん毛タンパク質であるフラジェリンが非宿主に対するHRを誘導することが知られている．

病斑組織内の細菌は軟腐病細菌など一部を除き，一般に鞭毛を欠き，運動性もない．

この鞭毛は特殊な染色法（鞭毛染色法）や電子顕微鏡によって観察することができる．

10) 線毛 Pillus (pl. Pilli)

グラム陰性細菌の菌体には細菌の細胞外構造体で，鞭毛とは異なる多数の，短い毛状突起物が存在する．このように，細菌の菌体表面の細胞外繊維で，鞭毛でないものを線毛という．線毛は真核生物の繊毛ともまったく異なる．

線毛はタンパク質が重合して繊維状となるもので，線毛の基部は細胞膜か

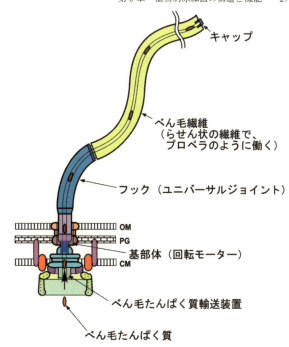

図3-5 *Salmonella typhimurium* の鞭毛の基部構造の模式図（南野徹原図）

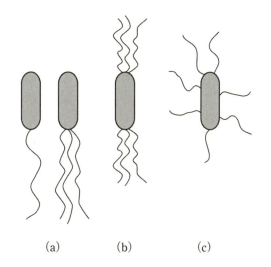

図3-6 鞭毛の着生様式
　　　（a）単極毛，（b）両極毛，（c）周毛．

ら外へ突出し細胞壁を貫通している．大きさは直径30〜140Å，長さは0.2〜20μm程度である．英語ではpilus（単数形），pili（複数形），もしくはfimbria（単数），fimbriae（複数）ともいう．通常，pilusとfimbriaは区別しないで使用される．線毛は1950年代に走査型電子顕微鏡観察によって発見されたが，2つの研究グループがこれらの名称を別々に用いたため，このよ

うな呼び方が現代まで続いている．

　線毛の主要なサブユニットタンパク質はピリン（pilin）またはフィンブリリン（fimbrillin）が主体となっている．線毛の構成タンパク質の中ではピリンが圧倒的に多い．線毛はかつてはピリンのみで構成されていると考えられたこともあったが，現在では線毛はアドヘジン，マイナーピリン，ピリン，アンカーなど多くの種類のタンパクによる複合体であることが明らかにされている．

　性線毛（sex pili），クラスⅠ型線毛，Ⅳ型線毛などというように，線毛は構造と機能によって多数の種類に分類されており，一つの細胞が複数種の線毛をもつことも多い．線毛は，細菌の運動性を司る鞭毛とは本質的に異なるが，その構造や働きはT線毛，赤血球の凝集，ファージへの吸着など多種多様である．植物病原細菌で重要なのは宿主細胞へのエフェクターの分泌機構に関わるHrp線毛などである．

　性線毛は細菌の接合の役割を有し，細菌間の接合において，DNAを送り込む装置として細胞間を連結する．FプラスミドがつくるF線毛は長さ2-20μm，幅8nmで，中心には約2nmの空隙がある．通常，接合を起こすプラスミドに存在する遺伝子から作られる．接合の相手は，同種の細菌が多いが，別種の細菌，真核細胞の場合もあり，遺伝子の水平移動を起こす主因となる．Rプラスミドによる薬剤耐性遺伝子群の水平移動やアグロバクテリウム（*Agrobacterium*）の線毛（T線毛ともいう）による植物細胞の形質転換は有名である．性線毛はⅣ型分泌装置によって作られる．

　線毛の形成は遺伝子の転写制御による相変異でその有無が決定され，また温度や栄養など環境条件によって細胞当たりの数が決まる．

　外膜がないグラム陽性菌にも線毛様構造体は存在しているが，この面の研究は進んでいない．

3．細菌の染色性と色素
1）染色性

　細菌の菌体はフクシン，メチレンブルー，クリスタルバイオレットなどの色素によく染まる．また植物細菌病の組織学的観察で用いられるチオニンにも紫菫色によく染まり，対染色色素をオレンジGにすることにより，組織内細菌は極めて容易に観察が可能である（図1-1）．

　一般に細菌の菌体の形態や大きさを調べるためには，石炭酸フクシンが用いられる．

　鞭毛染色は鞭毛の大きさが直径10数nmと極めて微小であるため，光学顕微鏡で観察するにはレンズの解像度が不足する．このため，鞭毛を観察するには特殊な染色処理が必要である．一般的にはタンニン酸を主成分とする媒染剤を鞭毛上に沈殿させて肥大させ，これを硝酸銀や硫酸第一鉄を主成分とする染色剤で発色させて観察する方法が用いられる．このような方法では鞭毛の存在は確認できても，菌体も媒染剤や色素で大型化してい

るので，大きさの測定には適さない．

グラム染色はデンマークのC. Gram（1884）によって経験的に発見された染色法であるが，その後の細菌学の研究において極めて重要な役割を果たしてきた．とくに細菌細胞の表層の構造，等電点，抗生物質耐性などとの相関性が明らかとなり，今日でも細菌学的性質として重要な項目の一つとなっている．すべての細菌は構造上，グラム陽性，あるいは陰性のいずれかのグループに分類される．グラム陽性細菌と陰性細菌の基本的な相違点は外膜（outer membrane）の有無によっている．また，細胞壁はグラム陽性細菌の方がより厚い．

この染色法は塗沫，風乾，固定した菌体を青色の石炭酸クリスタルバイオレットで強染色した後，ヨード・ヨウ化カリウム液を作用させて，有機溶媒で脱色する．脱色後，さらに赤色のフクシンまたはサフラニンで複染色して観察する方法である．グラム陽性細菌は青色に染まり，グラム陰性細菌は赤色に染色される．

2）色素

細菌は多様な色調の色素を産生するものがあり，とくに好気的条件下で褐色，赤色，黄色，緑色などの色素を産生する．それらの色素は大別して水溶性の菌体外色素と非水溶性の菌体内色素に分かれる．細菌の分類や同定のための特性の一つとして利用されるが，それらの色素が果たす役割については不明なものが多い．

①*Pseudomonas* 属細菌の色素

植物病原性の*Pseudomonas*属細菌には黄緑色蛍光色素フルオレシンを産生するものが多い．この色素は，近年，ピオベルジン（pyoverdin）と呼ばれるようになった．本色素は水溶性で有機溶媒に移行しない．蛍光発色団は分子量約1,000のキノリン誘導体で，それに5〜8個のアミノ酸から成るペプチドがアミド結合している．本色素はシデロフォアの一種で，鉄濃度が低い環境でFe^{3+}をキレートとして取り込む機能を有する．

P. aeruginosa はフルオレシンの他に水溶性の青色色素ピオシアニン（pyocyanin）を産生するが，これはフェナジン誘導体で抗菌作用を示す．

イネもみ枯細菌病菌（*Burkholoderia glumae*）はトキソフラビンとフェルベヌリンの2種の蛍光色素を産生する．前者は不安定でロイマイシンに変化する．これらの色素は植物に対して毒性を有し，葉及び根の伸長阻害やクロロシスを誘導する．

P. syringae pv. *eriobotryae* は水溶性の褐色色素を産生する．

②*Erwinia* 及び *Dickea* 属細菌の色素

*Erwinia*属細菌も多様な色素を産生する．

E. chrysanthemi 群の中には青色の非水溶性色素を産生するものが多い．このような色素はインジゴイジン（indigoidine）と称される．このインジゴイジンの合成にはタンパク質IndCが必須である．*E. rhapontici* はプロフ

ェロロサミンA（proferrorosamine A）を産生するが，本色素は紅色で，水溶性である．プロフェロロサミンAはシデロフォアで，鉄をキレートしてフェロロサミンAとなる．また，*E. rubrifaciens* は水溶性色素ルブリファシン（rubrifacine）を産生する．本色素はミトコンドリアの電子伝達系阻害する性質を有する．

③*Xanthomonas* 属細菌の色素

Xanthomonas 属細菌細菌はほとんどすべて黄色の色素を産生する．ただし，例外もあって *Xanthomonas axonopodis* pv. *manihotis* は白色コロニーを形成する *Xanthomonas* 属細菌細菌である．

上述したように，*Xanthomonas* 属細菌が産生する色素は非水溶性で黄色を呈するが，この色素は脂質とエステル結合して外膜に存在する．Br原子を有する臭化アリルポリエン色素で，キサントモナジン（xanthomonadin）と称する．Br原子数，最大吸収波長及び質量分析M^+値から15群に細分される．*Xanthomonas* 属細菌の重要な識別性状で，他のグラム陰性細菌と識別する重要かつ簡便な識別材料とされる．

④*Clavibacter* 及び *Curtobacterium* 属細菌の色素

これらの細菌が産生する非水溶性の黄色色素はカロチノイドで，培地に添加するチアミンの濃度に応じて，産生される色素の種類に変異がみられ，黄色から赤色に変化する．

参考文献

1) 天児和暢（1998）写真で語る細菌学，九州大学出版会，福岡，p.108.
2) 後藤正夫（1990）新植物細菌病学，ソフトサイエンス社，東京，p.283.
3) Goto, M. (1990) Fundamentals of Bacterial Plant Pathology. Academic Press, San Diego, CA.
4) Holt, J. G., Krieg, N. R., Sneath, P. H. A., Staley, J. T. and Williams, S. T. (1994) Bergey's Mannual of Determinative Bacteriology, 9th Edition, Williams & Wilkins, Baltimore. p.787.
5) 石川辰夫ら編（1990）微生物学ハンドブック，丸善，東京，p.711.
6) 河西信彦ら編（1985）最新微生物学，講談社サイエンティフィック，東京，p.333.
7) 野口智子・相沢新一（1989）べん毛の分子構造，サイエンス 19（12）: 50-52.
8) Osman, S. F., Fett, W. F. and Fishman (1986) Exopolysaccharides of the phytopathogen *Pseudomonas syringae* pv. *glycenea*. J. Bacteriol. 166: 66-71.
9) Pugsley, A. P. and Schwartz, M. (1985) Export and secretion of proteins by bacteria. FEMS Microbiol. Rev. 32: 3-38.
10) Sigee, D. C. and Al-Rabaee (1989) Changes in cell size and flagellation in the phytopathogen *Pseudomonas syringae* pv. *tabaci* cultured in vitro and in planta: A comparative electronmicroscope study. J. Phytoapthol. 125: 217-230.
11) Smith, A. R. and Koffler (1971) Production and isolation of flagella. In Methods in Microbiology, R. R. Norris and Ribbons, W. D. pp165-172. Academic Press, London.
12) Stemmer, W. P. C. and Sequeira, L. (1987) Fimbriae of phytopathogenic and symbiotic bacteria. Phytopathology 77: 1633-1639.
13) 吉田眞一ら編（2007）戸田新細菌学，南山堂，東京，p.1055.

第4章　植物病原細菌のゲノム

　1990年以降，ヒトを初めマウスやイネなどモデル生物を中心に様々な生物の全ゲノム塩基配列が続々と解読されている．ヒトやイネのような重要な生物は国際的なコンソーシアムによって解読されたが，微生物の場合はゲノムのサイズも小さいため，各国の研究機関で多様な微生物の全ゲノムの解析が急速に進展している．

　このような流れにあって，1998年のエディンバラにおける国際植物病理学会議において，植物病原細菌のゲノム解析に関する国際コンソーシアムが組織され，以来，重要な植物細菌についてはすべて解析が完了している．さらに，主要な植物病原細菌については複数株で解析が行われている．近年，次世代シーケンサーなど解析技術の急速な進歩があり，高性能コンピューターによる情報処理も可能となり，植物病原細菌においても多様な種で解析が急展開している．その結果，植物病原細菌の遺伝的基盤，病原性関連遺伝子の全体像が明らにされてきた．従って，ゲノム情報は将来的には植物病原細菌のより合理的な分類にも大きく寄与するであろう．

　現在，植物病原細菌では宿主植物との相互作用の網羅的解析，比較ゲノムを核とした分子進化学的研究などポスト・ゲノム研究が展開されている．

1. 植物病原細菌のゲノム解析の概要

　細菌は真菌類に比べてゲノムのサイズが約1/10と小さく，2002年に *Xylella fastidiosa* のゲノム解析が完了して以来，主要な植物病原細菌についてはゲノム解析が完了している．

　細菌はウイルスと異なり培養が可能で，しかも糸状菌のように，付着器形成など形態形成を伴う動的な感染をしないため，また形質転換の効率の高さから，植物との相互作用の分子生物学的解析に大変適した微生物であると言える．さらに先に述べたようにゲノム解析が急速な勢いで進展しており，主要な植物病原細菌では次々とゲノム解析が完了し，糸状菌と植物との相互作用解析とは異なるアプローチが可能となっている．

　とくに重要な植物病原細菌であるイネ白葉枯病菌（*Xanthomonas oryzae* pv. *oryzae*）の場合，同じ種で5, 6菌株のゲノム解析が行われている．したがって，複数の菌株でのゲノム解析が完了している種では，比較ゲノムなどのトランスクリプトーム解析が可能となり，ポスト・ゲノム研究が進展している．さらに，植物病原細菌の寄生戦略を考えた場合，ゲノム・ベースで各植物病原細菌の病原性に関連したゲノム構造の比較が可能となり，ヒトや動物の病原細菌との比較も可能となってきた．

　ゲノムは遺伝情報の宝庫であり，ゲノム解析により病原性関連遺伝子の網羅的解析が可能となってきているが，このようなゲノム・ベースの病原

性遺伝子の解析は一つの革命と言ってもよい．

例えば，gene-for-gene 説で植物と病原との相互作用を考える場合，品種とレースの組合せでの解析が必要であり，レースが異なる，即ち品種との対応で病原性が異なるということをゲノム構造，とくに病原性関連遺伝子の質的・量的な差異として捉えることができるからである．さらに，宿主側のゲノム解析もモデル系では完了しているものが多く，感染に伴う，アレイ解析及び RNA-seq 解析などが可能となっている．したがって，ポスト・ゲノム研究が進展することにより，今後，細菌と植物との相互作用の分子機構の全体像の解明が急速に進むと考えられる．

2014 年の時点で，ゲノム解析が完了している植物病原細菌は表 4-1 のとおりである．

2. 植物病原細菌のゲノム解析の歴史

細菌は食料生産に重要な影響を及ぼす微生物ということでの重要性から，ゲノム解析の対象として注目されてよい存在であった．

しかも細菌の系は植物病理学の分野でも，分子生物学や分子遺伝学の研究が最も進んでいる分野であり，実際，植物-微生物相互作用における病原側の病原性関連遺伝子，さらには植物側の抵抗性遺伝子の分子構造が最初に解析されたのは植物細菌病の系である．

しかしながら，ゲノム解析の戦略や手法，さらにはシーケンサーの能力の問題もあって，莫大なコストがかかるプロジェクトであったため，5Mb 程度のサイズではあっても実際に解析を開始するのは困難を極めた．

こうした中，1998 年，エディンバラにおいて国際植物病理学会が開催された．この学会で，他の生物学の分野に比べてゲノム解析が立ち後れているため，植物病原細菌及び細菌病の研究者がラウンドテーブル・セッションが開かれた．そこで，いかにして植物病原細菌のゲノム解析を開始を進めるか，対象の細菌をリストアップし，どこの国が分担するかについて熱心な議論が行われ，それを基にコンソーシアムが組織された．

当時はブラジルでブドウのピアース氏病細菌（*Xylella fastidiosa*）のゲノム解析がようやく端緒についたばかりで，またフランスでナス科植物青枯病菌（*Ralstonia solanacearum*）のメガプラスミドのシークエンス解析が行われているだけであったが，この会議のおかげで植物病原細菌のゲノム解析は急速に進展したといってもよい．

その後，同国では *X. fastidiosa* の解析が完了すると，*Xanthomonas* 属の *X citri* pv. *citri* と *X. campestris* pv. *campestris* での解析へと拡大し，また，フランスでは *Ralstonia solanacearum* の全ゲノム，米国では *Agrobacterium tumefaciens*，*Pseudomonas syringae* pv. *tomato* で，さらには我が国及び韓国でイネ白葉枯病菌 *X. oryzae* pv. *oryzae* の全ゲノム解析が開始された．これらの解析は 2005 年にはすべて完了した．その後，ドイツでも植物病原細菌のゲノム解析が試みられ，*X. campestris* pv. *vesicatoria* 及び *X. campestris*

表 4-1 ゲノム解析が完了した植物病原細菌（2014 年現在）

種	供試菌株
Acidovorax avenae subsp. *avenae*	ATCC19860
Acidovorax citrulli	AAC00-1
Agrobacterium fabrum	C58
Agrobacterium tumefaciens	K84
Agrobacterium vitis	S4
Burkholderia glumae	BGR1
Ca Liberibacter asiaticus	psy62，gxpsy，Sao Paulo
Ca Liberibacter crescens	BT-1
Ca Liberibacter solanacearum	Clso-ZC1
Ca Phytoplasma	OY-M，AYWB，NZSb11
Ca Phytoplasma australiense	
Ca Phytoplasma mali	AT
Clavibacter michiganensis subsp. *michiganensis*	NCPPB382
Clavibacter michiganensis subsp. *nebraskensis*	NCPPB2581
Clavibacter michiganensis subsp. *sepedonicus*	ATCC33113
Dickeya dadantii	3937, Ech703, Sch586,
Dickeya zeae	Ech1591
Erwinia amylovora	ATCC49946，CFBP1430，LA637，LA636，LA635，
Pantoea ananatis	LMG20103，PA13，AJ13355，LMG5342
Pectobacterium atrosepticum	SCRI1043, JG10-08, 21A,
Pectobacterium carotovorum subsp. *carotovorum*	PC1, PCC21
Pectobacterium carotovorum subsp. *odoriferum*	BC S7
Pectobacterium wasabiae	WPP163
Pseudomonas brassicacearum	DF41
Pseudomonas brassicacearum subsp. *brassicaerum*	NFM421
Pseudomonas cichori	JBC1
Pseudomonas putida	KT2440, F1, GB1, W619, BIRD-1, S16, ND6, DOT-T1E, HB3267, H8234, NBRC14164, DLL-E4
Pseudomonas syringae pv. *phaseolicola*	1448A
Pseudomonas syringae pv. *syringae*	B728a
Pseudomonas syringae pv. *tomato*	DC3000
Ralstonia solanacearum	GMI1000, Po82, PSI07
Streptomyces scabiei	87.22
Xanthomonas albilineans	GPE PC73
Xanthomonas axonopodis pv. *citri*	306
Xanthomonas axonopodis pv. *citrumelo*	F1
Xanthomonas campestris pv. *campestris*	ATCC33913, 8004, B1000
Xanthomonas campestris pv. *raphani*	756C
Xanthomonas campestris pv. *vesicatoria*	85-10
Xanthomonas citri subsp. *citri*	Aw12879
Xanthomonas oryzae pv. *oryzae*	KACC10331, MAFF311018, PXO99A
Xanthomonas oryzae pv. *oryzicola*	BLS256
Xylella fastidiosa	9a5c，Temecula 1，M12，M23，MUL0034
Xylella fastidiosa subsp. *fastidiosa*	GB514
Xylella fastidiosa subsp. *sandyi*	Ann-1

pv. *campestris* でゲノム解析が完了している.

このように, 植物病原細菌のゲノム解析が軌道に乗り始めたのは今世紀に入ってからであるが, 現在, さらに多数の植物病原細菌でゲノム解析が進行している. さらに, 重要な種では, 一つの種で複数の菌株の解析が行われ, あるいは, さらに多くの種へとゲノム解析の展開は進んでいる.

今後, このゲノム解析はポスト・ゲノム研究に発展し, 植物病原細菌の分類や植物との相互作用のゲノムを基盤とした解析, さらには動物の病原細菌などとの比較ゲノムへと進展していくであろう.

これまで病原性遺伝子は個々の遺伝子やクラスターとして捉えられてきた. しかし, ゲノム解析ではそれらを網羅的に把握することができ, 各病原細菌の特徴や新規遺伝子まで明らかとなる. さらに, もっと早くから解析が行われてきたヒトや動物の病原細菌との比較も可能となってきており, 病原微生物としての特徴や進化も見えてくる.

同じ植物に感染する微生物として共生微生物があるが, それらのゲノム構造との比較も可能となる. とくに根粒菌でもゲノム解析が進んでおり, *Bradyrhizobium* 及び *Rhizobium* の代表的な種でゲノム解析が完了している. 従って, ゲノム解析の進展により植物病原細菌の病原性関連遺伝子のみならず, 植物-病原細菌の相互作用の解析, さらには寄生と共生の差異などもゲノム・レベルで比較解析が飛躍的に進むものと期待される.

3. 植物病原細菌のゲノム構造

植物病原細菌のゲノム解析はシーケンサーの進歩もあって, 急速な勢いで進んでおり, 多大なゲノム情報が集積している. したがって, 俯瞰的な記載は今後の研究を待って, ここではイネ白葉枯病菌のゲノム構造を代表として取り上げる.

イネ白葉枯病菌は熱帯から温帯のイネ栽培地域で発生する世界的に重要な植物病原細菌であり, 世界的に多数のレースが存在し, レース分化が進んだ病原細菌である. 同時に, 分子生物学的研究が各国で行われており, 植物-微生物相互作用解析のためのモデル系としても重要である. とくに宿主であるイネのゲノムの解析も完了しており, 宿主と病原の双方のゲノム情報が使える最初の系となっている.

1) ゲノム構造の概要

日本産イネ白葉枯病菌 (*Xanthomonas oryzae* pv. *oryzae*) のレース I の代表菌株 T7174 (MAFF 311018) のゲノム解析の結果, 本菌のゲノムは環状染色体で, そのサイズは 4,940,217 bp である (図 4-1). 遺伝子領域の予測の結果, 2 個の rRNA 遺伝子オペロン, 53 の tRNA 遺伝子と 4,372 個のタンパク質をコードする遺伝子の存在が推定された. また, 全ゲノムの平均 GC 含量は 63.7% で, 本細菌はプラスミドを保有していない (表 4-2).

本細菌のゲノムの大きな特徴は, insertion sequence (IS) などの繰り返

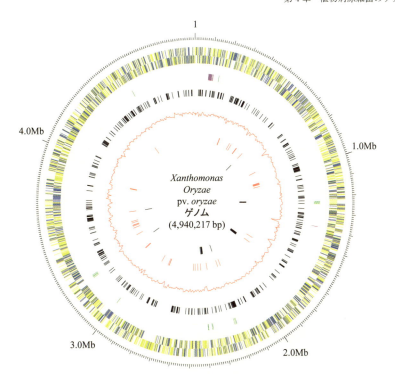

図 4-1　イネ白葉枯病菌（*Xanthomonas oryzae* pv. *oryzae*）
MAFF 311018 株のゲノム構造

し配列が多数存在している点である．これらはゲノム内に散在し，単独で存在する場合も見られたが，大多数は複数の IS が前後に幾重にも挿入されていた．また，それらは IS の転移酵素（トランスポゼース）と部分的に相同性を有する不完全なもの，所謂，挿入配列（IS）の残骸がかなり多く，したがってトランスポゼースと推定されたものは計 611 個にも及び，これらのゲノム配列における割合は実に約 10% に達する．

2）植物病原細菌としての
　　ゲノム構造の特徴

表 4-2　イネ白葉枯病菌（*Xanthomonas oryzae* pv. *oryzae*）ゲノムの概要

	X. oryzae pv. *oryzae*
長さ	4,619,764
G+C 含量（%）	64
推定された遺伝子数	4,059
機能推定された遺伝子数	2,705（66%）
保存された遺伝子数	1,138（29%）
不明な遺伝子数	216（5%）
繰り返し配列数（IS）	415（8%）
tRNA	51
rRNA オペロン	2
プラスミド	0
HrpX レギュロンに属する遺伝子数	27
avrBs1	0
avrBs2	1
avrBs3/pth	18（ゲノム）

イネ白葉枯病菌は世界的には 30 以上のレースが報告されている．この

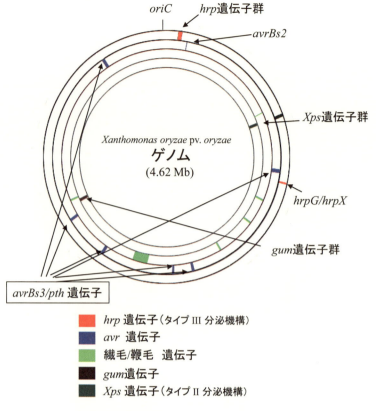

図 4-2 イネ白葉枯病菌（*X. oryzae* pv. *oryzae*）のゲノムにおける病原性関連遺伝子の分布

ようにレース分化が進んだ植物病原細菌のゲノム解析はこれまで行われていなかった．したがって，ゲノム解析により，なぜこれほどまでにレース分化が進んだかを示す，特徴あるゲノム構造が明らかにされることが期待されていた．ゲノム解析の結果，予想通り，病原性の分化に関連した非常にユニークなゲノム構造が明らかとなった．病原性関連遺伝子の分布を図 4-2 に示す．

① *hrp* 遺伝子群

hrp とは hypersensitive response and pathogenicity（*hrp*）genes の略で，多くのグラム陰性植物病原細菌では *hrp* 遺伝子クラスターと呼ばれる一つの遺伝子群が病原性に重要な役割を果たしている．本遺伝子群に含まれるもののいくつかは，サルモネラや赤痢菌といったヒトの病原細菌の遺伝子と相同性をもっており，*hrc* と称されることもある．これらはタイプIIIとよばれるタンパク質分泌装置の構成タンパク質をコードすることが明らかにされている．

a）*hrp* クラスターの構造

hrp 遺伝子は植物病原細菌の病原性を司る最も重要で，最もよく研究されてきた遺伝子群である．イネ白葉枯病菌をはじめとした多くの植物病原

細菌では，病原性には *hrp* 遺伝子群の発現が必須であるとされている．*hrp* 遺伝子群はタイプⅢ分泌装置をコードする *hrc* 遺伝子と，エフェクターあるいはシャペロン分子をコードする遺伝子で構成されている．

　上記したように，ある種の動植物病原細菌は，このタイプⅢ分泌装置を介して，宿主細胞内に直接タンパク質を注入し，これが宿主の抵抗性の抑制や代謝の攪乱等を行なうことにより発病に至らしめる，あるいは抵抗性植物ではこれが引き金となり，抵抗反応のスイッチが入ることで過敏感反応が引き起こされる，と考えられている．

b) *hrp* 遺伝子群の制御機構

　イネの重要病原細菌のひとつである白葉枯病菌においても *hrp* 遺伝子群が病原性の発揮に必須であることが示されているが，イネ白葉枯病菌の場合，この遺伝子群の発現制御のメカニズムについても以下のようなことが明らかにされている（図 4-3）．

　本細菌が植物体内に侵入すると複数の制御タンパク質により何らかの植物（環境シグナルが伝達され，その後，AraC タイプの転写因子である HrpX とよばれる転写活性化タンパク質が *hrp* 遺伝子群の発現を誘導する．HrpX のプロモーター領域には PIP box 配列 TTCGC…N15…TTCGC という配列を有している．また HrpX は *hrp* 遺伝子群の発現のみならず，タイプⅢ分泌装置を介して分泌されるエフェクター遺伝子の発現，さらにはそれ以外の遺伝子の発現をも制御する．

　hrp 遺伝子群の発現を直接制御する転写因子 HrpX は，2 成分制御系の調節因子と考えられる *hrpG* によって活性化される．HrpG は外来のシグナルをセンサーから受け，自己リン酸化し，自ら活性化して，*hrpX* の発現を調

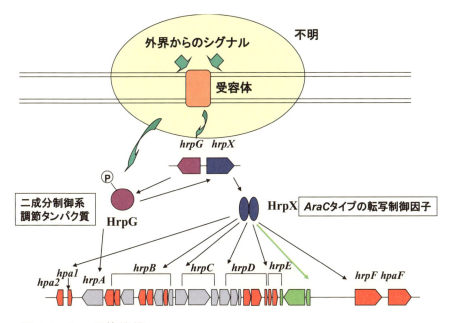

図 4-3　*hrp* 調節機構

節する．

以上のように，イネ白葉枯病菌は植物への感染時にドラスティックな遺伝子発現の変化を起こし，そのキーファクターの一つとしてHrpXが機能すると考えられている．

②avr遺伝子

一つの植物-病原微生物の系においては，複数の抵抗性遺伝子

表4-3 avrBS3ホモログを有する植物病原細菌

細菌	遺伝子
Pseudomonas syringae pv. *tomato*	avrBs3
	avrBsP
Xanthomonas campestris pv. *malvacearum*	avrB4
	avrB6
Xanthomonas campestris pv. *vesicatoria*	avrb7
	avrB101
	avrBln
	avrB102
	avrBn
Xanthomonas axonopodis pv. *citri*	avrPthA
Xanthomonas oryzae pv. *oryzae*	avrXa7
	avrXa10

(*R*-gene)-非病原性遺伝子（*avr* gene）の組合せが存在するのが普通である．植物病原細菌では非病原性遺伝子の単離は抵抗性遺伝子に対し親和性と非親和性のレースからそれぞれ菌株を選抜し，非親和性の菌株（avirulent strain）のコスミドライブラリーを作製し，親和性（virulent）菌株に導入して後者を非親和性（avirulent）に変えるコスミドクローンを選択するというプロセスにより同定する．

一方，対応する抵抗性遺伝子は突然変異などにより同定することができる．このようにして，多数の植物病原細菌で*avr*遺伝子が同定されている（表4-3）．例えば，アブラナ科野菜黒斑細菌病菌（*Pseudomonas syringae* pv. *maculicola*）及びトマト斑葉細菌病菌（*P. s.* pv. *tomato*）の非病原性遺伝子*avrB*及び*avrRpt2*とシロイヌナズナの遺伝子*RPM1*と*RPS2*のセットがその例である．また，大部分の細菌の*avr*遺伝子は，その機能発現に*hrp*という一群の遺伝子を必要とする．

これまで同定された植物病原細菌の*avr*遺伝子の中で，*avrBs3/pthA*遺伝子ファミリーはもっとも研究が進んでいる遺伝子である．本遺伝子ファミリーは品種特異的抵抗性誘導を司り，翻訳産物は互いに90%以上の相同性を示す．さらに，これらの遺伝子は構造的に，中央部に34個のアミノ酸（102bp）から成るペプチドがタンデムに20〜30個繋がる繰り返し構造，ロイシンジッパー，核移行性シグナル（nuclear localizing sequences, NLS），転写に関与するActivation domain（AD）を有する（図4-4）．

植物病原細菌におけるレース分化等の病原性の多様化には，*avr*遺伝子

図4-4 *avrBs3/pth*遺伝子の構造

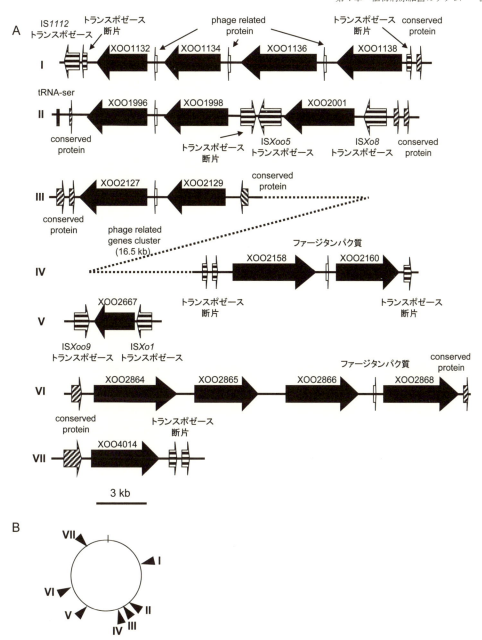

図 4-5　avrBs3/pth 遺伝子の構造（A）と分布（B）

が関わっていることが知られている．イネ白葉枯病菌においても，これまで複数の avr 遺伝子が報告されてきた．本細菌のゲノム解析の結果，avr 遺伝子がレース分化に関与している可能性を支持するような結果が得られている．すなわち，イネ白葉枯病菌には，avrBs3/pth 遺伝子ファミリーに属する非病原性遺伝子がゲノム上に 17 個存在し，しかもゲノムの 7 カ所に分散して存在していることが明らかになった（図 4-5）．

このような avrBs3/pth が多数，しかも散在している構造はイネ白葉枯病

菌の高度なレース分化との関連を示唆している．これらは，一部を除き，2個ないし4個の *avr* 遺伝子がタンデムに並んで存在し，また，その近傍には複数の挿入配列やファージ関連の遺伝子が存在していた（図4-6）．挿入配列やファージは遺伝子の重複に関係することが知られていることから，イネ白葉枯病菌における *avr* 遺伝子の重複は，挿入配列やファージによって引き起こされたものであると考えられる．

avrBs3/pth の基本的な構造上に述べたとおりであるが，各 *avr* 遺伝子間の構造の差異は主に中央ドメインの繰り返し数のみであり，また，プロモーター領域（-10，-35領域）もほぼ同じである．これら遺伝子群の発現をRT-PCRによって解析した結果，遺伝子として発現していることも明らかになった．

イネ白葉枯病菌ではこれまで *avrXa10* 及び *avrXa7* という2個の非病原性遺伝子がクローニングされている．これら二つの非病原性遺伝子も上述したような *avrBs3/pthA* 遺伝子ファミリー特有の構造を有している．また，イネ白葉枯病菌以外に *Xanthomonas* 属細菌2種のゲノム解析が完了している．そこで3種の *Xanthomonas* 属細菌の *avr* 遺伝子について比較検討を行った結果，イネ白葉枯病菌では，*avr/pthA* 遺伝子ファミリー・ホモログがゲノム中に15コピー以上存在し，他の *Xanthomonas* 属細菌に比べて，非常に多いことが明らかとなった．

また，イネ白葉枯病菌ではこれらの *avr* 遺伝子は複数の領域に散在し，さらに構造解析の結果，非病原性遺伝子ホモログはほとんどが2つ，または3つがタンデムに並んで存在する．各遺伝子間の構造比較の結果，主な相違点は102bp繰り返し単位の数のみであった．また，プロモーター領域（-10，-35領域）もほぼ同じであった．

さらに，挿入配列も他の *Xanthomonas* 属細菌に比べて非常に多く，さらに *avr* 遺伝子のような重要な病原性関連遺伝子の近傍に見いだされることが明らかとなった．挿入配列は，挿入・転移する際にゲノム再編成等を引き起こす因子の一つと考えられている．従って，このような病原性関連遺伝子の構造と分布がイネ白葉枯病菌の多様なレース分化に関与しているものと推察される．

③HrpXレギュロンに属する遺伝子

病原性関連遺伝子で最も重要な *hrp* 遺伝子クラスターと同じようにHrpXで発現制御される遺伝子として，plant inducible promotor（PIP）boxの塩基配列（TCCG...N16...TTCG）の存在が予想される．そこで，ゲノム情報から新規のHrpXレギュロンに属する遺伝子を探索する方法として，PIP boxの塩基配列を指標にゲノムデータベースから抽出を行った結果，既知の *hrp* 遺伝子を含め37個の遺伝子が見出された．それらすべての遺伝子について，*hrp* 遺伝子の発現を誘導する培地を用いて遺伝子の発現パターンの解析を行ったが，必ずしもすべての遺伝子において *hrp* 遺伝子群と同様な発現制御を受けていなかった．このことから，PIP box以外にも

制御領域がある可能性が示唆された．

　以上述べてきたように，イネ白葉枯病菌のゲノムの特徴は，1) 病原性遺伝子でレース分化などに関与する avr 遺伝子が多数，しかも pathogenicity island ではなくゲノム全体に散在する形で存在すること，2) HrpX レギュロンに属する遺伝子を同様に多数保有すること，3) ゲノム再編に関わる転移因子である IS など繰り返し配列が極めて多いこと，として集約される．これらは育成された多くの抵抗性品種や導入された新しい品種に対抗して，長い歴史を通じて進化してきたイネ白葉枯病菌の生存戦略を見事に反映したゲノム構造ということができる．

　はじめに述べたように，イネ白葉枯病菌は生物間相互作用，とくに植物-病原微生物間相互作用のモデル系として我が国のみならず，米国，中国，フィリピン，インドなどで分子生物学的研究に用いられてきた．この度のイネ白葉枯病菌のゲノム解析は今後，病原性関連遺伝子群の網羅的解析や遺伝子破壊株の作製による機能解析，さらにタイプⅢタンパク分泌装置を介して分泌される病原性エフェクターの解析等によって，宿主との相互認識や病原性遺伝子発現機構の分子レベルでの研究の飛躍的な進展が期待される．

4. ポスト・ゲノム研究の展開
1) マイクロアレイ解析及び RNA-seq 解析

　マイクロアレイを用いた遺伝子発現解析は全ゲノムに存在する遺伝子の発現パターンを網羅的に解析できる．よって，一つの遺伝子制御系により，どのような遺伝子の発現が制御されるのか網羅的に解析するには非常に有効なツールとなりえる．

　これまでに，イネではイネ・ゲノム解析の終了とともに，このマイクロ及びマクロ・アレイ解析は様々な場面ですでに解析が始まっている．とくに病害に対する防御応答の cDNA のコレクションを用いて，イネ白葉枯病のみでなく，イネいもち病菌に対する応答でアレイ解析が行われてきた．また，イネ白葉枯病菌のゲノム解析の完了に伴い，イネ白葉枯病菌側でもアレイ解析も可能となった．

　病原性細菌は 2 成分制御系（two-component regulatory system）により環境などの変化を迅速に感知して遺伝子発現を制御していることが知られているが，ゲノムのサイズが比較的小さいため，遺伝子の数が限られていること，ゲノム解析が完了していること，コアゲノムが保存されていること，2 成分制御系の数も比較的少ないこと，病原性欠損変異株の作製が容易なことや病原性が菌株により異なることなどから，マイクロアレイを用いての遺伝子発現解析が行われてきた．

　一方で，最近は開発が目覚ましい次世代シーケンサーを用いて発現 RNA の全分子を解析する RNA-Seq 解析が注目されつつある．マイクロアレイが既に設計した遺伝子プローブに対するターゲットのみをハイブリダイ

ゼーション法によって発現解析するのに対し，RNA-Seqでは，未知の配列であっても検出可能であることから，より現実的な事象を追いかけることができる．

今後，このようなアレイ解析やRNA-seq解析のような新技術により病原性関連遺伝子と抵抗性遺伝子の双方の発現が網羅的に解析されることにより，双方の遺伝子の発現のネットワークが解明される．それにより，イネ-イネ白葉枯病菌相互作用の全貌を明らかとなり，それをベースに新しい育種戦略が明らかとなってくることが期待される．

2）比較ゲノム研究
（1）各国産イネ白葉枯病菌菌株及びイネ条斑細菌病菌 *Xanthomonas oryzae* pv. *orizicola* との比較
①韓国産菌株 KACC との比較

韓国株と日本株を比較を行った結果，当然ではあるが，存在する各遺伝子間の相同性は非常に高く，ほぼ100％に近いものが多数を占めていた（図4-6）．しかしながら一部の領域では，それぞれ菌株特異的遺伝子を保有していた．その典型的な例が *hrp* 遺伝子クラスターが存在する領域である．複製開始点を含んでこの *hrp* 遺伝子領域に，両菌株間でゲノム構造において逆位がみられた．これらの菌株特異的遺伝子が病原性の差違，レースの差を示すものかは，現時点では不明である．

②イネ条斑細菌病菌（*Xanthomonas oryzae* pv. *orizicola*）との比較

イネ白葉枯病菌とイネ条斑細菌病菌は同じ種（*Xanthomonas oryzae*）に属する病原細菌で，異なる病原型pathovarとして細分類されているものの，細菌学諸性状は酷似している．しかしながら，両者の感染様式は導管病と

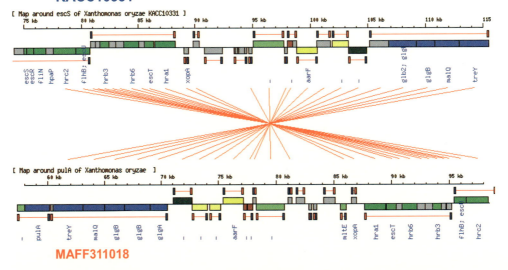

図4-6　MAFF311018 及び KACC10331 間の *hrp* クラスター領域の比較

柔組織病というように対照的である．このように細菌としてはほぼ同じ細菌でありながら，イネ白葉枯病菌は水孔から侵入し，維管束の導管で増殖するのに対し，イネ条斑細菌病菌は気孔から侵入し，主として葉の柔組織で増殖するという差を遺伝子レベルで比較することは非常に興味深い．

これらイネ白葉枯病菌とイネ条斑細菌病菌を hrp 遺伝子クラスターの構造で比較すると，hrp 遺伝子クラスターを構成する遺伝子はすべて共通に存在し，その配置も保存されているものの，その周辺領域には若干の違いが認められ，さらにゲノムにおける位置は異なっていることが明らかとなった．

両病原型には他の Xanthomonas 属細菌の hrp 遺伝子クラスター内に存在しない R29，R30，R31 と命名した 3 つの遺伝子が hrpF と hpaB 間に存在する．また，イネ白葉枯病菌では，クラスター内部に 4 つのトランスポゼースホモログが存在し，一方，イネ条斑細菌病菌では，hpaF の下流に 3 つのトランスポゼースのホモログが存在していた．また，それぞれのトランスポゼースの種類も異なっていた．さらに，イネ条斑細菌病菌には，X. vesicatoria で報告された hrpE3 と相同性を有する E3 ホモログの存在が明らかとなった．

以上の解析結果を利用して，これらの細菌病の診断法や病原細菌の識別法の開発も可能となっている．すなわち，塩基配列の欠失部分を利用したプライマーセットを作製して実際の検出を行った結果，R30f2 と R30r ではイネ白葉枯病菌のみを特異的に検出が可能であり，一方，R30f5 と R30r では，イネ条斑細菌病菌のみが特異的に検出することが可能となった．

③他の Xanthomonas 属細菌との比較

近年，植物病原細菌のゲノム解析の結果，hrp クラスターの構造についても詳細な情報が得られるようになった．現在までかなりの数の Xanthomonas 属細菌でゲノム解析が完了している．それらから，代表的な 3 種を選び hrp 遺伝子クラスターにおけるゲノム構造比較を行った結果，図 4-7 に示すように，各々の遺伝子間の相同性には若干の相違はあるものの，hpaB-hrpF 領域以外は同じ構造であった．hpaB-hrpF 領域の特徴として，イネ白葉枯病菌（Xanthomonas oryzae pv. oryzae）の hrp 領域には，4 個の新規トランスポゼースのホモログが挿入され，領域の長さもほぼ 2 倍であった．一方，カンキツかいよう病菌（Xanthomonas citri pv. citri）とキャベツ黒腐病菌（Xanthomonas campestris pv. campestris）ではそれらの存在は認められなかった．

また，キャベツ黒腐病菌には，hpaB の下流に hrpW が存在するが，他の 2 菌種には見出されなかった．さらに，キャベツ黒腐病菌では，hrpF の下流に存在する hpaF が欠失し，しかも hrpF の転写方向も逆であった．さらに，HrpX.レギュロンと推定される PIPboX.をもつ遺伝子数は，カンキツかいよう病菌とキャベツ黒腐病菌では，それぞれ 20 と 17 であると報告されているのに対して，イネ白葉枯病菌ではそれより多い 27 であった．この

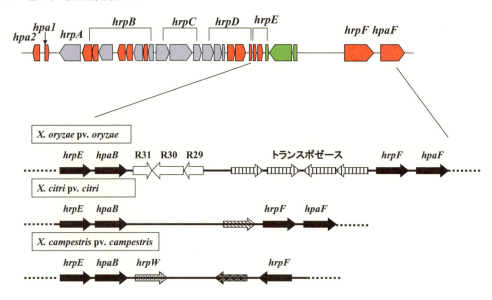

図 4-7 *X. oryzae* pv. *oryzae*, *X. citri* pv. *citri* 及び *X. campestris* pv. *campestris* 間における *hpaB-hrpF* 領域の構造比較

ことは，イネ白葉枯病菌は病原性が高度に分化（レース分化）した事実と関連づけて論ずべきであろう．

さらにイネ白葉枯病菌の *hrp* 遺伝子クラスター及び周辺領域（*hrp* 遺伝子クラスター約 30kb を含めた約 220kb）の解析を行った結果，本領域には *Xanthomonas* 属で既知の *hrp* 遺伝子クラスターを構成する 24 遺伝子すべてを含め，さらに，*hpaF* 下流約 40kb の位置に *X.* pv. *vesicatoria* で報告されている *avrBs2* 遺伝子ホモログが見出された．この領域の特徴として，挿入配列（IS）が *hrp* クラスターの内部をはじめ，複数の領域で且つタンデムに挿入されていることが挙げられる．また，量的には，この領域において予測した遺伝子数 171 に対して，約 2 割に相当する 36 個であった．また，いくつかのトラスポーターに関連する遺伝子や，グルカン関係の遺伝子クラスターの存在が明らかとなった．一方，予測した遺伝子を blast 検索した結果，*X. oryzae* pv. *oryzae* に固有の 14 数個の新規遺伝子が見出された．

さらに，*hrp* 遺伝子発現誘導についての研究も行われており，*X. oryzae* pv. *oryzae* の *hrp* 発現誘導にはキシロースが有効であることが明らかにされている．一方，*X. vesicatoria* においては *hrp* 発現誘導にスクロースが有効な糖源である．このように，*Xanthomonas* 属細菌の *hrp* 遺伝子の発現様式は種によって差があるものと考えられる．

5．今後の展望

主要な植物病原細菌のゲノム解析の結果，植物病原細菌のゲノムの全体像が塩基配列レベルで明らかになり，また，共通のゲノム構造やそれぞれ

の種固有のゲノム構造などが明らかになりつつある．例えば，イネ白葉枯病菌のゲノムではレースの多様性を反映して，多数の avr 遺伝子の存在が明らかとなり，多数の挿入配列を有する特徴的なゲノム構造であることが解明された．さらに多くの植物病原細菌の全ゲノム解析が加速度的な勢いで進展していることから，植物病原細菌としてのゲノム構造はさらに多数の植物病原細菌で詳細に解明されるであろう．また，異なる種だけでなく，同一種内で異なる菌株でもゲノム解析が進展している．*Xanthomonas oryzae* や *Xanthomonas campestris* がよい例である．従って，近い将来，レースが異なるということがゲノム構造の違いとして明らかになるはずである．

しかしながら，植物病原細菌が植物に病気を引き起こすメカニズムについては未解明である．今後は，ゲノム情報を基にした DNA アレイや RNA-seq といったトランスクリプトーム解析による病原性関連遺伝子群の網羅的な解析や機能推定のための遺伝子破壊株の作製，タイプⅢ分泌装置を介して分泌される病原性エフェクターの解析等によって，宿主との相互認識や病原性遺伝子発現機構を分子レベルで解明していく必要がある．それによって感染過程における病原性発現機構を制御することが可能となるであろう．とくに，タイプⅢ分泌装置を介して産生されるエフェクターの解析は植物と植物病原細菌の相互作用を解き明かす鍵となるターゲットである．

細菌はゲノム・サイズが小さいことから，上述したようにゲノム解析が急速に進んでいる．具体的には，世界的に重要なナス科植物青枯病菌のゲノム解析が終了し，同様な重要度を有するイネ白葉枯病菌でもゲノム解析を完了した．この二つの細菌はそれらが引き起こす病害の重要さだけでなく，感染の分子生物学的研究が非常に進んでおり，モデル系としての重要性も高い．従って，今後はゲノム情報を駆使して植物-微生物相互作用の解析が可能となった．とくにイネのゲノム解析の完了に伴い，イネ白葉枯病では宿主と病原双方のゲノム情報が揃ったことになる．

今後，細菌のメリットとして細植物病原細菌の病原性関連遺伝子，植物の抵抗性遺伝子，さらにそれらの相互作用の分子生物学的研究が急速な勢いで進んでいることから，いろいろな新戦略の組み立てが可能となってきている．タイプⅢ分泌機構をターゲットにした場合，分泌されるタンパク質に特異的に結合する抗体の産生システムを植物に組み込むことが考えられる．また，harpin はすでに細菌病防除の薬剤として試験が行われているが，harpin を植物体内で産生させることによる誘導抵抗性も大きなターゲットの一つであろう．さらに，抵抗性遺伝子側からは抵抗性遺伝子の病原体認識に関わるドメインについて，異なった遺伝子間で組換え，変異を起こさせたりすることが可能である．これを利用して，より多数の病原体に対して作用する広域抵抗性を付与することが可能となるであろう．

このように，植物病原細菌はゲノム情報が豊富で，病原性遺伝子の解析

も急速な勢いで進んでいる．従って，今後，細菌と植物との相互作用の分子機構の全体像が解明される日も遠くないと考えられる．

植物の細菌による病害は防除の面において糸状菌に比べて有効な農薬は限られており，難防除病害が多い．そこで，これまでは品種抵抗性や抵抗性台木の利用を主体とした防除戦略が取られてきたが，植物病原細菌のゲノム解析の急速な進展により防除の新戦略の展開が期待される．

参考文献

1) Bonas, U., Schulte, R., Fenselau, S., Minsavage, G.V., Staskawicz, B.J., and Stall, R.E. (1991). Isolation of a gene cluster from *Xanthomonas campestris* pv. *vesicatoria* that determines pathogenicty and the hypersensitive response onpepper and tomato. Mol. Plant-Microbe Interact.4:81-88.
2) Bonas, U., Stall, R.E. and Staskawicz, B.J. (1989). Genetic and structural characterization of the avirulence gene avrBs3 from *Xanthomonas campestris* pv. *vesicatoria*. Mol. Gen. Genet.218:127-136.
3) Buell, C. R. et al. (2003) The complete genome sequence of the Arabidopsis and tomato pathogen *Pseudomonas syringae* pv. *tomato* DC3000. Proc. Natl. Acad. Sci. USA, 100:10181-10186.
4) Buttner, D. & Bonas, U. (2002) Getting across-bacterial type III effector proteins on their way to the plant cell. EMBO J., 21:5313-5322.
5) Cornelis, G. R. & Gijsegem, V. (2000) Assembly and function of type III secretory system. Annu. Rev. Microbiol., 54:735-774.
5) da Silva, A.C.R. et al. (2002) Comparison of the genomes of two *X. anthomonas* pathogens with differing host specificities. Nature 417:459-463.
6) Furutani, A. Tsuge, S. Oku, T. Tsuno, K Inoue, Y. Ochiai, H.Kaku, H. Kubo, Y. (2003) Expression of *Xanthomonas oryzae* pv. *oryzae hrp* genes in a novel syntheticmedium, XOM2. Journal of General Plant Pathology 68(4):363-371.
7) Hopkins, C.M., White, F.F., Choi, S.H. and Leach, J.E. (1992). Identification of a family avirulence genes from *Xanthomonas oryzae* pv. *oryzae*. Mol. Plant-Microbe Interact. 5:451-459.
8) Keen, N, T. (1990) Gene-for-gene complementary in plant-pathogen interactions. Annu. Rev. Genetics 24:447-463.
9) Leach, J. and White, F. (1996) Bacterial avirulence genes. Annu. Rev. Phytopath. 34:153-179.
10) Lee, B. M. et al. (2005) The genome sequence of *Xanthomonas oryzae* pathovar *oryzae* KACC10331, the bacterial blight pathogen of rice. Nucleic Acids Res., 33:577-586.
11) Ochiai, H., Inoue, Y., Sasaki, A., Takeya, M. and Kaku, H. (2005) Genome sequence of *Xanthomonas oryzae* pv. *oryzae* suggests contribution of large numbers of effector genes and insertion sequences to its race diversity. JARQ 39:275-287.
12) Salanoubat, M. et al. (2002) Genome sequence of the plant pathogen *Ralstonia solanacearum*. Nature 415:497-502.
13) Sasaki, T. et al. (2002) The genome sequence and structure of rice chromosome 1. Nature, 420:312-316.
14) Simpson, A.J. et al. (2000) The genome sequence of plant pathogen *X. ylella fastidiosa*. Nature 406:151-157.
15) Song, W. Y., Wang, G. L., Chen, L. L., Kim, H. S., Pi, L. Ya., Holsten, T., Gardner, J., Wang, B., Zhai, W. X.., Zhu, L. H., Fauquet, C. & Ronald, P. (1995). A receptor

kinase-like protein encoded by the rice disease resist-ance gene, *Xa21*. Science 270:1804-1806.
16) Wood, D. W. et al. (2001) The genome of the natural genetic engineer *Agrobacterium tumefaciens* C58. Science, 294:2317-2323.
17) Yoshimura, S. et al. (1998) Expression of *Xa1*, a bacterial blight-resistance gene in rice, is induced by bacterial inoculation. Proc. Natl. Acad. Sci. U.S.A. 95:1663-8.

第5章　植物病原細菌の分類

　細菌は二分裂によって増殖する単細胞性の生物の総称である．細胞質に核や細胞内小器官といった明瞭な構造を欠く最小の生物である．植物病原細菌は培養が可能な一般細菌と，通常の培地では培養ができない，あるいは困難な難培養性細菌に分けられる．

　細菌は形態的性質，生理学的性質などの「細菌学的性質」と，細胞壁の成分，脂質やタンパク質などの「化学的形質」，さらにリボゾーム RNA のシークエンスなどの「分子生物学的形質」によって分類される．中でも近年，分子生物学的手法で得られた情報，とくに 16S rRNA のシークエンスを基準とした分類が主流となっている．従って，植物病原細菌の分類体系は大きく変わりつつあると言える．

1. 植物病原細菌の分類の概要

　細菌は非常に小さく，有性生殖も発見されてはいるが，一般的ではなく，また糸状菌のように形態学的特徴がないため，形態学に基いた分類ができない．従って，グラム染色，芽胞の有無，集落の性状，色素生産性，酸素の要求性，各種糖類の分解能，各種代謝系の有無など，多岐にわたる細菌学的性質を調べ，その類似度によって分類されていた．

　続いて，1970年代後半から発達した化学分類ではユビキノン，ポリアミン，脂肪酸，リポ多糖質など菌体成分の化学組成が分類基準として取り上げられた．

　その後，細菌の DNA の塩基組成（GC 含量）やリボソーム・リボ核酸（rRNA）などの塩基配列などを指標とする分子分類が発達し，今日に至っている．現在は，16S rRNA，さらに *gyrB* や *rpoD* など複数の必須遺伝子の塩基配列が最も主要な指標として扱われている．現在のところ分子進化学的解析の結果に基いて，細菌は真正細菌と古細菌に大きく分けられ，さらに真正細菌はグラム陽性菌，シアノバクテリア，プロテオバクテリアなどに細分類される．植物病原細菌の代表的な属はグラム陰性のプロテオバクテリアとグラム陽性菌に集中している．

　植物病原細菌の命名では宿主植物が何であるかが重要な情報となる．そこで，植物病原細菌の学名を二名法で記載する場合，宿主植物名を種名として用いるものが多い．しかし，細菌学的性質から同一種として分類されても，宿主範囲や病徴が異なる場合もある．従って，このような場合には病原型（pathovar, pv.）を加えて三名法で記載することが1980年に提唱された．例えば，*Pseudomonas syringae* pv. *actinidiae* や *Xanthomonas oryzae* pv. *oryzae* のように表記する．

　植物病原細菌は従来，*Pseudomonas, Xanthomonas, Erwinia, Agrobacterium,*

表 5-1 主要な植物病原細菌の分類群

属	代表的な種（病名）
グラム陰性	
Rhizobium 属	*Rhizobium radiobacter*（=*Agrobacterium tumefaciens*, 根頭がん腫病）
Burkholderia 属	*Burkholderia glumae*（イネもみ枯細菌病）
Ralstonia 属	*Ralstonia solanacearum*（ナス科植物青枯病）
Acidovorax 属	*Acidovorav avenae* subsp. *citrulli*（スイカ果実汚斑細菌病）
Xanthomonas 属	*Xanthomonas oryzae* pv. *oryzae*（イネ白葉枯病）
Xyllella 属	*Xyllela fastidiosa*（ブドウピアース氏病）
Pseudomonas 属	*Pseudomonas syringae* pv. *tabaci*（タバコ野火病）
Dickeya 属	*Dickeya chrysanthmi*（ジャガイモ黒脚病）
Erwinia 属	*Erwinia amylovora*（リンゴ火傷病）
Pantoea 属	*Pantoea stewartii* subsp. *stewartii*（トウモロコシ萎凋細菌病）
Pectobacterium 属	*Pectobacterium carotovorum* subsp. *carotovorum*（野菜軟腐病）
不明	
Spiroplasma 属	*Spiroplasma citri*（カンキツスタボーン病）
Phytoplasma 属	*Phytoplasma asteris*（アスター萎黄病）
グラム陽性	
Clavibacter 属	*Clavibacter michiganensis* subsp. *michiganensis*（トマトかいよう病）
Streptomyces 属	*Streptomyces scabiei*（ジャガイモそうか病）

Corynebacterium 及び *Streptomyces* の 6 属に分類されていた．しかし，近年 *Xylella*, *Spiroplasma* などの新しい属が加わり，さらにグラム陽性の *Corynebacterium* 属も *Arthrobacter*, *Clavibacter*, *Curtobacterium* 及び *Rhodococcus* などに分けられ，細分化の方向に進んでいる．近年，他の細菌と同様，16S rRNA の塩基配列が一般に分類基準として用いられているが，細菌分類学は大きく変動しつつある分野であり，植物病原細菌もその例外ではない．例えば，1914 年以来用いられてきた *Pseudomonas Solanacearum* というナス科植物青枯病菌は 1993 年，*Burkholderia solanacearum* とされた後，1996 年に *Ralstonia solanacearum* となり，今日に至っている．

植物病原細菌の主要な属及び種を挙げると表 5-1 のようになる．

2. 細菌の種の概念

細菌は原核生物なので，形態や表現型で分類を行うことができる高等生物とは根本的に異なる．原核生物は染色体を一つだけ保有し，ほとんどは対立遺伝子を持たず，無性的に増殖するため交配を必要とせず，高等生物に適用されるような種の概念は当てはまらない．従って，細菌における種とは高等生物と比較して不明確なものとなるが，同じ遺伝子を有するクローンの集合体（菌株集団）ということになる．しかしながら，細菌の命名規約によって，その集団の 1 菌株を基準菌株（type strain）に指定し，これを学名保持菌株と定めることになっており，そのため細菌の種は基準菌株を中心に，種々の程度の変異幅を持つこととなる．このことは，その基

準菌株の特性がその種の代表となりえないことも起こりうることを意味している．

しかし種における重要な概念の「有性生殖（による遺伝子交換）」そのものが真核生物に特有の概念である．例えば真正細菌では，有性生殖にあたる接合だけではなく，プラスミドの交換などを通して相当に遠縁でも遺伝情報の交換ができる．接合が知られていないものも極めて多い．また，外形は極めて変化に乏しいが，遺伝的には極めて多様なことが知られている．

3. 細菌分類の歴史

細菌は下等な，極めて微小な微生物であるが，17世紀後半にはLeeuwenhoekがすでに細菌の存在を発表していた．しかしながら，細菌の分類が始まったのはそれからほぼ1世紀を経てからであった．1773年，Mullerが *Vibrio* 属と *Monas* 属を設けて，細菌の分類方式を提案したのである．その存在が知られていたにもかかわらず，このように分類学の発達が遅れたのは，その微小で単純な形態と，まだ純粋培養法が開発されておらず，基準となる菌株の分離・保存が不可能だったためと考えられる．その後，Kochにより純粋培養法が確立し，保存菌株の相互の直接比較が可能となり，分類が科学的根拠に基づいて行われるようになった．

また，19世紀後半に至って，細菌の分類は大きな進展がみられた．すなわち，Cohnが *Schizophyta* を創設するとともに，上位分類を体系化し，1894年にはMigulaが *Pseudomonas* を提案し，今日も広く使われている．しかしながら，この間，多くの属が提案されたものの，今日ではそれらのほとんどは全く使われていない．

20世紀に入ってから，細菌の分類学は進化の過程を反映する自然分類を目指した試みがなされるようになった．しかし，栄養要求性や形態的特徴を指標とした試みであり，進化の客観的な根拠がないため，自然分類の論拠に欠けたものであった．

1960年代に入って，より自然分類に近い方法として数理分類法が導入された．本法は18世紀にAdamsonが植物の分類法として提唱したものであるが，それを細菌の分類に応用するため，その理論が再構築された．すなわち，多数の生化学的性質を同等の因子として扱い，それらを基にして相同性を電子計算機で解析し，類縁関係の客観的評価を目指した方法である．しかし，表現形質を指標とした限界もあった．

1970年代に入ると化学分類法が興隆をみる．これは分子生物学の発展を受けて，従来の化学分類とは異なり，微生物の生命の維持に不可欠な細胞の構成成分やその生合成経路などを分類の指標とした試みである．すなわち，細胞壁構造，キノンの種類，GC含量，脂質の組成，DNA/DNA交雑などが指標として採り入れられた．

さらに1980年代に入ると，遺伝子の一次構造に基づく系統分類が発展

した．種々の情報分子のうち，生物界を網羅する系統樹作成に適した分子の条件として，1）全生物に共通に存在する分子であること，2）構造や機能の上で大きな変化がなく，構成成分の置換率が低いこと，3）構成成分の一次配列の決定が容易であること，そして，これらの条件を満たす分子としてリボソーム RNA が選ばれた．これはリボソームが全生物の細胞に存在するタンパク質合成装置であり，置換率も低く，遺伝的に近縁でない生物種の系統を比較することが可能なためである．中でもリボソーム RNA の 16S rRNA が系統解析の指標として最も広く採用されている．これは先に挙げた条件を満たしつつ，16S rRNA 遺伝子の長さが適当に長く（約 1,600bp），比較的変異しやすい部位も存在し，近縁な種でも比較が可能で，細胞内に多量に存在し塩基配列の決定が容易などの利点のためである．

4. 人為分類と系統分類

歴史的には様々な指標を用いて生物を分類しようとする試みがなされてきた．細菌の場合もその例外ではない．

細菌の分野でも多岐にわたる分野で細菌分類の試みが続けられてきたが，応用場面での有用な性質に基準を置く人為分類が主流であった．例えば，国際的に高い評価を得た Bergey's Manual of Determinative Bacteriology が第 8 版（1974）までは自然分類を目指しながらも，内容的には実用的な同定を主眼を置いた人為分類であったことからも明らかである．

植物病原細菌においても，そのような人為分類，とくに病原性に主眼を置いた分類が中心であった．*Xanthomonas* 属が植物病原細菌のみから成るという当時の概念はその端的な例であるし，リゾビウム科の *Agrobacterium* 属と *Rhizobium* 属も病原性や共生性に基づいて分類されたのも同様である．

従来法による細菌の分類では，それぞれの科学領域で細菌学的性質の意義が検討されてきた．細菌学的性質とは形態学的性質，生理学的性質，病原性などの表現型であり，中でも生化学的性質，すなわち細菌体の中の酵素の種類によって細菌を類別しようとするものであった．そして，細菌学全体としてみた場合，相互の関連は希薄とならざるえなかった．従って，それぞれの領域における分類は人為的なものとなり，進化という概念は採り入れられなかった．

系統分類学とは簡単に言うと進化の道筋を考慮した分類学である．従って，自然分類あるいは系統分類学では共通の祖先から進化の過程で生じた変異の幅を分類基準としている．具体的には核酸やタンパク質などの生体高分子を指標とし，それらを比較解析することによって細菌相互間の類縁関係を明らかにするのである．

先に述べたように原核生物の表現形質では系統樹上の上下関係を明確にすることは不可能であったが，1970 年代に入って，チトクロームや 5S rRNA などの塩基配列を基にした系統分類の試みが始まった．この背景としては，とくに 20 世紀後半から勃興した分子生物学の急激な発展があり，

さらに，このような分子系統学は1980年代に入って一気に加速することとなった．ここでも，タンパク質のアミノ酸配列や核酸の塩基配列決定法の技術が進化したという背景がある．

そして，これらのDNA，rRNA，タンパク質など細胞中の高分子を進化の過程を反映した情報高分子とみなし，この中に分子時計の機能を持たせようとしたのである．そのデータを用いて系統の類縁関係を推定する解析手法の進展に伴って，従来の生物系統分類法は大きな変革を迫られることとなった．

細菌の系統分類学におけるその分類基準は5SrRNA及び16S rRNAの塩基配列の相同性である．前者は約120ヌクレオチド，後者は約1,600ヌクレオチドであるが，今日ではとくに16S rRNAが広く用いられている．この16S rRNAが分類基準として選ばれた理由は下記のとおりである．

① リボソームは発生起源が古く，しかも生物の本質に関わる機能を持ったRNAであるため，配列の保存性が高い．従って，遠縁の生物間でも配列の比較が可能である．
② 原核生物のすべて種に存在し，共通の機能を有する．また，機能の変化に伴う遺伝子の変異がこれからも起きる可能性が極めて少ない．
③ ゲノム内にコピーが複数個存在しても，塩基配列にほとんど差が無い．
④ 遺伝子の長さが適当に長く（16S rRNAの場合，1,600塩基対程度），系統解析に十分な情報量を持つ．
⑤ 比較的変異しやすい部位も存在し，近縁な種でも比較が可能である．
⑥ 全生物にわたって完全に保存された部位が3箇所ほど存在し，それに基づいたプライマー（ユニバーサルプライマー）を設計することにより塩基配列の決定が容易である．

以上の理由から，16S rRNAは微生物のみならず，最近はミトコンドリア・ゲノム中の16S rRNAの塩基配列を用いて，真核生物の系統分類にも使用されている．なお，系統樹作成の際は，16S rRNA塩基配列のみならず，ほかの遺伝子も比較して構築してゆくのが一般的である．

かつては，相同性から類縁関係を求める方法がとられていたが，現在はシーケンサーや測定技術の進歩により，16S rRNA遺伝子の全塩基配列を比較するのが一般的となっている．

5. 植物病原細菌の学名

植物病原細菌の分類の歴史や現状は上に述べたとおりであるが，現時点での植物病原細菌の種や種以下の分類は国際細菌命名規約に基づいて行われる．とくに，植物病原細菌では病原性が重要であるため，宿主情報が加味される．

1）国際細菌命名規約

細菌の分類は規則ではなく，それが合理的で実用的に使える分類方式で

あれば多くの分類学研究者の支持が得られるであろう．これに対して，細菌の命名となると同一細菌に対して国際的に通用する学名を確保するために，一定の規則が必要となる．このため，国際細菌命名規約が定められている．

　細菌の命名規約としては1753年5月1日に制定されたSpecies Plantarumまで遡ることができる．しかしながら，細菌の特殊性から様々な不合理性が指摘され，20世紀に至って細菌独自の命名規約の必要性が検討されることとなった．すなわち，1930年にパリにおいて第1回国際微生物会議が開催され，そこで細菌の命名規約が提案された．その後も検討が重ねられ，1947年にその改訂版が限定出版された．これを基にさらに検討が加えられ，1953年のローマにおける第6回国際微生物会議で審議が行われた．その結果を基に，1958年，"The international Code of Nomenclature of Bacteria and Viruses"が刊行された．ところが，ウイルス独自の命名規約を成立させようとする国際ウイルス命名委員会が発足したため，それは大きな修正を迫られることとなった．そこで，1968年に英国で裁定委員会が開催され，規約の全面改訂が合意をみて，正式に細菌独自の新国際命名規約の検討が開始された．

　その結果，第5次案となる新規約案は1973年に，"International Journal of Systematic Bacteriology"（IJSB）に掲載され，同年，エルサレムにおける第1回国際細菌学会での承認を経て，1975年に"International Code of Nomenclature of Bacteria"が刊行されるに至った．

　また，この最終過程で実態不明の細菌を整理し，新らしい細菌の学名を容易にするために，1980年1月1日より発効する"Approved Lists of Bacterial Names"が作成された．

　このリストへの採録は下記のような基準で行われた．
①学名の発表が規約に従って，有効に行われている．
②培養可能な細菌については，基準菌株（type culture）が保存されている．
③種（species）の識別に十分な細菌学的性質が記載されている．

　このような基準に則り評価が行われた結果，約30,000種とも言われる実体が不確かな学名は廃棄されることとなった．そして，基準菌株の保存が確認された約1,900の種についてのみ，有効性が認められることになった．このように長い年月を経て，細菌の命名規約の改革にたどり着いたのである．

2）細菌の命名の手順と優先権

　上記のApproved Listsの発効は1980年1月1日であるが，それ以前に発表された学名でリストに掲載されなかった学名は有効な手順を経て，新しい細菌の学名として使用することが可能となった．

　新学名や，異なる分類群に移行させたグループが新しい分類群として認められるためには，①上記のIJSB誌に発表すること，②IJSB以外の学術

雑誌に発表した新学名や新らしい組合せはそれらが発表された論文の別刷を IJSB に送付し，IJSB の新学名リストに掲載されることが必要で，③ 有効発表の優先権は掲載された IJSB の刊行の日付で発効し，元の論文が掲載された雑誌の刊行日付ではない．

3）細菌の基準菌株

新学名を発表するに当たっては規準菌株（type culture）を定めて，これを希望に応じて配布できるように国際菌株保存機関に預託するとともに，そのコード番号を論文に明記しなければならない．

4）植物病原細菌の種以下の分類

植物病原細菌の分類は医学が中心となって行われてきたが，植物病原細菌の分類は病原細菌と植物の相互作用が重要なため，種以下のレベルでの分類も重要である．

この種以下の分類については細菌命名規約ではとくに明記されてはいないが，pathotype といった "…type" は避けて，pathovar のように "…var" の使用が推奨されている．さらに，このような pathovar の下にも農学的・植物病理学的な見地からさらにいくつかの分類単位が設けられている種も少なくない．

（1）亜種（subspecies）

植物病原細菌で *Acidovorax* や *Pectobacterium* などの属（genus）ではその下に亜種（subspecies, subsp.）が設けられている．後者では subsp. と pathovar の両方が使われている．亜種としての分類は同一亜種間において DNA-DNA 相同性の差によっている．

（例）*Acidovorax avenae* subsp. *avenae*，*Pectobacterium carotovorum* subsp. *carotovorum*（= *Erwinia carotovora* subsp. *carotovora*）

（2）病原型（pathovar）

同一，あるいは類似した細菌学的性質を持つが，1種もしくはそれ以上の宿主植物に対する病原性から亜種以下のレベルで，同じ種または亜種の他の菌株群から明確に区別される菌株群である．一般に pathovar は宿主範囲の差で識別されるが，*Xanthomonas oryzae* pv. *oryzae*（イネ白葉枯病菌）と *X. oryzae* pv. *orizicola*（イネ条斑細菌病菌）のように同じ宿主でも，同一植物上で明らかに異なる病徴を起こす，あるいは感染様式が異なる場合も pathovar が適用される．

（3）生理型（biovar）

生理学的性質に基いた分類で，*Ralstonia solanacearum*（ナス科植物青枯病菌）では9種の糖類からの酸の産生能の違いにより6 biovar に分類されている．

Agrobacterium 属細菌では生理型の異なる複数のグループに分けられていたが，最新の分類では *Rhizobium radiobactor*，*R. rhizogenes*，*R. vitis* 他

に修正されている．

また，*Pseudomonas syringae* pv. *actinidiae*（キウイフルーツかいよう病）では，遺伝的背景を基に現在 5 つの biovar に分類されているが，pathovarとの関連によって，今後 biovar の数も含めて変更が検討されている．

（4）レース（Race）

植物の種ではなく，品種群に対する病原性の分化をレースと呼ぶ．あるレースとある品種の関係を見たとき，親和性（compatible）の場合は S（susceptible）と表記し，非親和性（incompatible）の場合は R（resistant）と表記する．品種改良を重ねてきた作物でレース分化は著しい．イネ白葉枯病菌やワタ角斑病菌がよい例である．

5）学名の略称

pathovar は属名，種名の後に略称として pv. を付して記載される．場合によっては亜種（subsp.）の後に，同様に pv. を付して pathovar 名を記載する．

実際に使用する場合には，最初 *Xanthomonas oryzae* pv. *oryzae* というように学名をすべて記載する．しかしながら，その後は略記も可能で，*X. o.* pv. *oryzae*，*X. o. oryzae*，あるいは pv. *oryzae* というように表記が可能である．

6．植物病原細菌の分類法

植物病原細菌の分類法は一般細菌の分類法に準ずる．細菌の分類には種々の方法があるが，唯一絶対といった方法は存在しないものの，近年は分子生物学的手法の開発とその発展に伴い，16S rRNA や *gyrB* など必須遺伝子の塩基配列に基づく方法が一般的である．

細菌の分類の歴史は古く，すでに「細菌の分類の歴史」で述べたとおりであるが，近代的な分類は分子生物学の発展と呼応している．1970 年代後半から発展し始めた分子分類と化学分類は DNA やリボゾーム RNA の塩基配列，タンパク質のアミノ酸組成などの情報高分子と，菌体成分の化学組成における相似性を分類基準として取り入れた方法である．これら分類のための基準となった性質は，細菌間の遺伝的相互関係及び進化の過程を客観的に示す指標として広く認識されている．

これらの指標を用いた分類は化学的・分子生物学的手法の進展，とくにシークエンス技術や化学分析技術の発展に伴い，1980 年代から急速な展開がみられ，これらは表現形質のみに基づいた伝統的分類に対して，現代的分類とも呼ばれている．

1）細菌学的性質による分類

形態的性質，生理的性質，生化学的性質，病原性などの表現形質に基づく分類法で，従来法ともいえる最も一般的な分類法である．
分類のための調査項目は科や目といった上位分類での位置や，植物病原細

菌はじめ，医学細菌，土壌細菌など研究領域によって異なる場合もあり，必ずしも同一の基準ではない．しかしながら，基本的には次のような性質を挙げることができる．

①形態的性質：大きさなど含む形態，莢膜の有無，鞭毛の有無と着生位置，芽胞の有無及び形態，グラム反応など．

②培養的性質：生育適温，生育限界温度，酵素要求性，栄養要求性，生長素要求性，運動性，色素生成，選択培地上での生育，抗生物質に対する耐性など．

③生化学的性質：

呼吸酵素：オキシダーゼ，カタラーゼ．

窒素化合物代謝：硝酸塩及び亜硝酸塩の還元，ウレアーゼ，アミノ酸デアミナーゼ，アミノ酸デカルボキシラーゼ，アミノ酸ジヒドラーゼ，レシチナーゼ，ヒアルロニダーゼ，ホスファターゼなどの酵素反応，インドール及びポルフィリンの生成，アセトアミド，馬尿酸塩，DNA，ゼラチン，TWEEN 80 などの分解能など．

硫黄代謝：硫化水素の生成，ロダン酸合成酵素試験など．

炭水化物代謝：炭水化物の酸化的，発酵的分解・利用，メチルレッド試験，アセトイン生成，0-ニトロフェニル-β-D-ガラクトピラノシド（ONPG）試験，デンプン，グリコゲン，ペクチン，エスクリンなどの加水分解，デキストラン及びレバンの生成，2-ケトグルコン酸の生成，有機酸の分解・利用など．

その他の試験：溶血反応，凝固酵素試験，胆汁酸溶解試験，CAMP 試験など．

実際の試験の結果は同一菌株を供試しても，細菌の生育条件，試薬の種類試験法などによって必ずしも一定の結果が得られるわけではない．

2）数理分類法

細菌が有するいろいろな性質のそれぞれに等価の重みをつけて評価し，それを統計的に分析して相似係数（similarity index）を求め，類縁関係を求める分類法である．手順として，供試した菌株間の類似性を計算し，類似度（similarity）で表し，相似度マトリックスを作成する．次に，類似度を類縁性の高い順にグループ分けし，すなわち 菌株を表現形質群に分けてデンドログラムで表す．

3）化学分類法

菌体構成成分，代謝産物，あるいは産生色素などを比較して，細菌の類縁関係を求める分類法である．例えばコリネフォーム細菌の分類ではペプチドグリカンの構造が重要な特性となっており，細菌の分類における化学的性質は今後さらに重要視されると考えられる．化学分類では次のような成分が指標として用いられている．

（1）細胞壁成分

一般的な細菌，すなわち古細菌及び Mollicutes（スピロプラズマやファイトプラズマなど）を除く原核生物の細胞壁成分はペプチドグリカン，すなわち糖鎖とペプチドからなる化合物である．真正細菌の細胞壁構成成分であるムレインの構造は，グラム陰性菌においてはほとんど差異がみられないが，グラム陽性菌においては，テトラペプチド鎖のメソ-2,6-ジアミノピメリン酸がジアミノ酸となっており，種によって，ペプチドグリカンの一次構造とアミノ酸及び糖残基の種類に変異があり，それらに分類的な意義があるとされてきた．実際，これらは現在，グラム陽性細菌の属の記載に必須の特性として扱われている．

（2）脂質成分

原核生物では，脂質は細胞膜及び細胞壁複合体に存在する．また脂質は真正細菌のエステル型脂質と古細菌のエーテル型脂質に分けられ，それらはさらに単純脂質と複合脂質に分けられる．前者には脂肪酸，イソプレノイドキノンなどが，後者にはリン脂質や糖脂質などが属する．

これらの中で化学分類に広く利用されるのは脂肪酸とキノンで，分類学的意義が高く評価されている．ただし，これらの成分は培養条件や分析方法などによって変動することがあるため，結果の解析に当たってはその点に留意する必要がある．

脂肪酸は細胞脂質の中で最も重要な成分の一つで，そのほとんどは細胞膜に極性リピド及びグリコリピドとして存在するが，グラム陰性細菌ではリポ多糖質としても存在する．脂肪酸分析は主として属レベルの分類に有用である．しかし，特定の菌群では質・量ともに変異が少ない場合もあるため，目的とする菌群の分類に有用か否かを予め確認する必要がある．分析方法としては一般にガスクロマトグラフィーが用いられる．

呼吸鎖に関与するイソプレノイドキノンはグラム陽性，陰性を問わず鑑別指標として有用である．グラム陰性細菌では主としてユビキノン，グラム陽性細菌では主にメナキノンが存在する．イソプレノイドキノンはその側鎖の長さと水素飽和数によって 40 以上の分子種に分類され，その分子種を決定することは細菌の属レベルでの分類に非常に有用である．

（3）タンパク質及びアイソザイム

細菌の菌体タンパク質や酵素タンパク質の電気泳動パターンを基に，細菌の類縁関係を解析し，分類に応用する方法である．菌体タンパク質は二次元のポリアクリルアミドゲル電気泳動（PAGE）で分離・識別し，そのパターン，すなわちザイモグラムの相似性を調べる．実際にはタンパク質の質と量をコンピューター解析して比較する．

アイソザイムは同じ機能を有するが，化学構造を異にする酵素で，このようなアイソザイムのパターンを比較して，種内変異（血清型，生理型など）を調査し，分類・同定に応用する試みもなされている．

4）分子分類法
（1）DNA 塩基組成

細菌のゲノムの GC 含量（G+C mol%）は 25～75% と幅があるが，遺伝的に近縁な菌株間，例えば同一種内での菌株間の変異幅は非常に小さく ±1% で，また同一属内における種間の変異幅も約 10% と言われている．従って，この幅を超える場合，その分類群は均一ではなく，異質なものを含むと考えられている．このことから，最近の細菌の分類学にあっては，GC 含量は不可欠の情報で，基本性状の一つとなっている．GC 含量の測定はいくつかの方法があるが，我が国では HPLC を使った方法が広く用いられている．

GC 含量の重要性を示す事例として植物病原性 *Clavibacter* が知られている．*Clavibacter* 属細菌はかっては *Coryneform* 属に組み入れられていた．しかしながら，GC 含量の著しい違いから植物病原性コリネフォームは異質の細菌群であるとみなされ，その後，別の属に移された．その根拠はヒト及び動物病原性のコリネフォームの GC 含量が 57～60% であるのに対して，植物病原性コリネフォームのそれは 65～75% という著しい差であった．

（2）DNA-DNA 相同性

本法は系統分類では最初に開発された方法で，ゲノム DNA の相似性をトータルで解析する手法である．

DNA の塩基配列の相同性（homology）を求める方法として，異種 DNA 間の雑種形成（DNA-DNA hybridization）が知られている．この方法は純化した二重鎖 DNA を 100℃ で加熱融解し，これを再度冷却すると，DNA は相同の塩基（A と T，G と C）間で再び結合して元の二重鎖となる．一方の DNA を ^{14}C もしくは ^{32}P で標識し，生成する雑種 DNA の比率を求める．この場合の雑種 DNA の生成率は両 DNA の塩基配列の相同性を反映する．

この DNA-DNA 相同性はかなり近縁の菌株間でないと高い数値は得られないため，一般に種（species）以下の分類に適用される．

しかしながら，シークエンシング技術及び系統解析の方法が確立しつつある昨今においては，DNA-DNA 交雑法はデータの精密性に関して，塩基配列の完全比較には劣るところがあり，信頼性は低下していることは否めない．にもかかわらず，その迅速さや簡便性はシークエンシング法に勝るところがあり，今なお新種の分類や網羅的な既知の生物の DNA 配列相同性比較に用いられている．

（3）rRNA シークエンス

リボゾーム RNA（rRNA），とくに 16S rRNA は細菌の系統分類学で最も広く用いられている分子である．rRNA は系統分類でも属，科以上のレベルでの分類に適しているとされている．その根拠は rRNA をコードしている遺伝子（rDNA）はタンパク質の合成やその制御に直接関与しており，16S rRNA のシークエンスの変異がその生物種の存亡に直接関わることとなり，他の遺伝子に比べて進化による変異が小さいことと，16S rRNA の

生物間のホモロジーが 59～62％であるのに対して，同一生物界内の相同性は有意に高い値を示す（例：真正細菌では 72％）こと，などである．

この面の研究は 1980 年代に入って，リボゾーム RNA 配列のデータが米国において蓄積され，すべての細菌に共通の遺伝子配列を比較できるようになって飛躍的に進展した．このデータによって原核生物である細菌は進化の過程によって系統的に分類することが可能となった．また，細菌の 16S rDNA の配列データが種内の多数の菌株レベルで蓄積され，16S rDNA のシークエンスの相同性が 98.5-98.7％以上の場合，一つの菌種（species）とする．

実際に rRNA の相同性を求める方法としては，rRNA-rDNA 交雑法，16S rRNA オリゴウロナイド・カタログ法，rRNA 塩基配列決定法などがある．

現在は rDNA を PCR で増幅し，その塩基配列を直接決定し，比較する方法が最も広く用いられている．

（4）DNA 制限酵素断片長多型

細菌の DNA を制限酵素で切断後，電気泳動によって分画し，標識プローブと相同の塩基配列を有する DNA 断片の分布パターンを調べ，これを基盤として分類に利用する方法である．

（5）全ゲノム DNA の塩基配列

近年，ヒトやイネなど重要な生物種については全ゲノム解析が完了し，ポスト・ゲノム研究が展開されている．微生物についても同様に重要な種については全ゲノムの塩基配列が決定されており，とくに 2000 年代に入って細菌の全ゲノム配列が比較的容易に解析できるようになって，この分野での情報は急激に増えている．その結果，16S rDNA では識別できなかった種が housekeeping gene（必須遺伝子）を用いて識別が可能となり，多型遺伝子の情報の蓄積が進んでいる．

植物病原細菌についても重要な種ではほとんど解析が終了しており，さらに同一種で複数の菌株の解析が行われているものも多い（第 4 章「ゲノム解析」参照）．ゲノムは遺伝情報の宝庫であり，比較ゲノム進展により，植物病原細菌の分類も新たな局面を迎えることは間違いない．そして，将来的には比較ゲノムによって，新しい分類体系が提唱されるであろう．

5）血清学的分類

細菌体の抗原構造及び鞭毛の抗原構造の組合せによって分類を行うもので，代表的な例が *Salmonella* 属細菌の血清学的分類である．本属では血清型はこれまで種（species）として扱われてきたが，新しい分類においては亜種以下の分類群の一つ，serovar として取り扱われるようになった．

従来は菌体全体を抗原としたポリクロナール抗体が使われてきたが，最近は純化したリポ多糖質や鞭毛を抗原とした抗血清やモノクロナール抗体を用いて，特異性や精度の向上が図られている．抗原抗体反応も標識抗体を用いる方法が広く利用されており，標識物質としては蛍光物質，酵素，

表 5-2 植物病原細菌の分類体系

Domain (界)	Phylum (門)	Class (綱)	Order (目)	Family (科)	Genus (属)
Bacteria	Proteobacteria	Alphaproteobacteria	Rhizobiales	Rhizobiaceae	*Agrobacterium*
					Rhizobium
					Liberibacter
				Sphingomonas	*Sphingomonadaceae*
		Betaproteobacteria	Burkholderiales	Burkholderiaceae	*Burkholderia*
					Ralstonia
				Comamonadaceae	*Acidovorax*
		Gammaproteobacteria	Xanthomonadales	Xanthomonadaceae	*Xanthomonas*
					Xylella
			Pseudomonadales	Pseudomonadaceae	*Pseudomonas*
			Enterobacteriales	Enterobacteriaceae	*Brenneria*
					Dickeya
					Erwinia
					Pantoea
					Pectobacterium
					Salmonella
					Serratia
	Tenericutes	Mollicutes	Entomoplasmatales	Spiroplasmataceae	*Spiroplasma*
			Acholeplasmatales	Acholeplasmatacear	*Candidatus Phytoplasma*
	Actinobacteria	Actinobacteria	Micrococcales	Micrococcaceae	*Arthrobacter*
				Microbacteriaceae	*Clavibacter*
					Curtobacterium
			Corynebacteriales	Nocardiaceae	*Rhodococcus*
			Streptomycetales	Streptomycetaceae	*Streptomyces*

ラジオアイソトープ及びラテックスや金顆粒などが用いられる．これらの中で酵素標識抗体が最も広く利用されている．

7. 植物病原細菌の分類体系

細菌は形態が単純で，しかも化石による系統発生の実証が困難であるため，高等生物のような進化の過程を反映した系統分類も必然的に発達しなかった．従って，限られた数の表現形質を分類基準とする人為分類が発達してきた．これは実用的な見地から二名法で表わしえる下位分類群の決定を目的としたものであった．

しかしながら，分子生物学的手法の開発に伴って，1970年代後半から原核生物の系統分類も急速な発展を遂げた．その分類基準は rRNA，とくに 16S rRNA（約 1600 ヌクレオチド）の塩基配列の相同性であり，それを基に現在では植物病原細菌は表 5-2 のように上位分類されている．

8. 植物病原細菌の属と種

従来は細菌学的性質と病原性に基づいて分類が行われてきたが，近年分子生物学的情報，とくに 16S rRNA の塩基配列を基準とした分類が主流となって，またそのような分子分類に基づく系統分類に加えて化学分類及び表現形質を組み合わせた多相分類も試みられている．その結果，植物病原細菌の属，種，病原型（pathovar），それぞれのレベルで新しい学名が次々

に提案されており，分類群（taxa）が再編されようとしている．

1）グラム陰性細菌

植物病原細菌はヒトや動物の病原細菌とは異なり，その大部分はグラム陰性細菌である．

細菌には24門が存在するが，ほとんどの門は植物病原細菌を含まない．植物病原細菌の大部分はグラム陰性のプロテオバクテリア門に属し，桿状，胞子を形成しない種である．

（1）プロテオバクテリア門（Proteobacteria）

プロテオバクテリア門は真生細菌の巨大な分類群であり，ヒトや動物の病原体など多様な病原細菌を含み，植物病原細菌の大部分も本門に属する．また，窒素固定細菌など自由生活性の細菌も多数含まれている．

下位分類として下記の綱が存在する．

A．アルファプロテオバクテリア綱（Class Alphaproteobacteria）

アルファプロテオバクテリアは光合成を行う属の大部分とC1化合物を代謝する細菌群，動物・植物の共生細菌，さらに動物・植物の病原細菌を含む．また，真核細胞のミトコンドリアはこのグループの細菌に由来していると考えられている．

①Rhizobium科細菌（Family Rhizobiaceae）

*Rhizobium*科は8属，すなわち*Agrobacterium, Allorhizobium, Carbophilus, Chelatobacter, Kaistia, Rhizobium*及び*Ensifer/Sinorhizobium*属（この2属は同義語と考えられている）から構成されている．これらのうち，*Agrobacterium, Rhizobium*及び*Sinorhizobium*の3属は多数の植物種に増生を引き起こす．*Agrobacterium*属細菌は植物の根や根圏といった環境で生活し，根頭がんしゅ病や毛根病の病原として有名である．一方，*Rhizobium*属や*Sinorhizobium*属の細菌は同様な環境に存在しながら，マメ科植物に根粒を形成する．

***Agrobacterium*属細菌**

*Agrobacterium*属は周毛（1～6本）を有し，大きさ0.6～1.0×1.5～3.0μmのグラム陰性桿菌である．好気性で，含糖培地上で多量の細胞外多糖質を産生する．本属に属する細菌はオパインを分解し，*A. tumefaciens*及び*A. radiobacter*のbiovar1は3-ケトラクトースを生成する．GC含量は57～63%である．大半は土壌生息菌で腐生性の*A. radiobacter*以外は植物に増生を起こすことで知られているが，このほかにも数種の海洋性の本属細菌が報告されている．基準種は*Agrobacterium tumefaciens*（Smith and Townsend 1907）Conn 1942である．

代表的な種である*A. tumefaciens*は広範な宿主範囲を有し，接種試験により93科の植物に根頭がん種病を引き起こすことが明らかにされている．

近年，16S rRNAの塩基配列の相同性を基にした系統分類の立場から，基準種の見直しや*Rhizobium*属との関係が議論されてきたが，本属は*Rhizobium*属と統合されることとなり，古い*Rhizobium*属に本属が編入さ

表 5-3　主要な *Rhizobium* 属植物病原細菌

種名	宿主植物	病名
Agrobacterium tumefaciens（現在：*Rhizboim radiobacter*）	核果類など	モモ根頭がんしゅ病など
Agrobacterium rhizogenes（現在：*Rhizboim rhizogenes*）	メロンなど	メロン毛根病など
Agrobacterium vitis（現在：*Rhizboim vitis*）	ブドウ	ブドウ根頭がんしゅ病

れることとなった．

②*Candidatus Liberibacter*（**Ca.暫定属名**）

'*Candidatus Liberibacter*'属細菌はグラム陰性，培養は現在まだ成功しておらず難培養性であり，師部局在の細菌様生物である．これらのうち，'*Ca. Liberibacter americanus*' は南米のカンキツ・グリーニング病（黄龍病（Huanglongbing，略称HLB）の病原とされ，'*Ca. Liberibacter asiaticus*' 及び '*Ca. Liberibacter africanus*' はそれぞれ，アジアとアフリカの同病の病原とされている．これらは媒介虫ミカンキジラミ（*Diaphorina citri*）やミカントガリキジラミ（*Trioza erytreae*）によって媒介される．

また，近年になって，'*Ca.* Liberibacter solanacearum' と称され，ナス科やセリ科植物に感染する病原体が各国で問題となっている．これまでのところ，我が国では本細菌による病害の発生は報告されていない．

B．ベータプロテオバクテリア綱（**Betaproteobacteria**）

好気性や通性の細菌から構成され，大部分は多様な化合物を分解する能力を有し，アンモニアを酸化して植物にとって重要な亜硝酸を生じ，植物の窒素固定に重要な役割を果たしている．また，化学合成無機栄養性（アンモニア酸化菌もしくは亜硝酸生成菌の *Nitrosomonas* 属細菌など）や光合成細菌（*Rhodocyclus* 属及び *Rubrivivax* 属）が含まれ，動物・植物の病原細菌も含まれる．植物病原細菌としては *Burkholderia*，*Ralstonia* 及び *Acidovorax* の3属が知られている．多くは土壌や下水などの環境微生物として生活している．

①*Burkholderia* 属細菌

グラム陰性の直線状の桿菌である．運動性を持つ場合は1ないし複数の極毛を持つ．GC含量は64.0～68.3％．菌体リピドはヒドロキシ脂肪酸を含むホスファチジルグリセロールである．非発酵代謝で，カタラーゼを産生するが，オキシダーゼが種によって異なる．単糖類のほか二糖類及び多糖類を酸化し，炭素源及びエネルギー源として利用する．

Burkholderia 属は従来，*Pseudomonas* 属に所属していた細菌群であるが，分子系統解析データなどに基づき，1992年にYabuuchiらにより新しい属として独立した．40以上の種が本属には存在し，土壌や水などさまざまな環境から分離されるが，中でも重要な種はヒトを含む動植物の病原である．

表 5-4　主要な *Burkholderia* 属植物病原細菌

種名	宿主植物	病名
Burkholderia glumae	イネ	もみ枯細菌病
Burkholderia plantarii	イネ	苗立枯細菌病
Burkholderia andropogonis	チューリップ	褐色腐敗病
Burkholderia caryophyll	カーネーション	萎凋細菌病
Burkholderia gladioli	トウモロコシ	条斑細菌病
Burkholderia cepacia	タマネギ	腐敗症

表 5-5　主要な *Ralstonia* 属植物病原細菌

種名	宿主植物	病名
Ralstonia solanacearum	ナス科植物など	青枯病（トマトなど），立枯病（タバコ）
Ralstonia syzygii	クローブ	Sumatra disease

基準種は *Burkholderia cepacia* (Palleroni and Holmes 1981) Yabuuchi et al. 1992 で，植物病原としては *Burkholderia glumae* など 6 種が知られている（表 5-4）．

② *Ralstonia* 属細菌

短桿状，通常 1〜4 本の単極性または両極性鞭毛を有し，運動性がある．グラム陰性，好気性．これまで *Pseudomonas* 属として扱われていたが，最近新たな属に分類された．

Ralstonia 属に属し，植物病原として報告されているものは 2 種のみである（表 5-5）．しかし，その一つである青枯病細菌 *Ralstonia solanacearum* はナス科を中心に 35 以上の属，数百種の植物を犯し，世界的に重要な病原細菌として知られている．このように重要な病原細菌であるため，研究の歴史も長く，病原性，宿主範囲，生理・生化学的性質，地理的分布などが異なる多数の系統の存在が知られている．本細菌は熱帯，亜熱帯及び温帯の暖かい地域に分布するが，地球温暖化に伴い，我が国では現在，北海道においても問題となっている．

種以下のレベルでの分類もレースや生理型などいろいろな試みがなされてきたが，近年，分子生物学的手法による解析が進み，ITS 領域の塩基配列によって 4 群に分類されている．しかしながら，これらの分類はそれぞれのカテゴリーを反映していない．

なお，病原としては *Ralstonia pickettii* も本属に含まれ，ヒトの日和見感染菌である．

③ *Acidovorax* 属細菌

Acidovorax 属は Proteobacteria 門の β-subclass Comamonadaceae に属する細菌群である．直線状，もしくはやや湾曲した形態を示し，大きさは 0.2〜1.0×5μm である．1 本の極毛で運動性を有する．グラム陰性の好気性桿菌で，色素を生成せず，GC 含量は 62〜66％ である．炭水化物を酸化的に代謝し，54％ の有機酸を利用するが，炭水化物については 22％ の種類を利

用するのみである．ウレアーゼ反応は菌株により異なる．一部の菌株では脱窒反応が陽性である．3-ヒドロキシオクタン酸及び3-ヒドロキシデカン酸を含むが，2-ヒドロキシ脂肪酸は存在しない．

基準種は *Acidovorax facilis* Willems *et al.* で，植物病原細菌としては，現在4種3亜種が報告されている．これらの中には，イネ褐条病やスイカ果実汚斑細菌病菌など農業上重要な細菌が含まれている（表5-5）．

これらの細菌は1984 Bergey's Mannual of Systematic Bacteriology（Palleroni 1984）では *Pseudomonas* 属細菌として取り扱われていたが，同属の再編により *Acidovorax* 属として分離された．

C．ガンマプロテオバクテリア綱（Gammmaproteobacteria）

本綱は腸内細菌科（Enterobacteriaceae），ビブリオ科（Vibrionaceae）及びシュードモナス科（Pseudomonadaceae）など医学的・農学的に重要な細菌群を含んでいる．多くの重要な植物病原細菌が本綱に含まれ，その代表的なものはXanthomonadaceae科及びPseudomonadaceae科である．動物の，多くの重要な病原細菌もサルモネラ，エルシニア，ビブリオ，緑膿菌などが本綱に含まれる．

① *Xanthomonas* 属細菌

Xanthomonas 属細菌は多様な植物病原細菌から成り，宿主植物としては少なくとも124種の単子葉植物と268種の双子葉植物が報告されている．

グラム陰性の細菌で形態的には桿状で，単極性鞭毛を有し，大きさは0.4～0.07×0.7～1.8μmである．GC含量は63～71％で，コロニーはキサントモナジンを産生するため，黄色を呈する．偏性好気性で，脱窒反応や亜硝酸の還元はみられない．カタラーゼを有し，酸素を受容体とする呼吸型代謝を行う．炭素源及び窒素源としてアスパラギンを利用できない．0.1％TTCで増殖が抑制される．基準種は *Xanthomonas campestris*（Pammel 1895）Dowson 1939である．

Xanthomonas 属細菌の分類については，他の属と同様，1980年に大幅な再編が行われ，*X. campestris*，*X. albilinneans*，*X. axonopodis*，*X. fragarie* 及び *X. ampelina* の5種に統合し，その他の種については新たな分類単位であるpathovarを取り入れ，*X. campestris* の病原型とした．

その後，1995年に，本属は *X. campestris*，*X. albilineans*，*X. axonopodis*，*X. fragarie*，*X. oryzae* 及び *X. populi* の6種に再分類された．さらに，140以上の多数のpathovarを含む *X. campestris* の分類の再検討が提案され，Vauterin *et al.* は多層分類学的視点に基き，本属細菌を20の種に再分類することを提案した．

Bergey's Manual of Systematic Bacteriology（2005）では本属細菌は *X. campestris*, *X. albilineans*, *X. arboricola*, *X. axonopodis*, *X. bromi*, *X. cassavae*, *X. codiaei*, *X. cucurbitae*, *X. fragarie*, *X. hortorum*, *X. hyacinthi*, *X. melonis*, *X. oryzae*, *X. pisi*, *X. populi*, *X. sacchari*, *X. theicola*, *X. translucens*, *X. vasicola* 及び *X. vesicatoria* の20種が記載されている．目立った変化は *X. campestris*

表 5-6 主要な *Xanthomonas* 属植物病原細菌

種及び pathovar	宿主植物	病名
Xanthomonas axonopodis pv. *alfalfae*	アルファルファ	斑点細菌病
Xanthomonas citri subsp. *citri*	カンキツ類	かいよう病
Xanthomonas axonopodis pv. *glycines*	ダイズ	葉焼病
Xanthomonas axonopodis pv. *malvacearum*	アブラナ科野菜	黒斑細菌病
Xanthomonas axonopodis pv. *manihotis*	キャッサバ	萎凋細菌病菌
Xanthomonas axonopodis pv. *phaseoli*	インゲン	葉焼病
Xanthomonas axonopodis pv. *vitians*	レタス	斑点細菌病
Xanthomonas campestris pv. *armoraciae*	アブラナ科野菜	黒斑細菌病
Xanthomonas campestris pv. *campestris*	アブラナ科野菜	黒腐病など
Xanthomonas citri pv. *mangiferaeindicae*	マンゴーなど	かいよう病
Xanthomonas campestris pv. *raphani*	アブラナ科野菜	斑点細菌病
Xanthomonas albilineans	サトウキビ	白すじ病
Xanthomonas alboricola pv. *pruni*	モモ	穿孔細菌病
Xanthomonas cucurbitae	ウリ科野菜	褐斑細菌病など
Xanthomonas fragarie	イチゴ	角斑細菌病
Xanthomonas holtrum pv. *carotae*	ニンジン	斑点細菌病
Xanthomonas hyacinthi	ヒアシンス	黄腐病
Xanthomonas oryzae pv. *oryzae*	イネなど	白葉枯病など
Xanthomonas oryzae pv. *orizicola*	イネなど	条班細菌病など
Xanthomonas pisi	エンドウ	つる腐細菌病
Xanthomonas translucens pv. *translucens*	オオムギ, コムギ	条班細菌病など
Xanthomonas vesicatoria,	トウガラシ	斑点細菌
Xanthomonas euvesicatoria	同上	同上

の pathovar が大幅に減少し, 対照的に *X. axonopodis* の pathovar が 43 に増加したことである. このように *Xanthomas* 属細菌の分類は未だ流動的である.

現時点での分類では *Xanthomonas axonopodis* 及び *Xantomonas campestris* の 2 種の下に多数の pathovar が存在する. しかし, 多くの pathovar では記載が十分でなかったり, 分類学的検討がなされていなかったりで, この面でも今後の研究を待たねばならない.

②*Xylella* 属細菌

木部局在性の難培養性グラム陰性細菌で, GC 含量は 51-53% である. 形態的には短桿状, まれに長い繊維状の細菌で, 大きさは $0.3 \times 1.0 \sim 4.0 \mathrm{m}\mu$ である. 鞭毛を持たず, 非運動性である. 偏性好気性で, 難培養性ではあるが, 特殊な培地上, すなわち活性炭を含むシステイン・酵母エキス寒天培地及び血清アルブミンを含むグルタミン・ペプトン寒天培地上では生育し, 平滑もしくは粗面の小型, 無色のコロニーを形成する.

基準種は *Xylella fastidiosa* Wells, Raju, Hung, Weinsburg, Mandelco-Paul and Brenner 1987 で, ブドウ及び各種広葉樹で葉焼症状を引き起こす. 米国のワイン用ブドウ栽培で壊滅的な被害を与えたが, 我が国での発生はまだ知られていない. また, カンキツにおいては, Citrus variegated chlorosis

（CVC）の病原としても知られており，カンキツにおいても甚大な被害をもたらすが，本細菌による病害は我が国では報告されていない．

③ *Pseudomonas* 属細菌

Pseudomonadaceae 科には 15 の属が報告されており，それらのうち，*Pseudomonas*，*Rhizobacter* 及び *Xylophilus* の 3 属が植物病原を含んでいるが，主たるものは *Pseudomonas* 属である．

Pseudomonas 属細菌は様々な環境に存在する細菌群であるが，農業分野においても植物病原を多数含むことからきわめて重要な細菌群である．

従来，好気性，グラム陰性の桿菌で，極鞭毛を持ち，有機酸を酸化的に利用するものを *Pseudomonas* 属として分類していたため，実に多くの細菌が本属に分類されてきた．しかし，近年，本属細菌の分類においても 16S rRNA の塩基配列に基く系統解析が行われ，*Burkholderia* 属，*Ralstonia* 属，*Acidovorax* 属など主要な植物病原細菌を含む属が *Pseudomonas* 属から分離されている．

形態的には直線状もしくはわずかに湾曲した桿状を呈し，大きさは

表 5-7 主要な *Pseudomonas* 属植物病原細菌

種及び pathovar	宿主植物	病名
Pseudomonas syringae pv. *actinidiae*	キウイフルーツ	かいよう病
Pseudomonas syringae pv. *alisalensis*	アブラナ科野菜	黒斑細菌病
Pseudomonas syringae pv. *aptata*	ビート	斑点細菌病
Pseudomonas syringae pv. *atropurpurea*	イタリアンライグラス	かさ枯病菌
Pseudomonas syringae pv. *coronafaciens*	エンバクかさ枯病	かさ枯病
Pseudomonas syringae pv. *eriobotryae*	ビワ	がんしゅ病
Pseudomonas syringae pv. *glycinea*	ダイズ	斑点細菌病
Pseudomonas syringae pv. *japonica*	コムギなど	黒節病
Pseudomonas syringae pv. *lachrymans*	キウリ	斑点細菌病
Pseudomonas syringae pv. *maculicola*	アブラナ科野菜	黒斑細菌病
Pseudomonas syringae pv. *mori*	クワ	縮葉細菌病
Pseudomonas syringae pv. *morspunorum*	核果類	かいよう病
Pseudomonas syringae pv. *oryzae*	イネ	かさ枯病
Pseudomonas syringae pv. *phaseolicola*	インゲン	かさ枯病
Pseudomonas syringae pv. *pisi*	エンドウ	つる枯細菌病
Pseudomonas syringaee pv. *sesami*	ゴマ	斑点細菌病
Pseudomonas syringae pv. *striafaciens*	エンバク	すじ枯細菌病
Pseudomonas syringae pv. *syringae*	ナシなど	花腐細菌病など
Pseudomonas syringae pv. *tabaci*	タバコ	野火病
Pseudomonas syringae pv. *theae*	チャ	赤焼病
Pseudomonas syringae pv. *tomato*	トマト	斑点細菌病
Pseudomonas cichori	レタスなど	腐敗病など
Pseudomonas fuscovaginae	イネ	葉しょう褐変病
Pseudomonas rubrilineans	サトウキビ	赤すじ病
Pseudomonas savastanoi pv. *savastanoi*	オリーブ	olive knot
Pseudomonas tolaasii	エノキタケ	黒腐細菌病
Pseudomonas viridiflava	レタスなど	腐敗病など

0.5~1.0×1.5～5.0μm である．1本ないし数本の極毛を有する．グラム陰性で，酸素を電子受容体とする完全な呼吸型代謝を行う．ただし，中には条件的硝酸塩を受容体として嫌気的増殖を行うものもある．好気性で，GC含量は58～70%である．

基準種は *Pseudomonas aeruginosa*（Schtoeter）Migura 1900 である．

Pseudomonas 属に属する植物病原細菌の宿主は単子葉植物から双子葉植物，キノコと多岐にわたり，それらが引き起こす病徴も斑点，腐敗，増生など多様である．また，中には毒素や植物ホルモンを出す種もある（表5-7）．

④ *Rhizobacter* 属細菌

本属には植物病原細菌は *Rhizobacter dauci* 1種しか含まれていない．*Rhizobacter dauci* はニンジンこぶ病の病原で，極性鞭毛を有し，運動性で，時として非運動性ともなりえる．デンプンとかデキストリンなどの炭水化物が入った培地上で，好気的に生育する．集落は黄白色ないし白色である．

⑤ *Xylophilus* 属細菌

グラム陰性，形態的には単極毛で，大きさは 0.4×0.6～3.3μm である．GC含量は68～69%である．オキダーゼ陰性，呼吸型代謝を行い，偏性好気性である．増殖は遅く，しかも貧弱である．L-グルタミン酸を利用するが，乳酸カルシウムを利用しない点で，*Xanthomonas* 属細菌とは逆の性質を示す．遺伝的には *Pseudomonas acidovorans* に近い．

基準種は *Xylophilus ampelinus*（Panagopoulos 1969）Williams *et al.* 1987 で，1属1種である．

このブドウつる割れ細菌病の病原細菌1種のみが知られており，近年になって我が国でも発生が報告されている．

⑥ **Enterobacteria** 科細菌

Enterobacteria 科は41という多数の属からなる科で，それらのうち植物病原細菌を含むのは8属である．

本科に属する細菌の特徴はグラム陰性の桿菌で，条件的嫌気性，周毛を有し，カタラーゼを産生するがチトクロームオキシダーゼは産生しない．硝酸塩を亜硝酸塩に還元する．土壌，水，植物・動物など多様な環境に棲息する．病原としても植物はじめ，魚類や動物，ヒトなど多岐にわたっている．

41属のうち，植物病原性細菌を含む属は *Brenneria*, *Dickeya*, *Erwinia*, *Pantoea*, *Pectobacterium*, *Salmonella*, *Seratia* 及び *Tatumella* の8属である．これら8属に属する細菌は運動性の桿菌で，グルコースやスクロースから酸を産生するという特徴を有する．チトクロームオキシダーゼは産生しないが，ほとんどの種は硝酸還元酵素を産生する．また，このグループの大部分はアルギニン-，リジン-，オルニチン-脱炭酸酵素を産生するが，ウレアーゼは産生しない．栄養要求性についてはほとんどの種は特別な栄養素を要求することはないが，例外が *Erwinia amylovora* で本種はニコチン酸を要求する．細胞内貯蔵物質としてβ-ヒドロキシ酪酸よりもグリコーゲンを

表 5-8　主要な Enterobacteria 科植物病原細菌

種及び pathovar	宿主植物	病名
Breeeria rubrifaciens	クルミ	Deep bark canker
Dickeya chrysanthemi pv. *chrysanthemi*	各種植物	軟腐病ほか
Dickeya dadantii	バナナなど	軟腐病
Dickeya zeae	トウモロコシなど	倒伏細菌病
Erwinia amylovora	リンゴなど	火傷病
Erwinia tracheiphila	ウリ類	青枯病
Erwinia carotovora pv. *atroseptica*	ジャガイモ	黒脚病
Pantoea annanas	イネ	内頴褐変病
Pantoea stewartii subsp. *stewartii*	トウモロコシ	萎ちょう細菌病
Pectobacterium carotovorum subsp. *carotovorum*	各種野菜など	軟腐病
Pectobacterium wasabiae	ワサビ	軟腐病
Salmonella enterica	シロイヌナズナ	全身感染
Serratia marcescens	ウリ科植物	Yellow vine wilt
Tatumella citrea	パイナップル	Pink disease

生成する.

　本科細菌のうち, *Serratia* 属の *S. marcescens* は植物病原性の腸内細菌として新しく編入された. また, 本細菌の1系統はヘリカメムシを媒介虫とし, ウリ科植物に萎凋病を起こし, *S. proteamaculans* はキングプロテアに病原性を有する.

　Brenneria, *Dickeya*, *Erwinia*, *Pantoea* 及び *Pectobacterium* 属細菌は広範囲にわたる植物に軟腐を主体に壊死など多様な病徴を引き起こす.

　従来法である生理・生化学的性質と 16S rDNA 塩基配列の相同性から, これまで *Erwinia* として分類されていたグループは *Pantoea* 属へ移動したが, この編入については問題も指摘されている.

　本科に属する重要な属及び種を表 5-9 に挙げた.

D. モリクテス綱 (Class Mollicutes)

　本綱の最大の特徴は, 細菌として細胞壁を欠くことである. 動植物に寄生して生活し, 細胞やゲノムのサイズが非常に小さい.

　モリクテス綱は Mycoplasmataceae, Entomoplasmataceae, Spiroplasmataceae 及び Acholeplasmataceae の 4 科から成るが, 植物に感染するのは Spiroplasmataceae 科のみである.

　形態的には細胞壁を欠くことから極めて多形的であり, 球状から繊維状まで多様である. 大きさは直径 125〜250nm, 長さは 10〜150nm で, 鞭毛は持たない. ただし, スピロプラズマは羅線形を呈する. グラム陰性である. モリクテスのゲノムのサイズは通常の細菌の 1/3 ほどである.

　主として条件的嫌気性菌で, 生育にはステロールと脂肪酸を要する. 抗生物質リファンピシン及び β-ラクタム系抗生物質に抵抗性を有するが, テトラサイクリンとタイロシンには感受性である.

　生育は遅く, 本綱に属する多くの細菌は現時点では培養できない.

Spiroplasmataceae 科に属する細菌は，植物病原としては培養が極めて困難な細菌，もしくは特殊な成分を含む培地でのみ培養が可能な細菌で，スピロプラズマ属（*Spiroplasma*）とファイトプラズマ属（*Candidatus Phytoplasma*）に分かれる．後者は現時点で培養に成功していない．

（1） Spiroplasmataceae 科
① *Spiroplasma* 属
　スピロプラズマは大きさ，形態ともに変異する．栄養分豊富な培地では通常らせん型で，生育後期にが分岐した形をとる．運動性で，回転運動などを行う．細胞壁を欠き，条件的嫌気性菌で，グルコースから酸を生じる．生育にはコレステロールが必要である．抗生物質エリスロマイシンやテトラサイクリンには感受性であるが，アンピシリンには抵抗性である．

　ハチや甲虫類などの昆虫及びある種の双子葉植物に感染し，増殖する．植物では黄化症状を引き起こす．この場合，ヨコバイが病気を媒介する．

　植物に感染する種，例えばカンキツスタボーン病の病原細菌である *Spiroplasma citri* は複数のプラスミドを保有する．

　植物病原のスピロプラズマはすべて *Spiroplasma* 属に属する．

②（*Candidatus*）*Phytoplasma* 属
　ファイトプラズマは 700 種以上の植物に感染し，クワ萎縮病やイネ萎黄病などの萎黄叢生症状を引き起こす師部局在性の細菌群で，ヨコバイ類などによって伝搬される．ファイトプラズマは細胞壁を持たず，一般細菌より小型の多形性の形態をとる．現時点ではファイトプラズマの人工培養は成功していない．

　ファイトプラズマに特徴的な病徴は上記したように萎縮，叢生，黄化，てんぐ巣状症状など萎黄叢生が代表的なものであるが，花の緑化や葉化症状なども含まれる．

　ファイトプラズマは発見された当時，肺炎などを引き起こすヒトの病原微生物マイコプラズマに似た形態や生物学的性質を有していたためマイコプラズマ様微生物（mycoplasma-like organism；MLO）と称されていた．

表 5-9　主要なファイトプラズマ

暫定種名	宿主植物	病名
Phytoplasma asteris	アスターなど	萎黄病など
Phytoplasma japonicum	アジサイ	葉化病
Phytoplasma fragariae	イチゴ	Strawberry yellows
Phytoplasma aurantifolia	キク	緑化病
Phytoplasma pruni	リンドウなど	てんぐ巣病など
Phytoplasma oryzae	イネ	黄萎病
Phytoplasma castneae	クリ	萎黄病
Phytoplasma luffae	ホルトノキ	萎黄病
Phytoplasma ziziphi	ナツメ	てんぐ巣病

また，発見当時は培養系が確立できていなかったため，一般細菌のように細菌学的性質によって分類することができなかった．

しかしながら，その後，1993 年に 16S rRNA 遺伝子が PCR によって増幅できることが明らかとなった．これにより，系統 16S リボソーム RNA 遺伝子の塩基配列を基にした系統解析から，マイコプラズマやスピロプラズマなどとともにモリクテス綱に編入され，ファイトプラズマ（phytoplasma）という独立した属が設けられた．病名もそれまでは「クワ萎縮病ファイトプラズマ」というように，植物名に病徴名が付される形で呼ばれていたが，系統解析が可能となってから急速に整理と分類が進んだ．

以前からマイコプラズマと同じ分類群に編入されていたが，系統解析の結果，やはりマイコプラズマと同様にモリキューテス綱（Class Mollicutes）に分類されることが確認された．本綱は Firmicutes 門（低 GC 含量グラム陽性細菌）に属しているが，モリキューテス綱細菌は細胞壁を欠くのが共通の特徴である．従って，実験的にグラム染色を行うことはできないものの，16S rRNA の塩基配列に基づく系統解析から，グラム陽性細菌の *Bacillus* 属細菌と近縁であることが明らかにされている．

以上の系統解析の結果から，1994 年に国際細菌分類委員会は MLO をファイトプラズマと改称し，ファイトプラズマ属の新設が承認され，（暫定）種を新設する基準も設けられた．

さらに，2004 年に国際細菌分類委員会によってファイトプラズマの種の基準が承認された．

この基準によれば，新たなファイトプラズマの種を新設する場合，そのファイトプラズマの①16S rRNA 遺伝子塩基配列が既存（暫定）種のそれとの相同性が 97.5%未満であること，②宿主範囲や媒介昆虫などの性状が，既存の近縁（暫定）種と大きく異なること，のいずれかの条件を満たすことが必須条件となっている．この基準に従い，2007 年までに 26 の（暫定）種が登録され，その数は今後も大幅に増えるものと予想されている．

2）グラム陽性細菌

グラム陽性細菌は陰性菌に比して数は少ないが，下記のように重要な植物病原細菌を含む．

A．Actinobacteria 綱（Class Actinobacteria）

（1）Micrococcaceae 科

①*Arthrobacter* 属細菌

形態的には生長期にはグラム陰性細菌のようにかん状，定常期にはグラム陽性の球状の両形態をとる．グラム陽性で細胞壁ペプチドグルカンにリジンを含む．偏性好気性菌で，GC 含量は 59〜66%である．この属の特徴は細胞分裂の際，細胞の接合部の細胞壁の外側が裂けるために，分裂後直角もしくは V 字型の配列をなることである．基準種は *Arthrobacter globiforlmis*（Conn）Conn and Dimmick 1947 である．ほとんどが腐生性の

土壌細菌であるが，環境浄化のためのバイオレメディエーションに用いられる種や日和見感染菌も含む．また，植物病原細菌としては *A. ilicis*（西洋ヒイラギ葉枯細菌病菌）が報告されていたが，分類学的に再考が必要という提案もある．

（2）**Microbacteriaceae** 科
①*Clavibacter* 属細菌

グラム陽性の植物病原として代表的な細菌である．本属に属する種はすべて非運動性である．胞子は形成しない．細胞壁はペプチドグルカンは 2,4-ジアミノ酪酸及びラムノースを含み，ミコール酸は含まない．脂肪酸はアンテイソー及びイソメチル分枝酸を主体として，直鎖飽和脂肪酸は少ない．キノンはメナキノン，極性リピドはジホスファチジルグリセロール，GC 含量は 70％前後である．偏性好気性で硝酸塩を還元しない．オキシダーゼは陰性である．基準値種は *Clavibacter michiganensis* Davis *et al.* 1984 である．

桿状細菌の一種で鞭毛はなく，大きさは 0.7〜1.2×0.6〜0.7μm である．植物病原細菌では数少ないグラム陽性菌で，生育適温は 25〜27℃，最低 1℃，最高 33℃，最適 pH は 6.9〜7.9 である．

②*Curtobacterium* 属細菌

グラム陽性で形態的には小型の桿菌で側べん毛を有する．*Clavibacter* 属細菌とは異なり，運動性である．細胞壁はペプチドグリカンに D-オルニチンを含み，ミコール酸を欠く．GC 含量は 66〜73％前後である．ゼラチンを分解し，DNA 分解酵素を産生する．偏性好気性で糖からの酸の生成は微弱である．細胞分裂は湾曲型である．オレンジ色，もしくは紫色の色素を産生する．

基準種は *Curutobacterium citreum*（Komagata and IIzuka 1964）Yamada and Komagata 1972 である．

（3）**Nocardiaceae** 科
①*Rhodococcus* 属細菌

表 5-10　主要な *Clavibacter* 属植物病原細菌

種名	宿主植物	病名
Clavibacter michiganensis subsp. *insidiosus*	アルファルファ	萎凋病
Clavibacter michiganensis subsp. *michiganensis*	トマト	かいよう病
Clavibacter michiganensis subsp. *nebraskensis*	トウモロコシ	葉枯細菌病
Clavibacter michiganensis subsp. *sepedonicus*	ジャガイモ	輪腐病

表 5-11　主要な *Curtobacterium* 属植物病原細菌

種名	宿主植物	病名
Curtobacterium flaccumfaciens pv. *flaccumfaciens*	インゲン	萎ちょう細菌病
Curtobacterium flaccumfaciens pv. *oortii*	チューリップ	かいよう病

表 5-12　主要な *Streptmyces* 属植物病原細菌

種名	宿主植物	病名
Streptomyces acidiscabies	ジャガイモ	そうか病
Streptomyces ipomoeae	サツマイモ	立枯病
Streptomyces scabies	ジャガイモ	そうか病
Streptomyces setonii	ジャガイモ	そうか病
Streptomyces turgidiscabies	ジャガイモ	そうか病

形態的には棹状ないし分枝状を示すグラム陽性細菌である．胞子は形成せず，非運動性で，*Mycobacterium* 属や *Corynebacterium* 属と極めて近縁の細菌群である．好気性でわずかに抗酸性，細胞壁ペプチドグリカンに多量のメソジアミノピメリン酸，アラビノース及びガラクトースを含む．キノンは 8～9 イソプレノイド単位を有する脱水素メナキノンである．GC 含量は 63～73％．基準種は *Rhodococcus rhodochrus*（Zopf 1889）Tsukamura 1974 である．病原を含むが，基本的に土壌や水など多様な環境下に棲息する．*Rhodococcus* はいろいろな物質を分解し，生理活性ステロイドなど有用物質を産生するため，重要である．

植物病原細菌の例：*Rhodococcus fascians*（エンドウ帯化病菌）

（4）Streptomycetaceae 科
①*Streptmyces* 属細菌

形態的には径 0.5~2.0μm の分枝した栄養菌糸を形成する．気中菌糸の先端に径 0.5～2.0μm の 3 個以上の胞子を鎖状に形成する．グラム陽性で，細胞壁に L-ジアミノピメリン酸及び飽和-, イソ-, アンテ-イソ脂肪酸を含む．9 イソプレン単位から成るメナキノンを有する．苔状，皮状などの小型集落（径 1～10mm）を形成する．栄養菌糸及び気中菌糸は種々の色調を呈する．GC 含量は 69～73％である．好気性で，高度に酸化的で培地中に酸を生じない．基準種は *Streptomyces albus*（Rossi-Poria 1891）Waksman and Henrici 1943 である．

B．その他のグラム陽性植物病原細菌

日和見感染菌のカテゴリーに入るグラム陽性細菌として *Bacillus* 属や *Clostridium* 属の数種の細菌がある．いずれもグラム陽性の周毛もしくは無毛のかん菌で，芽胞を形成する．前者は通性で貯蔵ジャガイモなどポストハーベスト病害の原因となり，海外ではトマト苗やムギ葉の病害を引き起こすことが知られている．一方，後者は嫌気性で貯蔵ジャガイモの病害の原因となることが明らかにされている．

参考文献

1) Alvalez, A. M., and Louws, F. J. (2001) Xanthomonads. Pages 1208-1210. in Encyclopedia of Plant Pathology. O. C. Maloy and T. D. Murray, eds. John Wiley & Sons. New York.
2) Buddenhagen, I. W., and Kelman, A.(1964) Biological and physiological aspects of

bacterial wilt caused by *Pseudomonas solanacearum*. Ann. Rev. Phytopath. 2: 203-230.
3) Chen, Y. F., Yin, Y. N., Zhang, X. M. and Guo, J. H. (2007) *Curtobacterium flaccumfaciens* pv. *beticola*, a new pathovar of pathogens in sugar beet. Plant Dis. 91: 677-684.
4) Farrand, S. K., van Verkum, P. B. And Oger, P. (2003) *Agrobacterium* is a definable genus of the family Rhizobiaceae. Int. J. Syst. Evol. Microbiol. 53: 1681-1687.
5) Fegan, M, and Prior, P. (2005) How complex is the "*Ralstonia soanacearum* species complex". Pages 449-461. in: Bacterial Wilt Disease and the *Ralstonia soanacearum* Species Complex. C. Allen, Prior, P. And A. C. Hayward, eds. American Phytopathological Society, St. Paul. MN.
6) Hayward, A. C. (1964) Chracteristics of *Pseudomonas solanacearum*. J. Appl. Bacteriol. 27: 265-277.
7) Hayward, A. C. (1991) Biology and epidemiology of bacterial wilt caused by *Pseudomonas solanacearum*. Ann. Rev. Phytopath. 29: 65-87.
8) Jones, J. B., Lacy, G. H., Bouzar, H., Stall, R. E. and Schaad, N. W. (2004) Reclassification of the xanthomonads associated with bacterial spot disease of tomato and pepper. Syst. Appl. Microbiol. 27: 755-762.
9) Kado, C. I. (1992) Plant pathogenic bacteria. Pages 659-674. in The Prokaryotes, 2nd ed. Vol.1. Balows, A., Trumper, H. G., Dworkin, Harder, W. and Schleifer, H. eds. Springer- Verlag, New York.
10) Kado, C. I. (2009) Horizontal gene transfer: Sustaining pathogenicity and optimizing host-parasite interactions. Mol. Plant Pathol. 10: 143-150.
11) Kelman, A. (1954) The relationship of pathogenicity in *Pseudomonas Solanacearum* to colony appearance on a tetrazolium medium. Phytopathology 44: 693-695.
12) Namba, S., Oyaizu, H., Kato, S., Iwanami, S. and Tsuchizaki, T. (1993) Phylogenetic diversity of phytopathogenic mycoplasma-like organisms. Int. J. Syst. Bacteriol. 43:461-467.
13) Rademaker, J. L. W., Louws, F. J., Schultz, M. H., Rossbach, U., Vauterin, L., Swings, J. and de Bruijn, F. J. (2005) A comprehensive species to strain taxonomic framework for Xanthomonas. Phytopathology 95:1098-1111.
14) Schaad, N. W., Postnikova, E., Lacy, G., Fatmi, M. and Chang, C. J. (2004) *Xylella fastidiosa* subsp: *X. fastidiosa* subsp. *piercei*, subsp. *nov*., *X. fastidiosa* subsp. Multiplex subsp. nov. and *X. fastidiosa* subsp. *pauca* subsp. *nov.* Syst. Appl. Microbiol. 27: 290-300.
15) Schaad, N. W., Postnikova, E., Schehler, A., Claflin, L. E., Vidaver, A. K., Jones, J. B., Agarkova, I., Ignatov, A., Dickstein, E. and Raymundo, B. A. (2008a) Reclassification of subspecies of *Acidovorax, avenae* as *A. avenae* (Manns 1905) emend. *A. cattleyae* (Pavarino 1911) comb. *nov*., *A. citrulli* (Schaad et al., 1978) comb. *nov.* and proposal of *A. oryzae* sp. *nov.* Syst. Appl. Microbiol. 31: 434-446.
16) Schaad, N. W., Postnikova, E., Claflin, L. E., Vidaver, A. K., Agarkova, I., Schehler, A., Ignatov, A., and Raymundo, B. A. (2008b) Transfer of *Acidovorax avenae* subspecies to *Mesothermophilus avenae*. Syst. Appl. Microbiol. 31:434-446.
17) Schell, M. A. (2000) Control of virulence and pathogenicity genes of *Ralstonia solanacearum* by an elaborate sensory network. Ann. Rev. Phytopahol. 38:263-292.

第6章　植物病原細菌の感染と病原性発現機構

I．植物病原細菌の感染機構
1．植物病原細菌の侵入前行動

　植物病原としての細菌は，糸状菌のように植物の表面から直接クチクラ侵入する，あるいは付着器を形成して表皮を貫通するというような動的な侵入はできない．表皮を解かすような酵素を産生する細菌も報告されていない．従って，気孔や水孔などの植物の自然開口部を通して植物体内に入るか，あるいは傷から侵入するしか植物の組織内部に入ることはできない．

　植物体上には多様な微生物が生息している．ある植物の葉面上に，その植物に対して病原性を有する細菌が存在していても，それは感染や発病とは直接つながらない．無病徴の葉面上に高密度の病原細菌が存在している場合もある．

　これまで多数の細菌病で着生細菌密度と発病との関係が研究され，その結果，感染と発病には多数の要因が関与していることが明らかとなった．それらの要因としては植物と病原細菌の組合せ，環境要因，宿主植物の生理的なストレス，病原細菌の感染に要する細菌数の閾値などである．

　僅かな例外はあるものの，感染が成立するためには植物体内での細菌の増殖が必須である．そこで，植物表面で増殖した細菌は水の存在などを介して，植物の自然開口部や傷の部分になるべく沢山，なるべく速く到達する必要がある．とすれば，細菌は植物の代謝物や揮発成分の刺激を受けて，侵入口に効率的に移行しなければならない．あるいは，植物体の組織の表面上で水平方向に増殖し，面として拡がってゆく必要がある．従って，侵入前に植物体表面で細菌の増殖度（細胞数と拡がり）が高いほど，感染の確率も高くなる．

1）植物病原細菌の運動性と走化性

　植物病原細菌の運動性についての研究は限られた種での報告しかない．しかしながら，化学的あるいは物理的な要因が重要であることははっきりしている．例えば，ダイズ斑点細菌病菌（*Pseudomonas syringae* pv. *glycinea*）では温度，キレート剤，pH及び栄養素のすべてが *in vitro* 試験ではあるが，本細菌の運動性に影響を与えることが証明されている．中でも温度の影響は興味深く，細菌の生育ための適温と運動性におけるそれは異なっており，運動性に関しては15℃が最適温度である．このことは本細菌は通常，冷涼な条件下で病気を引き起こす事実と一致している．さらに，栄養源としてのアスパラギンやクエン酸（誘引物質），グリセロール（非誘引物質）も酸素の存在下で本細菌の運動性が高めることが明らかにされている．

植物への感染における運動性の役割を明らかにするため，ダイズ葉を同じ細菌の運動性株と非運動性株の細菌浮遊液用に浸漬して病徴の進展を比較した実験結果では，前者では発病が著しかったのに対して後者では感染率が常に低いことが明らかとなった．同様な実験結果はインゲンかさ枯病菌（*Pseudomonas syringae* pv. *phaseolocola*）でも得られており，運動性株による病斑数は非運動性株と比較して12倍に達した．

このように，植物病原細菌の運動性は当然のことながら，植物体への感染において重要な役割を果たしている．

運動性と同様に，走化性も植物病原細菌の植物への感染において重要な役割を果たしている．偶然に感染の門戸である自然開口部や傷に辿り着くとすれば，感染の効率は格段に落ちるはずである．植物病原細菌の構造や運動性から走化性によって侵入口へ移動するという仮説は理にかなっていると考えられる．しかしながら，実験系の組み立ての難しさから，この証明のための実験は *in vitro* で行われてきた．その結果をまとめると表6-1のようになる．

この表から明らかなように植物病原細菌は植物の抽出物，滲出物，有機化合物といったものに *in vitro* レベルで走化性を示す．これらの物質に対する走化性が実際の感染の場面で，植物の表面，あるいは組織内部でどの程度の役割を果たしているかについては今後の研究を待たねばならないが，その可能性は非常に高い．このことは植物の地上部でも根圏域でも同様と考えられる．

走化性については *Agrobacterium tumefaciens* と *Erwinia amylovora* で詳細にわたる研究が行われている．

A. tumefaciens は土壌棲息細菌であることから，走化性は根圏での増殖，傷感染，さらに宿主植物の形質転換に重要な役割を果たしている．*in vitro* での試験結果では，植物の根からの滲出物は，*A. tumefaciens* に対して強い作用を有する誘引物質，弱い作用を有する誘引物質，全く誘引効果を持たない物質に分けられた．強い作用を持つ誘引物質は *A. tumefaciens* の Tiプラスミドの *vir* 領域の活性化に重要で，アセトシリンゴン，シナピン酸，シリング酸などがこのグループに属する．走化性は *vir* 領域の *virA* 及び *virG* でコードされているタンパク質 VirA 及び VirB によって活性化される．

表6-1 植物病原細菌の走化性の例

病原細菌	誘引物質
Agrobacterium tumefaciens	単糖類，オリゴ糖
Pectobacterium carotovorum subsp. *carotovorum*	各種糖，アミノ酸及び有機酸
Dickeya chrysanthemi pv. *chrysanthemi*	同上
Erwinia amylovora	リンゴ花蜜，各種化学物質
Pseudomonas syringae pv. *lachrymans*	キュウリ抽出物
Pseudomonas syringae pv. *phaseolicola*	付傷インゲン葉
Xanthomonas oryzae pv. *oryzae*	イネ溢液

このように走化性は *A. tumefaciens* の感染初期の段階で重要な役割を果たしている．

リンゴ火傷病菌 *E. amylovora* では腐生細菌 *Erwinia herbicola* との比較によって興味深い知見が得られている．すなわち，後者は多様な誘引物質に対して反応するのに対して，前者の反応は非常に特異的である．このような走化性の差異は細菌の植物体細胞表面の化学物質に対する受容体に関連している可能性が高い．また，病原細菌と腐生細菌の根本的な差を反映しているようである．すなわち，植物病原細菌の場合，親和性のある宿主植物が出す特異的な化合物に反応し，対照的に腐生細菌は広範囲にわたる植物体上での棲息を余儀なくされるため，どのような養分に対しても非特異的に反応すると考えられる．

2) クオラムセンシングとバイオフィルム

クオラムセンシングやバイオフィルムの形成は植物病原細菌の侵入前行動として重要な役割を果たしている．

植物病原細菌は植物由来の物質のみならず，細菌自体が産生するシグナル物質を感知する．グラム陽性細菌，グラム陰性細菌，いずれにおいても細菌数に依存するシグナル物質を感知，コミュニケートし，調整する能力を有する．このような菌体密度感知シグナルをクオルモンと称する．そして，細菌の濃度がある閾値を越えた場合，遺伝子発現システムを変化させる仕組み，すなわちクオラムセンシング (quorum sensing) を備えている．

例えば，*Pectobacterium carotovorum* subsp. *carotovorum*（*Erwinia carotovora* subsp. *carotovora*）や *Pseudomonas syringae* などの植物病原細菌で，最近よく解析されているクオルモンとしてアシルホモセリンラクトン (AHL) という低分子物質がある（図6-1）．動物病原細菌や海洋細菌でも類似物質が報告されている．また，*Ralstonia solanacearum* では 3-Hydroxypalmitic acid metyl ester がクオルモンとしての機能を有することが知られている．*Pantoea stewartii* も AHL 産生性を有し，クオラムセンシングによるバイオフィルム形成を行い，果実の腐敗などの病態に関与する．

また，タイプⅣ線毛を構成するピリンはバイオフィルムの形成に必要で，特定の菌株においては糖鎖修飾され，固体表面における運動能に機能し，*hrp* など病原性関連遺伝子の発現誘導に必要であることが明らかにされている．

なお，バイオフィルム形成は侵入前のみならず，侵入後も形成されることがある．その例として，グラム陰性細菌であるウリ科野菜果実汚斑細菌病菌（*Acidovorax avenae* subsp. *citrulli*）によるスイカ葉表面でのバイオフィルム形成と，グラム

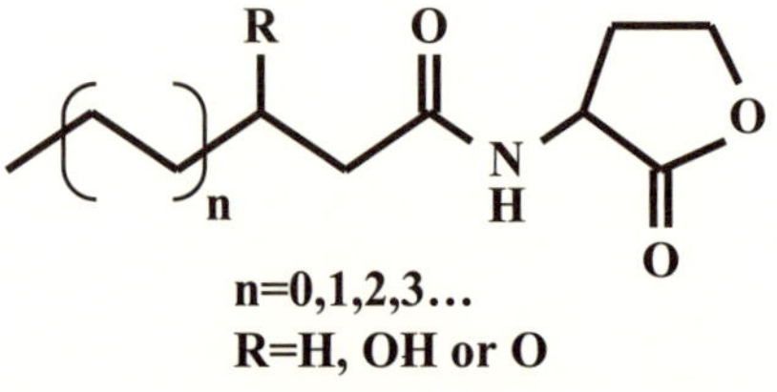

図6-1 アシルホモセリンラクトン (AHL) の基本構造

 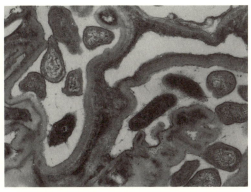

図 6-2 スイカ果実汚染細菌病細菌（*Acidovorax avenae* subsp. *avenae*）がスイカ葉上に形成したバイオフィルム（左）及びイネ赤条斑病細菌（*Microbacterium* sp.）がイネ葉維管束内に形成したバイオフィルム（右）

陽性細菌であるイネ赤条斑病菌（*Microbacterium* sp.）によるイネ葉侵入後のバイオフィルム形成を挙げた（図 6-2）．

2. 植物病原細菌の侵入機構

　植物に病原微生物が感染するには上で述べたように，最初に病原微生物が宿主植物の組織の内部に入ることが必要である．細菌も例外ではなく，感染の最初の過程は侵入である．侵入の方法は病原体の種類によって異なるが，植物病原細菌の場合，糸状菌が積極的に植物に入ってゆく動的な感染行動をとるのに対して，細菌は静的な侵入行動をとる．
　すなわち，細菌の侵入口はすでに植物の内部組織と連結した自然開口部もしくは傷である．植物体の表面で増殖した細菌は植物の自然開口部あるいは傷に到達し，鞭毛などで運動し，あるいは表面の水分が開口部に取り込まれる水の動きに乗じて植物体の内部に入って初めて感染が起こる．
　自然開口部としては気孔及び水孔が主たるものであるが，この他に皮目（lenticel）や蜜腺（nectarthode）がある．自然開口部と植物組織は直接つながっていて，気孔は柔組織と，水孔は維管束の導管と連結しており，前者は柔組織病の，後者は導管病における病原体の侵入門戸となっている．
　傷は風雨など，昆虫の喰害など生物的なもの，植物の生長に伴ってできる傷，あるいは農作業のように人工的な傷とがある．主要な植物病原細菌の植物体への侵入方法を纏めたのが表 6-2 である．

（1）気孔（stoma）

　すべての植物は気孔を有している．しかも，自然開口部であるので，植物病原細菌にとって格好の侵入部位となっている．例えば単子葉植物のトウモロコシを例にとると，1mm^2 当たり 50-300 個の気孔が存在し，全体で 200,000,000 個の気孔があると言われている．しかも，トウモロコシの気孔

表 6-2 主要な植物病原細菌の侵入方法

細菌	侵入部位
イネ白葉枯病菌（*X. oryzae* pv. *oryzae*）	水孔，傷
ナス科植物青枯病菌（*R. solanacearum*）	傷
カンキツかいよう病菌（*X. citri* pv. *citri*）	気孔，傷
野菜類軟腐病菌（*E. c.* subsp. *carotovora*）	傷
根頭がんしゅ病菌（*A. tumefaciens*）	傷
トマトかいよう病菌（*C. m.* subsp. *michiganensis*）	気孔，水孔，傷

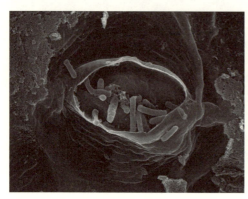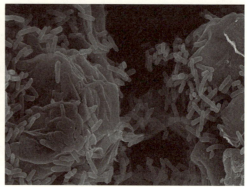

図 6-3 スイカ果実汚斑細菌病菌（*Acidovorax avenae* subsp. *citrulli*）の気孔侵入（左）と侵入後の柔組織細胞間隙における増殖（右）

はほぼ短径 4μm，長径 26μm の大きさの開口部で，面積は 90μm となり植物病原細菌の大きさが約幅 1μm，長さ 1.5μm であるので，気孔がいかに植物病原細菌にとって都合のよい侵入口であるかが分かる．ただし，このように気孔が侵入に適した構造といっても，高湿度が保たれなければ感染率は上がらない．気孔は葉の表側よりも葉の裏側に多く，開口部は日中開き，夜は多くの場合閉じる仕組みになっている．

気孔は普遍的な構造であるため，植物病原細菌の多く，とくに葉の斑点病の病原細菌，例えばカンキツかいよう病菌などが気孔侵入する代表的な病原細菌である．スイカ果実汚斑細菌病菌のように柔組織と維管束，双方を犯す細菌の場合，気孔と水孔，さらに傷の三つの侵入門戸がある．

気孔の下には気孔下室（substomatal chamber）という空間があり，侵入した細菌は通常ここでさらに増殖し，移行を開始する．

（2）水孔（hydathode）

水孔は植物によって持っている種と持っていない種がある．持っている種としてはイネ科，アブラナ科，ウリ科，ナス科などが挙げられる．

水孔は常時開いている構造となっており，葉縁や先端に存在する．水孔は維管束導管と連結しており，植物体内の水分が過剰になると，この水孔から溢液として溢出する．

このような形態的特徴，さらに気孔よりも開口部が大きいため，導管に

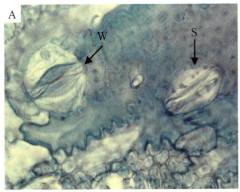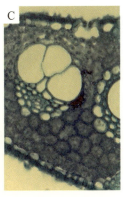

図6-4 イネ葉縁における水孔（W）と気孔（S）の分布（A），水孔からのイネ白葉枯病菌（*Xanthomonas oryzae* pv. *oryzae*）の侵入（B），及び侵入後の維管束での増殖（C）

寄生する細菌にとって非常に都合のよい侵入口である（図6-5）．イネ白葉枯病菌やアブラナ科野菜黒腐病菌などが水孔感染する代表的な病原細菌である．

イネ白葉枯病はイネだけでなく，サヤヌカグサなど数種のイネ科植物を犯すが，それらすべての水孔から感染するとは限らず，水孔の構造によって感染の成否が決まることが明らかにされている．

（3）傷（wound）

傷は多くの植物病原細菌にとって重要な侵入口である．植物病原細菌のほか植物ウイルスの一部及び植物病原糸状菌の病原性が弱いグループがこの方法により侵入する．ほとんどの細菌は傷からの感染が可能である．傷は風雨など，昆虫の喰害など生物的なもの，植物の生長に伴ってできる傷，あるいは農作業のように人工的なものに分けられる．このような傷ができると多種多様な病原体の侵入が可能となり，大きな被害に結びつく可能性が高い．台風によるイネ白葉枯病の二次的な蔓延などがその代表的な例である．

（4）皮目（lenticel）

皮目は果実，茎，塊茎などに存在し，通気が可能なように粗に細胞が集合した構造となっている．生育期にはこの皮目が開くため，細菌の感染に都合がよく，リンゴ火傷病菌がこの皮目から侵入し，感染することが証明されている．また，ジャガイモでもこの皮目を経由して侵入した細菌が塊茎の腐敗を起こすことが明らかになっている．

（5）蜜腺（nectaries）

被子植物の多くは花や葉に蜜を分泌するための蜜腺を持つ．花の中にあるものを花内蜜腺，葉などにあるものは葉外蜜腺と称する．多くの場合，蜜腺は花弁の基部の内側にあって，花が咲くと蜜が分泌される．この蜜腺が植物病原細菌の侵入口となる場合がある．リンゴ火傷病菌はこの侵入方法をとる．

3. 定着と増殖・移行

　植物組織内に侵入した植物病原細菌は柔組織に寄生するものは細胞間隙で増殖移行する（図 6-3）．しかし，植物の細胞の細胞壁が病原性因子によって溶解してしまう場合には細胞内でも増殖する．その結果，bacterial pocket が形成される．また，導管病細菌の場合は維管束木部 (xylem vessel) に侵入し，増殖移行する（図 6-6）．難培養性の木部局在細菌も導管で増殖移行するが，ファイトプラズマ及び師管に寄生する細菌は維管束の師部の師部柔組織及び師管（phloem parenchyma 及び sieve tube）を通じて全身的に増殖移行する．

　また，従来，柔組織のみを侵すとされていた細菌にも導管が重要な移行部位である細菌病も多い．例えば *Pseudomonas syringae* 群やウリ科野菜果実汚斑細菌病菌 *A. avenae* subsp. *citrulli* がこのグループに属する（図 6-5）．さらに *A. tumefaciens* は組織内部では維管束・導管で増殖移行する場合がある．

　植物病原細菌が植物の柔組織に入ると植物の細胞膜の変性が起こり，K^+ の細胞外流出と H^+ の細胞内流入の交換輸送が活性化する．その結果，細胞間隙の pH が上昇し，これによりショ糖やアミノ酸の漏出が促進される．細菌はこのような条件下で徐々に増殖を開始する．

　組織内細菌数が一定のレベルに達すると，斑点性細菌病では細菌病特有の水浸状病斑が現れ，導管病の場合には萎凋（ナス科植物青枯病など）や黄化（イネ白葉枯病など）などの症状が現れる．

4. 発病因子

　植物病原細菌は植物の組織の細胞間隙や維管束の導管などで増殖するが，十分に増殖した段階で病徴を直接引き起こす発病因子を産生する．その代表的なものは毒素，植物ホルモン，細胞外多糖質及び組織崩壊酵素などである．

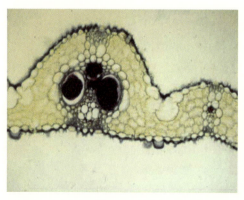 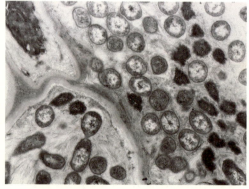

図 6-5　イネ白葉枯病菌（*Xanthomonas oryzae* pv. *oryzae*）の維管束・導管における増殖（左：光顕写真で紫色の部分が細菌塊、右：電顕写真）

表 6-3　主要な植物病原細菌の増殖部位

細菌	増殖・移行部位
イネ白葉枯病菌（X. oryzae pv. oryzae）	導管
ナス科植物青枯病菌（R. solanacearum）	導管
アブラナ科黒腐病菌（X. campestris pv. campestris）	導管
ジャガイモ輪腐病菌（C. michiganensis subsp. sepedonicus）	導管
トマトかいよう病菌（C. michiganensis subsp. michiganensis）	導管及び柔組織
各種植物根頭がんしゅ病菌（A. tumefaciens）	傷組織（一部導管）
カンキツかいよう病菌（X. axonopodis pv. citri）	柔組織
野菜類軟腐病菌（E. c. subsp. carotovora）	柔組織
ピアース氏病（Xyllella fastidiosa）	導管
各種ファイトプラズマ	師部

1）毒素（Toxin）

植物病原細菌の毒素とは植物病原細菌によって産生・放出され，植物に化学的損傷を与える非酵素的代謝産物である．毒素は植物に対して，広範囲にわたる生理学的及び生化学的活性を有し，クロロシス，水浸状病徴，壊死，増生，萎凋などの病徴を引き起こす．

植物の細菌病に特定の毒素が関与しているか否かを証明するには，感染した植物から単離され，健全植物からは単離されず，植物体内で細菌による産生が証明され，化合物として純化されて化学的な同定がなされ，最終的に，その純化した化合物が植物に作用し，同じ病徴が再現されることが必要である．

（1）毒素の化学構造，その生合成と機能

植物病原細菌が産生する毒素は典型的な低分子化合物（分子量は約 10^3Da）である．ただ，例外として萎凋の誘導に関与する毒素は更に大きな分子（分子量は約 $10^4 \sim 10^6$Da）である．植物病原細菌の毒素はほとんどすべて二次代謝産物であり，また植物体内のみならず，培養中にも産生されるようである．しかし，中には Pseudomonas syringae pv. tagetis のある系統のように，病原性発現の場においてのみ産生される場合もある．

他の二次代謝産物と同様に，毒素の産生は栄養条件や環境条件によって左右され，しかも生長サイクルの特定の段階で産生される．このことはとくに培養の場合に顕著で，通常，定常期に産生される．

おおよそ，Pseudomonas 系の細菌はアミノ酸，あるいはオリゴペプチドから成る毒素を，Xanthomonas 系の細菌はカルボン酸やその関連化合物から成る毒素を産生する傾向がある．また，多糖質やペプチド・多糖質複合体はすべての細菌が産生する．

主な細菌毒素とその作用点についてまとめたのが表 6-4 である．

（2）毒素の特異性と機能

植物病原糸状菌では宿主特異的毒素が有名であり，多くの研究が行われ

表 6-4　植物病原細菌が産生する主要な毒素

毒素	細菌	標的分子
コロナチン	*Pseudomonas syringae* pv. *atropurpurea* など	未同定
タゲチトキシン	*Pseudomonas syringae* pv. *tagetis*	葉緑体 RNA ポリメラーゼ
ファゼオロトキシン	*Pseudomonas syringae* pv. *phaseolocola*	オルニチン・カルバモイルトランスフェラーゼ
シリンゴマイシン	*Pseudomonas syringae* pv. *syringae*	プラズマレンマ ATPase
シリンゴトキシン	*Pseudomonas syringae* pv. *tolasii*	プラズマレンマ成分
タブトキシン	*Pseudomonas syringae* pv. *tabaci*	グルタミン酸合成酵素
リゾビトキシン	*Bradyrhizobium japonicum* など	シスタチオニン β-シンターゼ
3-（メチルチオ）プロピオン酸	*Xanthomonas campestris* pv. *manihotis*	未同定

てきた．それとは対照的に，植物病原細菌が産生する毒素はすべて非特異的毒素である．

　植物病原細菌の個々の毒素は産生する細菌，病徴の発現，毒素の作用点，作用スペクトラムによって特徴づけられる．

　植物病原細菌の毒素のほとんどは一つの pathovar，あるいは限られた細菌群によってのみ産生される．したがって，細菌病の診断や病原細菌の同定に応用されている．

（3）毒素に対する植物病原細菌の耐性

　植物病原細菌が産生する毒素のターゲットとなる分子は植物及び病原細菌に共通であることから，植物病原細菌は毒素から自身を守るメカニズムを有していると考えられる．実際，このことはインゲンかさ枯病細菌（*Pseudomonas syringae* pv. *phaseolicola*）及びタバコ野火病細菌（*P.s.* pv. *tabaci*）で実証されている．すなわち，防御機構の作動と毒素の産生には明瞭な関係があり，TOX⁻変異株は毒素に感受性であることがわかった．従って，この毒素の産生と防御機構という二つの特性の関係は TOX⁻変異株にとっては強力な選択圧となっているはずで，事実，自然条件下では TOX⁻変異株はまれにしか存在しない．

（4）毒素の種類

①コロナチン（coronatin）

　イタリアンライグラスかさ枯病菌（*Pseudomonas syringae* pv. *atropurpurea*）が産生する毒素である．構造としては $C_{18}H_{25}O_4$ の分子式を持ち，多数の植物の葉で黄斑を引き起こすほか，ジャガイモ塊茎組織の肥大を誘導する．葉の黄化を起こす機構についてクロロフィルの合成阻害あるいはエチレン生成など諸説ある．ジャガイモ塊茎の肥大作用はオーキシンと類似している．しかし，作用する宿主の器官の特異性が異なる．最初は *P. syringae* pv. *atropurpurea* が特異的に産生する毒素と考えられていた

が，*P. syringae* pv. *glycinea* など多数の植物病原細菌が本毒素を産生することが明らかとなった．

②ファゼオロトキシン（phaseolotoxin）

インゲンかさ枯病菌（*Pseudomonas syringae* pv. *phaseolicola*）が産生する毒素で，植物の黄化を引き起こす．本毒素の構造は図 6-8 のようである．ファゼオロトキシンは宿主植物であるインゲンの他，多数の植物において葉の黄化を引き起こす．本毒素はインゲンやその他の多数の植物にオルニチンの集積を起こし，黄化を誘導する．

③シリンゴマイシン（syringomycin）

シリンゴマイシンは *Pseudomonas syringae* pv. *syringae* が産生する毒素である．セリン，フェニルアラニン，未知アミノ酸及びアルギニンが 2:1:2:1 の割合で含まれるペプチドで，多くの植物に壊死斑を起こす．植物のみでなく，菌類及び細菌に対しても抗菌作用を示す．本毒素の作用機構は罹病組織の呼吸阻害と ATP 生成の阻害で，酸化的リン酸化のアンカプラーに類似している．

④シリンゴトキシン（syringotoxin）

Pseudomonas syringae pv. *syringae* のカンキツ系統（カンキツ熱病菌）が産生する毒素でシリンゴマイシンと作用は似ているが，組成が異なりトレオニン，セリン，グリシン，オルニチン及び未知アミノ酸を 1:1:1:1:1 の割合で含む．

⑤フェルベヌリン（fervenulin）

Burkholderia glumae（イネもみ枯細菌病菌）が生成する毒素で，図 6-8 のような化学構造を有する．365nm の近紫外線照射下で鮮やかな淡緑黄色の蛍光を発する．光照明下，10μg/ml 以上の濃度でイネ幼苗の葉にクロロシスを誘導する．さらに，葉及び根の生長阻害を起こす．

⑥トキソフラビン（toxoflavin）

本毒素は電子伝達体で，酸素存在下で過酸化水素を発生し，強い生物活性を示す．しかし，その作用機構は解明されていない．また化合物としてやや不安定で N(1)-Me が離脱して，ロイマイシン（Reumycin）に変化する．

⑦トロポロン（tropolone）

Burkholoderia plantarii（イネ苗立枯細菌病菌）が生成する毒素である．図 6-8 のような構造で，分子量 122 の無色針状結晶である．本毒素は鉄をキレートして水難溶性の赤色結晶を生じ，イネ苗に鉄欠乏を起こす．濃度 3〜25μg/ml の濃度でイネ苗にクロロシス，根の伸長阻害及び萎凋などの病徴を引き起こす．

⑧タブトキシン（tabtoxin）

タバコ野火病菌（*Pseudomonas syringae* pv. *tabaci*）が産生する毒素である．植物病原細菌が産生する毒素の代表的なもので，研究の歴史も最も古い．その後，*Pseudomonas syringae* pv. *coronafaciens*（エンバクかさ枯病菌）も本毒素を産生することが明らかとなった．本毒素は植物の黄化を引き起こ

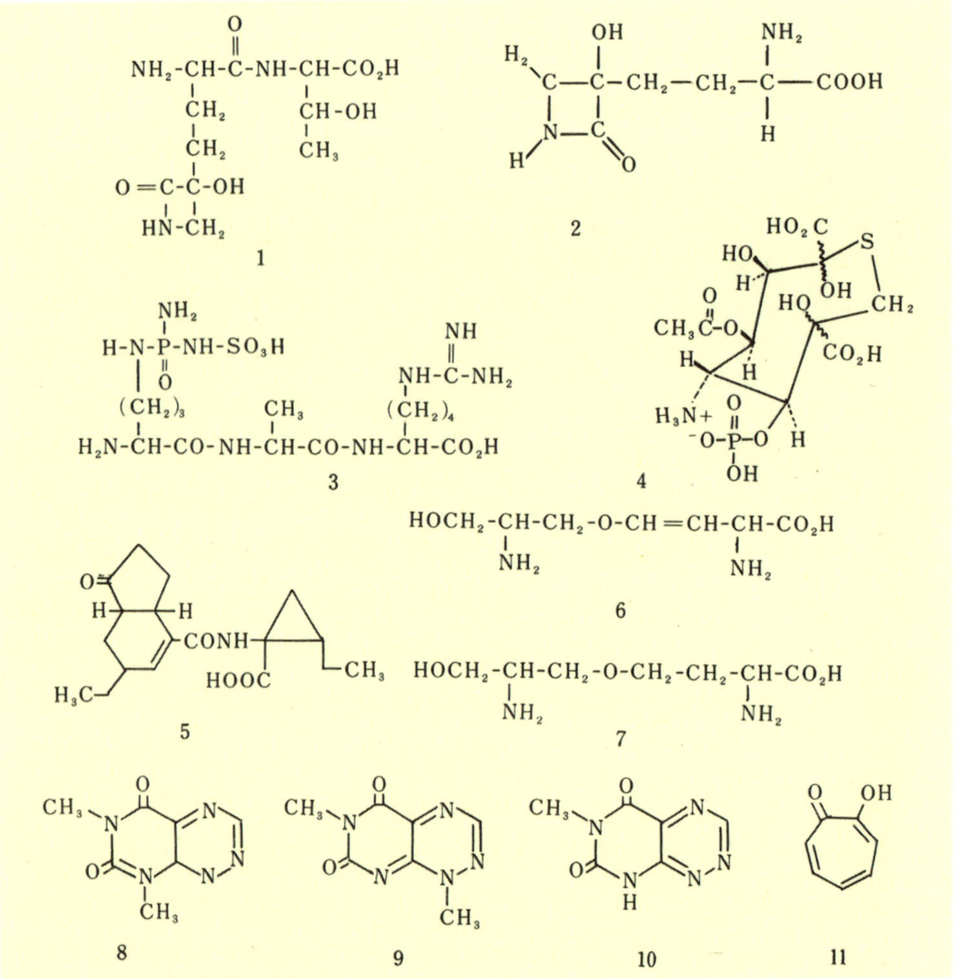

図 6-6　植物病原細菌の生成する毒素の構造
　　　　1：タブトキシン，2：タブトキシン-β-ラクタム，3：ファゼオロトキシン，4：タゲチトキシン，5：コロナチン，6：リゾビトキシン，7：ジヒドロリゾビトキシン，8：フェルベヌリン，9：トキソフラビン，10：ロイマイシン，11：トロポロン．

す．活性成分はタブトキシニン-β-ラクタムで，アミノ酸輸送経路により宿主細胞に取り込まれ，光存在下で，グルタミン合成を阻害する．その結果，光呼吸窒素サイクルによって生ずるアンモニアの再同化が阻害され，細胞内にアンモニアが集積し，黄化が起こる．タブトキシニン-β-ラクタムはタブトキシンが Zn^{2+} の存在下で，細菌もしくは植物のアミノペプチターゼによって加水分解して生ずる物質である．

⑨タゲチトキシン（tagetitoxin）

　Pseudomonas syringae pv. *tagetis* が産生する毒素である．化学構造は図 6-8 のようである．毒素処理後，1〜2 日でクロロプラストの変性が起こり始め，その後クロロプラストは崩壊する．クロロプラストのグラナとスト

ロマのラメラ崩壊が起こり，70S リボゾームは消失する．

⑩ トラシン（tolaasin）

マッシュルームの病原細菌（*Pseudomonas syringae* pv. *tolaasii*）によって産生される毒素で，感染の場面では原形質膜の断裂・崩壊を引き起こす．本毒素はアミノ酸側末端に β-オクチル酸と結合した 18 個のアミノ酸残基から成る典型的な低分子毒素である．

⑪ リゾビトキシン（rhizobitoxine）

リゾビトキシンは根粒菌である *Rhizobium* 属細菌で見出された毒素であるが，後に植物病原細菌で，トウモロコシ，ソルガム，スーダングラスの褐条病菌（*Pseudomonas andropogonis*）も産生することが明らかとなった．

本毒素は基本的にクロロシスを誘導するのであるが，その生化学的効果は複雑で，ホモシステインとエチレンの双方の生合成の阻害とされている．

ともあれ，分類学的には近縁ではなく，しかも生態的ニッチも異なる共生細菌と植物病原細菌が同一の毒素を産生するということは，これら二つの細菌群間の遺伝情報の転移が示唆され，大変興味深い．

⑫ アルビシジン（albicidin）

Xanthomonas albilineans が産生する毒素で，真核生物の DNA の複製と色素体の生成を阻害する．このため，新生葉はクロロシスを呈する．また，本毒素は宿主植物の防御機構を攪乱するため，全身感染に至る．

2）植物ホルモン

（1）オーキシン（auxin）

オーキシンは生長している植物組織でシキミ酸経路で合成されたトリプトファンからインドールアセトアルデヒドなどを経て合成される植物ホルモンである．本物質は細胞の伸長生長，肥大，維管束分化を促進する．

植物細菌病においても，とくに木本での増生（こぶ，gall）にオーキシンが関与している．フジこぶ病（*Erwinia milletiae*），オリーブこぶ病（*Pseudomonas savastanoi* pv. *savastanoi*），ヤマモモこぶ病（*Pseudomonas syringae* pv. *myricae*）などがこの例である．オーキシンは植物細胞壁に結合する Ca^{2+} や Mg^{2+} を H または CH_3 と置換することにより，細胞壁の伸長性を高めるほか，細胞膜の透過性，ペクチンメチルエステラーゼ活性の制御，フェノール物質の結合，呼吸の増高，RNA 及びタンパク合成の増高，細胞壁タンパク（エクステンシン）の増加，エチレンの生成等多くの生理活性を有する．

（2）サイトカイニン（cytokinin）

カイネチンはじめ，多くのアデニン骨格をもつサイトカイニンはオーキシンと同様に細胞分裂を誘導するが，核酸やタンパクの分解を阻害し，細胞の老化を阻止する作用を持つ．罹病組織の老化過程を抑制することから，腫瘍組織や病斑形成に関与すると考えられている．植物病原細菌でもサイトカイニンを発病因子とするものがある．*Rhodococcus fascians*（エンドウ

帯化病菌）がその例で，エンドウの芽の表面で増殖する際，本物質を生成することが報告されている．

　（3）エチレン（ethylene）

　エチレンを産生する植物病原細菌もいくつか報告されている．ナス科植物青枯病菌（Ralstonia solanacearum）やクズかさ枯病菌（Pseudomonas syringae pv. phaseolicola）などである．罹病植物組織においても多くの場合，多量のエチレンが検出されるが，これは植物細胞に由来するものである．カンキツかいよう病菌（Xanthomonas citri pv. citri）に感染した葉では，エチレン生成が最大値に達する頃から落葉が始まり，これはエチレンが離層形成を促進するためと考えられている．

3）その他の発病因子

　（1）細胞外多糖質（extracellular polysaccharide, EPS）

　植物病原細菌は多様な細胞外多糖質，リポムコ多糖質，リポ多糖質及び粘質多糖質などを産生する．これらの多糖質は乾燥など環境耐性，他の微生物からの保護，固体表面への付着，バクテリオファージ受容体，イオンの選択的吸収，植物細胞表面の受容体認識など多様な生理活性を有する．

　これらの多糖質は植物への感染や病徴発現においても大きな役割を果たしており，直接，宿主細胞に影響を与えたり，組織内細菌を酸化によるストレスから守ったりして，病原性発現に重要な役割を果たしている．ナス科植物青枯病菌（Ralstonia solanacearum）では EPS1 は主要な病原性因子であることが知られている．とくに萎凋を起こす植物病原細菌では導管内での多糖質による閉塞も萎凋の原因の一つである．イネ白葉枯病菌（Xanthomonas oryzae pv. oryzae）などこの種の病徴を引き起こす植物病原細菌は数多い．

　また，リンゴ火傷病菌（Erwinia amylovora）が産生する EPS の主要構成成分アミロボラン（amylovoran）はいくつかの遺伝子クラスターにより生合成され，制御されているが，アミロボランの産生を阻害すると本細菌の病原性も喪失する．

　（2）ペクチン分解酵素（pectinase）

　ペクチン質は細胞と細胞を接着している中葉（ミドルラメラ）の主要構成成分であるが，ペクチン酸（ポリガラクツロン酸）とペクチン（ポリメチルガラクツロン酸）から成る．このペクチン質は細胞壁の他の成分と比較して，細胞間隙で増殖する細菌が分泌した分解酵素にさらされることとなる．植物病原細菌が分泌する細胞壁分解酵素は細胞外及び細胞内分泌の二つのタイプに大別されるが，後者の活性はペクチン質の生体内での粘性の急激な低下をもたらし，組織の軟腐を引き起こす．

　（3）セルラーゼ（cellulase）

　セルロースは高等植物の細胞壁の主たる構成成分である．セルラーゼはこのセロースの分解を触媒する酵素で，β-1,4-グルカン（例えば，セルロ

ース)のグリコシド結合を加水分解する.本酵素は主として細菌や植物で産生され,植物病原細菌では *Dickea chrysanthemi* 及び *Ralstonia solanacearum* で知られており,本酵素産生遺伝子が単離されているが,いずれも分子内部から切断するエンドグルカナーゼである.

R. solanacearum におけるエンドグルカナーゼの病原性因子としての重要性は部位特異的変異導入法(Site-directed mutagenesis)による *egl* 遺伝子欠損株によって証明されている.トマトに対する病原性試験の結果,本変異株は野生株に比べて明らかに病原性が弱まり,また *egl* 遺伝子の相補的検定により病原性を回復した.

(4) プロテアーゼ(protease)

植物病原細菌によるプロテアーゼの産生は *Erwinia carotovora*, *E. chrysanthemi* 及び *Xanthomonas campestris* pv. *campestris* などで報告されているが,その役割は明らかではなし.しかし,*X. c.* pv. *campestris* の *prt* 変異株では野生株と比較して病徴発現が遅延することが知られている.

参考文献

1) Bayot, R. G. and Ries, S. M. (1986) Role of motility in apple blossom infection by *Erwinia amylovora* and studies of fireblight control with attractant and repellant coumpounds. Phytopathology 76: 441-445.
2) Chet, I. and Henis, Y.(1973) Chemotaxis of *Pseudomonas lachrymans* to plant extracts and to water droplets collected from the leaf surfaces of resistant and susceptible plants. Physiol. Plant Pathol. 3: 473-479.
3) Cuppels, D. A. and Smith, W.(1984) Chemotaxis of *Pseudomonas syringae* pv. *tomato*. Phytopathology 74: 798(Abstract).
4) Daly, J. M. and Deverall, B. J., eds. (1983) "Toxins in Plant Pathogenesis". Academic Press, New York.
5) Denny, T. P.(1995) Involvement of bacterial polysaccharides in plant pathogenesis. Ann. Rev. Phytopath. 33: 173-197.
6) Durbin, R. D.(1991) Bacterial phytotoxins: Mechanism of action. Experientia 47: 776-783.
7) Feng, T. Y. and Kuo, T. T.(1975) Bacterial leaf blight of rice plants. IV. Chemotactic responses of Xanthomonas oryzae to water droplets exudated from water pores on the leaf of rice plants. Biol. Abstr. 61: 4739.
8) Guo, A. and Leach, J. E. (1989) Examination of rice hydathode water pores exposed to *Xanthomonas campestris* pv. *oryzae*. Phytopathology 79: 433-436.
9) Hatterman, D. R. and Ries, S. M. (1989) Motility of *Pseudomonas syringae* pv. *glycinea* and its role in infection. Phytopathology 79: 284-289.
10) Hooykaas, P. J. J. and Beijersbergen, A. G. M. (1994) The virulence system of *Agrobacterium tumefaciens*. Ann. Rev. Phytopath. 32: 157-181.
11) Huang, J. S.(1986) Ultrastructure of Bacterial Penetration in Plants. Ann. Rev. of Phytopath. 24: 141-157.
12) Jahr, H., Dreier, J., Meletzus, D., et al. (2000) The endo-β-glucanase CelA of *Clavibacter michiganensis* subsp. *michiganensis* is a pathogenicity determiant required for induction of bacterial wilt of tomato. Mol. Plant-Microbe Interact. 13: 703-714.
13) Koukolikova-Nicola, Z., Albright, L. and Hohn, B. (1987) The mechanism of

T-DNA transfer from *Agrobacterium tumefaciens* to the plant cell. In Plant Infectious Agents. (Hohn, T. and Schell, J. ed.) pp.109-148. Springer, New York.
14) Mitchell, R. E. (1984) The relevance of non-host-specific toxins in the expression of virulence by pathogens. Ann. Rev. Phytopath. 23: 297-320.
15) Nester, E. W., Gordon, M. P., Amasino, R. M., and Yanofsky, M. F. (1984) Crown gall: A molecular and physiological analysis. Ann. Rev. Plant Physiol. 35: 387-413.
16) Raymundo, A. K. and Ries, S. M. (1980) Chemotaxis of *Erwinia amylovora*. Phytopathology 70: 1066-1069.
17) Ream, W. (1989) *Agrobacterium tumefaciens* and interkingdom genetic change. Annu. Rev. Phytopath. 27: 583-618.
18) Stall, R. E. and Hall, C. B. (1984) Chlorosis and ethylene production in pepper leaves infected by *Xanthomonas campestris* pv. *vesicatoria*. Phytopathology 74: 373-375.
19) Shaw, C. H. (1991) Swimming against the tide: Chemotaxis in *Agrobacterium*. BioEssays 13: 25-29.
20) Tarbah, F. and Goodman, R. N. (1987) Systemic spread of *Agrobacterium tumefaciens* Biovar 3 in the vascular system of grapes. Phytopathology 77: 915-920.
21) Thomson, S. V. (1986) The role of stigma in fire blight infection. Phytopathology 76: 476-482.
22) Yamada, T.(1993) The role of auxins in plant disease development. Ann. Rev. Phytopath. 31: 253-273.

II. 植物病原細菌の病原性発現機構

1. 増生病における病原性発現機構

　植物の細菌病で増生（hypertrophy）を起こすものとして根頭がん腫病が最も有名であるが，それ以外にも増生を起こす細菌としてフジこぶ病菌（*Erwinia herbicola* pv. *milletiae*），オリーブがん腫病菌（*Pseudomonas savastanoi* pv. *savastanoi*），センダンこぶ病菌（*Pseudomonas meliae*），ヤマモモこぶ病菌（*Pseudomonas syringae* pv. *myricae*）などがある．

　このがん腫やこぶなどの増生は他の病原と比較して，細菌病で目立つ病徴であると言える．中でも，根頭がん腫病は病原性発現の分子生物学的解析のモデルとして，この面の研究をリードするとともに，それを基盤に植物の形質転換のためのベクターとしても広く使われている．

1）根頭がん腫病菌の病原性発現機構

　根頭がん腫病菌 *Agrobacterium tumefaciens*（現在は *Rhizobium tumefaciens*）は極めて多犯性の細菌で，93科331属643種以上に及ぶ広範な双子葉植物に感染する．ただし，自然条件下で発病が確認された数はこれよりかなり少なく，我が国では約50種の植物において本病の発生が報告されている．

　双子葉植物がほとんどであるが，単子葉植物の中にも本病に感染する植物が例外的に存在する．また，トウモロコシ，アスパラガスなどの草本植物，マツ，モミなどの木本植物では腫瘍細胞への形質転換が起こり，特殊なアミノ酸誘導体であるオパインの合成もみられ，グラジオラスでは腫瘍細胞の自立的増殖さえも起こる．さらに，イネにおいてもアセトシリンゴン処理により形質転換が可能となっている．

　宿主植物の中でも，バラ科植物である核果類と梨果類の果樹で被害が多く，農業上，非常に重要な病原細菌となっている．

　また，バラでも根頭がん腫病という病名から明らかなように，自然界では茎の地際部でがん腫が形成されることが多い．しかし，これは *A. tumefaciens* の生態系での分布が土壌表面近くが中心であるためと考えられ，接種によっては植物体の他の組織や器官でも感染は起こりえる（図6-9）．実際，モモでは根頭の部分にがん腫が形成されることもあるが，地下部に形成されることも多い．

　腫瘍形成の様相は草本植物と木本植物で若干異なり，草本植物では感染初期に淡色の組織の盛り上がりが観察され，これは球形を呈することが多い．腫瘍組織はさらに肥大を続け，典型的ながん腫となる．この肥大の過程で，腫瘍の部分から細根が出たり，がん腫の部分が腐敗脱落することもある．組織学的には腫瘍自体は不定形の未分化細胞からなり，細胞自体も肥大する（図6-10）．木本植物では腫瘍は木質化し，暗褐色の表面が粗なこぶとして宿主植物の生長とともに肥大を続ける．

　A. tumefaciens に対する植物組織の感受性には多くの要因が関わってい

図 6-9 モロヘイヤにおけるがん腫形成（*Agrobacterium tumefaciens* の人工接種）

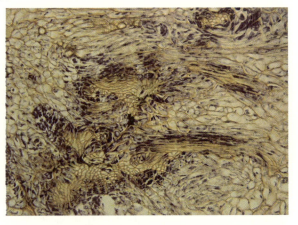

図 6-10 *Agrobacterium tumefaciens* によるがん腫組織の横断切片

る．例えば，植物の組織の生育時期（若い組織の方が感受性が高い），宿主特異性，組織のタイプ（形成層がより感受性が高い），植物の栄養状態などが挙げられる．

本細菌による感染や腫瘍組織の発達はオーキシン処理によって促進される．また，感染や腫瘍組織の発達には傷が必須であることから，一種の日和見感染菌であるとも言える．

モデル実験系の接種植物としてはカランコエ（セイロンベンケイソウ）やヒマワリなどが用いられる．

（1）ゲノム構造と病原性関連遺伝子

根頭がん腫病菌（*Agrobacterium tumefaciens*）のゲノムは 2 本の染色体と複数のプラスミドで構成されている．中でも主要な役割を果たしているのは Ti プラスミドである．

本細菌の病原性遺伝子の多くは Ti プラスミドに座乗しているが，染色体上にもコードされている遺伝子が存在する．

Ti プラスミド（Ti plasmid）は *Agrobacterium tumefaciens* から 1974 年に見出されたプラスミドで，植物の細胞に移行し，さらにそこで腫瘍化を促す遺伝子群をコードしている（図 6-11）．すなわち，tumor-inducing plasmid の略称である．

この Ti プラスミドの大きさは 150〜250Kb と巨大である．Ti プラスミドには多数の病原性関連遺伝子が集中して存在する *vir* 領域と T-DNA 領域という二つの領域がある．*vir* は virulence の，後者は transferred DNA の略である．*vir* 領域の遺伝子が働いて，T-DNA が宿主植物の染色体に転移し，がん腫形成が引き起こされる．

また，T-DNA 上にはオパイン（opine）と総称される，特殊なアミノ酸誘導体の合成酵素遺伝子（*nos*, *acs* など）が座乗しており，がん腫組織で

は植物ホルモンとともにオパイン類も盛んに産生されるようになる．また，オパインは誘導された vir 遺伝子の活性をさらに亢進し，形質転換の効率を高める作用もある．一方，Ti プラスミドにはオパイン代謝に関わる遺伝子群（*noc*，*acc* など）が存在するため，*A. tuemfaciens* はがん腫組織で産生されたオパインを独占的に利用することが可能である．すなわち，本細菌は植物細胞をがん腫化することによって，自身専用の食料生産工場に作り替えてしまうことから，本病は「遺伝的植民地化」とも称される．

　上記の形質転換細胞が産生するオパインの種類により，ノパリン型，オクピン型及びアグロピン型の 3 種に大別される．我が国にはノパリン型が優勢に分布しているようである．さらに，T-DNA は RB（right border）と LB（left border）という

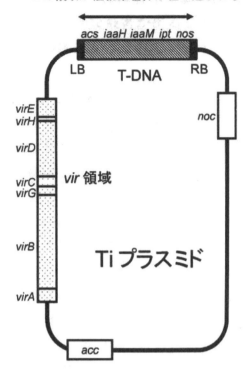

図 6-11　Ti プラスミドの構造（澤田 2006）．

二つの境界領域にサンドイッチされた形となっており，これら二つの境界配列が T-DNA の転移で大きな役割を果たしている．

　また，vir 領域に 24 個の vir 遺伝子を保有し，サイズは 35Kb である．その主要な機能は T-DNA の切取りと，植物細胞への移行に関わるもので，vir 領域自体が植物のゲノムに組み込まれることはない．

　さらに Ti プラスミド上には，病原性発現に必須の領域に加えて，プラスミド不和合性，接合，オパイン利用性，プラスミドの複製，抗菌物質アグロシン 84 への感受性などの諸性質をコードする遺伝子が座乗している．

（2）感染と病原性発現機構

　A. tumefaciens の感染によるがん腫の形成過程はおおまかに 2 段階に分けられる．

　第一の段階は *A. tumefaciens* が植物に感染し，Ti プラスミド上の T-DNA が vir 領域の働きによって植物細胞の染色体に組み込まれるプロセスである．そして，第二のプロセスは T-DNA にコードされている植物ホルモン合成酵素遺伝子が発現し，宿主植物細胞のホルモンのバランスが崩れてしまうことによる細胞の脱分化増殖である．

①宿主細胞への付着

　感染の最初の段階は，菌体の宿主細胞への付着（attachment）で，この

機能を欠く変異株は病原性を示さない．最初に，土壌中に棲息する *A. tumefaciens* は，宿主植物の傷口から分泌されるアセトシリンゴン（acetosyringone, AS; 4-acetyl-2,6-dimethoxyphenol, 図 6-12）等の誘因物質により傷口に達した後，植物細胞の細胞壁に付着する．

この機能は細菌の染色体 DNA 上の *chv*（chromosomal virulence）*A*, *chv B* 及び *psc*（polysaccharide）*A* という 3 つの遺伝

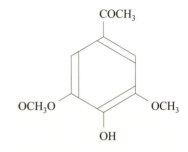

図 6-12 アセトシリンゴンの構造

子により決定される．*chv B* は β-1,2-D-グルカンの生成を，*chuA* はその分泌を制御する．また，*pscA* は β-1,2-D-グルカンのみならず，セルロースフィブリルや酸性菌体外多糖質であるサクシノグリカンの生成遺伝子をコードしている．β-1,2-D-グルカンは植物細胞への付着に関わる物質と考えられている．一方，この付着に関わる，植物側の細胞壁成分としてはペクチンやグリコプロテインが候補に挙げられている．

宿主細胞に付着した *A. tumefaciens* では付傷細胞から分泌されるアセトシリンゴンにより *vir* 領域が活性化される．これが T-DNA 切取りの端緒となる．

病原細菌 *A. tumefaciens* のゲノム上には上記したように，*vir* 領域と T-DNA 領域が存在し，これら二つの領域は離れて座位しているものの，がん腫形成には双方が必須である．

この *vir* 領域は少なくとも 6 つの相補的な遺伝子座（転写単位）*virA*, *virB*, *virC*, *virD*, *virE*, *virG* が存在する．さらに，オクトピン型のプラスミドには *virF* が *virE* の横に存在する．これらの発現には著しい差異があり，*virA* と *virG* は恒常的に発現しているが，他の *vir* 遺伝子の発現は植物からのシグナル物質によって誘導される．*virA* と *virG* は 1 個のシストロンから成り，2 成分調節機構となっている．上記したように，その発現は構成的で，他の *vir* 遺伝子に対して，正の調節機構を有している．*virD* はさらに *virD1* 及び *virD2* に分かれ，T-DNA の切取り機能を有する．

VirA タンパクは細胞膜に存在し，センサーとして AS を認識し，ATP と結合し，リン酸化される．このリン酸基 ATP は VirG タンパクに輸送され，これを活性化する．

活性化された VirG タンパクは DNA と結合し，さらに *virD*, *virE* 及び *virB* 遺伝子の発現を誘導する．AS の上記の作用は数種のフェノール化合物でも認められ，中には病原細菌に対して誘引性を有するものもある．このようなフェノール化合物による *vir* 領域の誘導は根粒菌の根粒形成遺伝子（*nod*）の誘導とよく似ている．

virE も *virE1* と *virE2* に分かれ，1 本鎖 DNA 結合タンパクをコードしているが，このタンパクは T-DNA を被覆し，エンドヌクレアーゼから保護

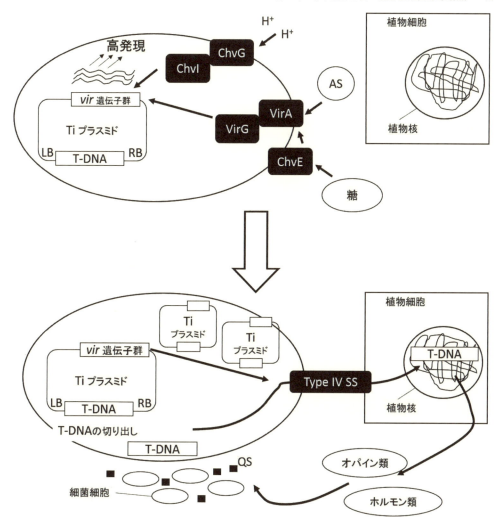

図 6-13 T-DNA の切り出しと植物細胞への組み込み

する役割を果たしている．

　virB は T-DNA の宿主細胞間移行の際の輸送経路形成に必要な 3 種のタンパクをコードしている．*virC* は 2 種のタンパクをコードし，T-DNA の切取りを促す作用をしている．

　その結果，最初に VirD1/D2 タンパク質の働きによって，T-DNA の RB と LB に切り目が入り，T-DNA がプラスミドから 1 本の DNA 断片として分離する．この切り離された T-DNA は VirD2 や VirE2 タンパク質とともに，タイプ IV 分泌系によって，宿主細胞内に輸送される．VirD2 や VirE2 タンパク質は核移行シグナルを有しており，これらの先導によって T-DNA は宿主細胞内の核へと移行し，染色体に挿入されて転移が完了する．

②T-DNA の構造と機能

　T-DNA はノパリン型では 22Kbp の連続した断片であるが，オクトピン型では 3 分節から成る．後者では左（T_L），右（T_R）及び中央（T_C）の 3

分節のうち，T_L-DNA 上にはニンジン等のゲノム DNA と相同性を有する cT-DNA（cellular T-DNA）が存在するという特徴がある．T-DNA の両端には 25bp の境界領域（border sequence；BS）が存在する．

T-DNA の切取りには極性があり，右側（RB）の境界域から左側（LB）に進むため，右側の境界域がとくに重要である．オクトピン型 T-DNA では右側にさらに 24bp のオーバードライブがあり，T-DNA 切取りのエンハンサーとしての機能を有する．

T-DNA 上にはオーキシンやサイトカイニンといった植物ホルモンの合成酵素遺伝子座が存在する．オーキシン合成遺伝子座（*tms*）にはトリプトファンモノオキシゲナーゼ遺伝子（*iaaM*）及びインドールアセトアミドヒドラーゼ遺伝子（*iaaH*）がコードされている．また，サイトカイニン遺伝子座（*tmr*）にはイソメチルアリルピロリン酸からサイトカイニンを生成するイソペンテニルトランスフェラーゼ遺伝子（*ipt*）がコードされている．

T-DNA の挿入後，これら上記の遺伝子群は植物細胞から独立して，構成的に発現するようになる．その結果，植物ホルモンが過剰に産生される状態となるため，感染部位の細胞が異常増殖する．このため，肉眼的にこぶとして認められるほど組織の肥大が起こる．

③T-DNA の切断，植物細胞への組み込みと発現

T-DNA の Ti プラスミドからの切取りは上記したように，*virD1* と *virD2* がコードするエンドヌクレアーゼの作用によっている．本酵素は BS の 5' 末端に切り目を入れ，左向きに 1 本鎖 T-DNA（T-strand）を形成し，左側 BS（LB）の 3' 末端で切り離す．

T-strand の切取りと植物細胞への移行は同時並行的に進行し，菌体と植物細胞内でそれぞれ置換 DNA と相補 DNA が合成されて 2 本鎖 DNA となる．

T-DNA は平均 3 個，多い場合は 50 個が植物のゲノムに組み込まれ，T-DNA の挿入部位にはアデニンとチオニンの比率が高い．

T-DNA は右側 BS（RB）の 5' 末端で植物のゲノムに組み込まれるが，左側末端は一定せず，100bp 内側までさまざまな部位で組み込みが起こる．

組み込まれた T-DNA は必ずしもすべて発現するとは限らず，植物ゲノム内で隣接する部位の塩基配列の影響を受ける．形質転換された植物細胞はオーキシン及びサイトカイニンの合成能力を獲得し，これらを欠いた合成培地上でも自立的に分裂増殖する．このような増殖細胞が無定型の腫瘍組織（tumor）となるか，あるいは奇形腫テラトマ（teratoma）や毛根（hairy root）になるかは *tms*，*tmr* の機能の強弱や植物ホルモンに対する感受性によって決定される．

2）毛根細菌病における病原性発現機構

A. tumefaciens と同じ属に属し，同じ増生を起こす細菌として *A.*

rhizogenes が知られている．本細菌は 1939 年に福岡県でのリンゴで初めて記載されているが，その後，メロンやバラでも本細菌による病害の発生が報告されている．

毛根細菌病の特徴は茎や根の地表面より下の根の一部が増生し，そこから繊維状の毛根が多数発生し，時に 30cm ぐらいの長さになる．

根頭がん腫病の研究で得られた知見を背景として，毛根細菌病の病原性発現機構も解明されている．

（1）Ri プラスミドと病原性発現

毛根細菌病菌 *A. rhizogenes* の病原性を支配するプラスミドは Ri（hairy-root inducing）プラスミドと呼ばれている．根頭がん腫病の場合と同様に Ri プラスミド上の T-DNA が宿主植物に転移した結果，毛根の症状が現れる．

毛根細菌病菌（*A. rhizogenes*）の病原性に関する分子生物学的な研究が進むにつれて，*A. tumefaciens* との相同性が明らかとなってきた．すなわち，Ri プラスミドは Ti プラスミドと同様に T-DNA が存在し，植物のゲノム DNA 中に T-DNA が組み込まれ，T-DNA 上の遺伝子が発現することで植物細胞は根へと分化し，発達する．このような病原性を決定する主要な因子は Ri プラスミドそのものであって，Ti プラスミドを除去した *A. tumefaciens* の細菌体に Ri プラスミドを導入し，感染させるとがん腫ではなく，多数の不定根が形成される．

以上のように，Ri プラスミドの基本的構造や病気を起こすメカニズムは Ti プラスミドとよく似ている．しかし，Ri プラスミドの T-DNA 上には *rol*（root loci）遺伝子群という特異的な領域があり，その作用によって宿主植物細胞のオーキシンに対する感受性が著しく高まるため，不定根の形成が促進されると考えられている．

（2）Ti プラスミドと Ri プラスミドの相同性

その後，Ti プラスミドと Ri プラスミドは多くの点で類似しており，両者の DNA には高い相同性がみられることが明らかとなった．とくに *vir* 遺伝子領域は極めて類似しており，互いにその機能の交換が可能である．さらに，T-DNA の植物のゲノムへの取り込みに必要な T-DNA の両端末の塩基配列も相同性が高い．

一方，両者の T-DNA 上に座位する遺伝子については，Ri プラスミドの種類によっては Ti プラスミドとの相同性に差異が認められる．例えば，すべての Ri プラスミドに共通の T-DNA 領域は Ti プラスミドのそれとは相同性がほとんどみられない．

（3）Ri プラスミドのオパイン

Ri プラスミド形質転換細胞が合成するオパインの主要なものはアグロピン，マンノピン，ククモピン，ミキモピンが知られており，このほかマンノピン酸などがある．

このようなオパインは *Agrobacterium* 属細菌によって分解されて，炭素

源あるいは窒素源として利用される．

2. 萎凋病における病原性発現機構

　細菌病はイネ白葉枯病やナス科植物青枯病のように導管病が多い．維管束の導管は導管流（vascular fluid）に含まれる栄養分は少ないものの，生育に必須の水分が豊富で，病原性発現の面で病原細菌が宿主植物の抵抗反応を直接受けにくいという利点がある．

　これら導管病の代表的な病徴として萎凋がある．この細菌感染による萎凋のメカニズムについては古くから研究が行われ，毒素説と物理的閉塞説が唱えられてきた．実際には単独の要因で萎凋が起こる場合や様々な要因が関与する場合など細菌の種や系統により異なる可能性もある．例えば，トマトかいよう病では導管での菌体による充満度は低くとも萎凋が起こりやすく，これは病原細菌が病徴発現をより効率的に行うため毒素を産生するものと考えられる．一方，*Xanthomonas* 属細菌であるイネ白葉枯病菌やアブラナ科野菜黒腐病菌などの感染では細菌塊が導管に充満しているにも関わらず病徴として萎凋が起こりにくい．これは産生する細胞外多糖質（EPS）が萎凋を引き起すような機能よりも，菌体保護的に働くためと推定される．

　イネ白葉枯病でも温帯では葉の黄色病斑が一般的であるが，熱帯ではクレセック症や株全体が萎凋することも多い．これは細菌の系統による病原力の差の可能性もあるが，熱帯では葉の蒸散量が圧倒的に多いためと考えられる．また，ナス科植物青枯病においても昼間は青枯症状を呈していても，蒸散量が減少する夕方には青枯症状が回復することも多い．このように，萎凋という症状は水分収支に依存していることは明らかである．

　萎凋病を起こす細菌は多数存在するが，最も代表的な細菌としてナス科植物青枯病菌を例に挙げて解説する．

1）ナス科植物青枯病菌（*Ralstonia solanacearum*）の病原性発現機構

　トマト青枯病では最初，毒素説が提案され，病原細菌 *Ralstonia solanacearum* が産生する全身移行型毒素によって萎凋は起こるとされた．また，その毒素は膜透過性を変える作用があると報告されていた．これに対して，蒸散試験や色素による通導性などの実験結果から，病原の菌体による導管閉塞説が現れた．その後，Husain and Kelman は病原細菌が産生する多糖質粘質物が萎凋の主たる原因物質であるとした．

　その後の分子生物学的研究やゲノム解析で，本細菌の病原性発現機構の解明は遺伝子レベルで急速に進展している．

　分子遺伝学的解析によって，多数の病原性関連遺伝子が同定されているが，EPS 産生，運動性，細胞壁分解酵素産生に関与する遺伝子群のほかに，宿主認識，タイプIII分泌機構，宿主の防御反応の抑制，機能不明のエフェクター候補など病原性発現に関わる多数の遺伝子が同定されている（表

表 6-5 ナス科植物青枯細菌病菌（*Ralstonia solanacearum*）の主要な病原性関連遺伝子

遺伝子	遺伝子産物のサイズ	遺伝子産物の機能
egl	43-kDa	β-1, 4-エンドグルカナーゼ
eps		細胞外多糖質の生合成（EPS1 クラスター）
FliC		運動性
hrpA	60.4-kDa	タイプⅢ分泌機構
hrpB	53.3-kDa	タイプⅢ分泌機構調節機構，エフェクター分泌など
hrpG		2 成分調節機構
hrpI	28.9-kDa	タイプⅢ分泌機構（リポタンパク質）
hrpO	74-kDa	タイプⅢ分泌機構
opsA-D		リポ多糖生合成
pehA	52.4-kDa	エンドポリガラクツロナーゼ
pehB		エクソポリガラクツロナーゼ
pilA		タイプⅣピリン
pme	41-kDa	ペクチンメチルエステラーゼ
popA		HR エリシター（タイプⅢ分泌）
popB	18-kDa	核移行シグナル
popC	111-kDa	22 タンデム LRR

6-5）．

（1）*Ralstonia solanacearum* のゲノム構造と病原性関連遺伝子

R. solanacearum は 3.7 及び 2.1Mb の大きさのゲノムを有している．

両ゲノムとも病原性関連遺伝子が座乗しており，病原性の発現には双方が必要である．しかしながら，植物との相互作用に必要な遺伝子の数は小さい方のレプリコン，すなわちメガプラスミドの方が圧倒的に多い．端的な例がタイプⅢ分泌機構をコードする *hrp* クラスターで，この遺伝子群はメガプラスミド上にのみ存在する．

このメガプラスミドはサイズはほぼ 1,000Kb で，レースや地理的分布にかかわらず，ほとんどの系統が有している．しかしながら，このメガプラスミドよりサイズが大幅に小さなプラスミドを保有する系統も多い．現時点では，この小型のプラスミドは病原性には直接関与はしていないとされている．

上記の *hrp* クラスターはタイプⅢ分泌機構により，病原性発現に関わるエフェクターを植物細胞に送り込むことを可能にしている．しかし，現時点では個々のエフェクターの正確な機能は明らかにされていない．しかしながら，大部分のエフェクター・タンパクは宿主植物の抵抗反応を抑制する働きを有するようである．さらに，本細菌の病原性スペクトラムの広さはエフェクターの数の多さと基質特異性の広さによるものと考えられている．

トランスポゾン挿入法による解析の結果，*hrp* クラスターは宿主では病原性の発現，非宿主植物では過敏感反応（HR）の誘導に関わっており，

本クラスターを欠失した変異株は病原性を完全に喪失する．

　本細菌のタイプⅢ分泌機構の発現は植物細胞との直接的な接触，低栄養条件，クオラムセンシングによる菌密度などに反応する環境応答ネットワークによって支配されている．

　Pectobacterium 属や *Dickeya* 属細菌による軟腐のメカニズムの分子生物学的解析も近年進展しており，*hrpA*，*hrpB*，*hrcJ*，*hrpD*，*hrpE*，*hrpF*，*hrpG*，*hrcC*，*hrpT*，*hrpV*，*hrpN* などのタイプⅢ分泌機構関連の遺伝子が同定されるとともに，病原性関連遺伝子も解析が進んでいる（表 6-6）．

（3）病原性発現機構

　病原性因子としては下記のようなものが報告されている．本病においては宿主植物の維管束・導管に侵入し，増殖する病原細菌が下記のような種々の病原性関連物質を産生し，萎凋を引き起こすと考えられている．

①細胞外多糖質（EPS）

　本細菌の病原性株はすべて 3-ヒドロキシ酪酸で修飾された N-アセチルガラクトサミン，N-アセチルガラクトサミヌロン酸及び N-アセチルバシロサミンの非分枝重合体から成る高分子の粘着物質を産生する．

　これらの中で最も重要な病原性因子と考えられているのは異成分から成る EPS 1 である．EPS1 は N-アセチルガラクトサミン，デオキシガラクツロン酸及びトリデオキシ-D-グルコースから成るヘテロ三糖の反復ユニットで構成されており，本細菌の最も重要な病原性関連因子と考えられている．EPS 1 の生合成には少なくとも 12 の遺伝子が関与している．*R. solanacearum* は大量の EPS1 を産生し，多糖類の総産生量の 90%以上を占める．

　EPS 1 欠損変異株はほとんど病原性を失い，維管束・導管での増殖能が野生株と比較して著しく劣る．従って，EPS 1 は導管を物理的に閉塞することによって萎凋を引き起こすと考えられてきた．それに加えて，EPS 1 は細菌体の表面を EPS 1 で覆うことによって，宿主組織の認識をかいくぐり，宿主の防御反応から自らを守ると推定されている．

　さらに近年，興味深いことに EPS 1 は宿主の防御反応を引き起こすエリシターとしての機能も有することが明らかとなった．EPS 1 の生合成には 16Kb の *eps* 遺伝子クラスターの存在が必要である．EPS は *R. solanacearum* の侵入などの感染過程で機能するのではなく，明らかに水分の通導組織としての維管束・導管の閉塞に寄与している．*eps* 欠損変異株は萎凋を引き起こすことができない．

②細胞壁分解酵素

　細胞壁接着物質あるいは細胞壁自体を分解するため，*R. solanacearum* は β-1，4-エンドグルカナーゼ（endoglucanase，Egl），エンドポリガラクトロナーゼ（PegA または PglA），エクソポリガラクツロナーゼ（PehB 及び PehC），ペクチンメチルエステラーゼ（PmeA）及びセルラーゼ（CelA）などを産生する．Egl，PehA，PehB，PehC は *R. solanacearum* の萎凋症発現

を量的に制御する．これらの酵素のうち，Pme は病原性に直接は関与しない．また，PehA, PehB, PehC 欠損変異株には病原性の増高が認められる．すなわち，ペクチン・オリゴマーは植物側の防御反応を引き起こす作用を有する可能性が高い．

③植物ホルモン

植物病原細菌が植物の生育異常を引き起こす場合，その病原性発現にはオーキシンやサイトカイニンの産生が必要である．*R. solanacearum* もオーキシン，サイトカイニン及びエチレンを産生するが，それらの役割は明瞭ではない．恐らく，感染初期における，植物組織での定着や感染の効率化に必要であろうと考えられている．

④タイプⅡ分泌エフェクター

Enterobacteriaceae 科に属する多くの細菌と同様，本細菌 *R. solanacearum* は EPS や植物細胞の細胞壁分解酵素を分泌するため，タイプⅡ分泌機構を備えており，病原性にはこれが必須である．最近の研究によれば，多様なタイプⅡ分泌エファクターが宿主での定着や病原性発現に関与することが明らかにされている．

⑤タイプⅢ分泌エフェクター

R. solanacearum の *hrp* クラスターはタイプⅢ分泌機構により，病原性発現に関わるエフェクターを植物細胞に送り込むことを可能にしているが，現時点では個々のエフェクターの正確な機能は明らかにされていない．しかしながら，大部分のエフェクター・タンパクは宿主植物の抵抗反応を抑制する働きをするようである．さらに，本細菌の病原性スペクトラムの広さはエフェクターの数の多さと基質特異性の広さによるものと考えられている．

トランスポゾン挿入法による解析の結果，*hrp* クラスターは宿主では病原性の発現，非宿主植物では過敏感反応（HR）の誘導に関わっており，本クラスターを欠失した変異株は病原性を完全に喪失する．

本細菌のタイプⅢ分泌機構の発現は植物細胞との直接的な接触，低栄養条件，クオラムセンシングによる菌密度などに反応する環境応答ネットワークによって支配されている．

⑥その他の病原性関連遺伝子とその産物

R. solanacearum では複数株で全ゲノムのシークエンスが解析されており，分子遺伝学的な解析により，多数の病原性関連遺伝子が同定されている．

列記した EPS 1 産生，運動性及び細胞壁分解酵素のほか，宿主認識，タイプⅢ分泌機構，宿主の防御反応の抑制などに関わる遺伝子，未同定のエフェクター遺伝子などが見出されている．

本細菌の病原性発現に関与する遺伝子群は細胞壁分解酵素や EPS 産生遺伝子を制御する *phc* 遺伝子産物を含む，精巧なシグナル感知ネットワークによって制御されている．

中でも重要な遺伝子産物として，Pop2 が挙げられる．Pop2 は Yop/AvrRxv タンパクに属するタイプIIIエフェクター・タンパクである．本エフェクターはシロイヌナズナの PRS-R タンパクと相互作用する．また，本タンパクは結合部位 LRR を有し，C-末端に WRKY DNA-結合部位を有する Toll/Interleukin 1 レセプター－ヌクレオタイドを含んでいる．また，Pop2 は脱水に関与するシステイン・プロテアーゼ（RD19）とも相互作用する．

3. 軟腐病における病原性発現

　細菌による軟腐症状はキュウリ，カボチャ，ナス，トマトなどの果実，ジャガイモ，ニンジン，ダイコン，タマネギなど野菜類の貯蔵組織，さらにハクサイ，ホウレンソウ，セロリー，レタスなどの茎葉部など多様な植物の多様な器官で認められる．さらに，軟腐はポストハーベスト病害としても知られ，収穫後の輸送や貯蔵の段階においても発生し，多くの作物で甚大な被害をもたらす．

1) 軟腐を起こす細菌

　軟腐を起こす細菌としては *Pectobacterium carotovorum* subsp. *carotovorum*, *P. atrosepticum*, *Dickeya dadantii*, *Pseudomonas mariginalis*, *P. cichorii*, *Xanthomonas pisi*, *Bacillus* spp., *Crostridium* spp.などが挙げられる．これらのうち最も大きな被害をもたらすものは *Pectobacterium* 属や *Dickeya* 属（共に旧 *Erwinia* 属細菌）細菌で，これらは代表的な軟腐病細菌として知られている．したがって，病原性機構に関する研究もこれらの細菌に関するものが多い．

　軟腐症状の発現は環境条件，とくに温度の影響を受け，*Bacillus* 属細菌や *Clostridium* 属細菌は 25℃以上の高温条件下でジャガイモなどの貯蔵器官の軟腐を引き起こすが，低温下では全く軟腐を起こさない．対照的に，*Pseudomonas* 属に属する軟腐細菌は 20℃以下での低温条件下でも強い病原性を発揮する．*Pectobacterium* 属や *Dickeya* 属に属する軟腐病細菌はこれらのほぼ中間的な性質を有する．

2) 植物病原細菌による軟腐のメカニズム

　軟腐性の *Pectobacterium* 属や *Dickeya* 属細菌においては細胞外でペクチン質が脱エステルや切断によってガラクツロン酸，飽和ジガラクツロン酸及び不飽和ガラクツロン酸に分解される．ガラクツロン酸はグルクロン酸代謝と共通の酵素群によって 2-ケト-3-デオキシグルコン酸（KDG）となる．また，飽和，不飽和ジガラクツロン酸は細胞内に取り込まれ，酵素的分解によってそれぞれガラクツロン酸と 5-ケト-4-デオキシウロン酸，もしくは 2 分子の DKI に分解される．DKI はイソメラーゼによって 2, 5-ジケト-3-デオキシグルコン酸（DKII）となる．DKII は還元されて KDG となる．このように，グルクロン酸，ガラクツロン酸及びジガラクツロン酸の代謝

表 6-7　ペクチナーゼの種類

酵素	基質	切断様式
ペクチンリアーゼ	メチル化ペクチン	トランスエリミネーション
ペクチン酸リアーゼ	ポリガラクツロン酸	トランスエリミネーション
ポロガラクツロナーゼ	ポリガラクツロン酸	加水分解
ペクチンエステラーゼ	メチル化ペクチン	脱エステル化
オリゴガラロン酸リアーゼ	ジガラクツロン酸	トランスエリミネーション

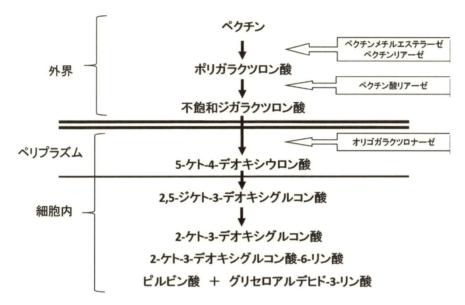

図 6-14　*Pectobacterium carotovorum* subsp. *carotovorum*, *P. carotovorum* subsp. *atrosepticum* 及び *Dickeya chrysanthemi* のペクチン分解経路

はすべて KDG に至る.

　KDG はさらに二段階の反応を経てピルビン酸とグリセルアルデヒド 3-リン酸となって解糖系に入る.

　主要な軟腐病細菌 *Pectobacterium carotovorum* subsp. *carotovorum*, *P. carotovorum* subsp. *atrosepticum* 及び *Dickeya chrysanthemi* のペクチン同化経路を図 6-14 に示した. また, 代表的な軟腐病細菌である *Pectobacterium carotovorum* subsp. *carotovorum* の病原性関連遺伝子を表 6-7 に挙げた.

(1) ペクチン酸リアーゼ (PL) の産生制御機構

　ペクチン酸リアーゼ (PL) を直接植物組織片に処理すると組織崩壊を起こすだけでなく, 細胞死に至る. また, 軟腐は軟腐性の *Pectobacterium* 属や *Dickeya* 属細菌以外の細菌によっても起こるが, PL の産生量は極めて少ない. このようなことから, 軟腐を起こす細菌はペクチン酸リアーゼを大量に産生する特別な機構が備わっていると可能性が高い.

　ペクチン酸リアーゼはその基質であるポリガラクツロン酸 (ペクチン酸) が培地中に炭素源として存在するとその産生が増高する. この現象はポリ

ガラクツロン酸が非誘導条件下で少量生じたペクチン酸リアーゼや exo-PG など他のペクチナーゼによって飽和及び不飽和ジガラクツロン酸となり，これらの酵素によって 2-ケト-3-デオキシ-グルコン酸（KDG）が生成され，この KDG が誘導物質として機能すると考えられている．この誘導物質が過剰となると，逆にカタボライト抑制により産生が抑えられることも明らかとなっている．

また，ペクチン酸リアーゼは細菌の増殖が定常期に達してから，その産生が一段と活発になる．これは基質の存在と関係なく起こることから上記の機構とは別な誘導機構の存在が推定されていたが，ホモセリンラクトン類がこの誘導物質として働くことが明らかとなった．

さらに，軟腐性の *Pectobacterium* 属や *Dickeya* 属細菌は複数のペクチン酸リアーゼ（PL）アイソザイムを産生し，それぞれのアイソザイム産生量が異なるが，その機能解析から，それぞれ独立した制御領域を有することが明らかとなった．

（2）ペクチン酸リアーゼ（PL）の細胞外分泌機構

PL の産生が軟腐性の *Pectobacterium* 属や *Dickeya* 属細菌の病原性発現に重要とは言っても，基質であるペクチン質は細菌体の内部ではなく，外にあるため，細菌細胞はこの PL を効率的に細胞外に分泌する必要がある．いずれの PL 産生遺伝子においても典型的なシグナルペプチドをコードする領域が存在することから，細胞内膜の通過はシグナル仮説で説明が可能である．グラム陰性細菌では内膜に加えて外膜が存在するため，外膜も通過する必要があるが，種々の酵素の外膜透過を可能にする領域が存在することが明らかにされている．

（3）ペクチンリアーゼ（PNL）

ペクチンリアーゼ（PNL）は糸状菌が産生する酵素であり，細菌はこの酵素を産生しないと考えられていた．ところが，1974 年に細菌においてもペクチンリアーゼ（PNL）を産生することが明らかとなった．この酵素の誘導機構は PL のそれとは全く異なっており，基質を加えても全く誘導は起こらず，DNA 損傷条件下でのみ誘導がかかる．しかし，軟腐性 *Pectobacterium* 属や *Dickeya* 属細菌を植物体に接種すると，接種部位で本酵素の高い活性が認められる．このことは植物体内に DNA 損傷物質が存在することを示唆しているが，実際そのことは実験的にも証明されている．PNL も単独で植物体の組織崩壊を起こすが，PL や PG との共存によってペクチン質を効率的に低分子まで分解することが明らかにされている．したがって，PNL も軟腐性の *Pectobacterium* 属や *Dickeya* 属細菌の病原性発現に重要な役割を果たしているものと考えられる．

（4）その他の軟腐に関与する病原性因子

軟腐を引き起こす細菌が産生する病原性因子は上記したものが主なものであるが，このほかにもペクチナーゼ，セルラーゼ，プロテアーゼなどの酵素を分泌することが明らかにされている．さらに，それらの産生に関

与する遺伝子もクローニングされ，配列も明らかにされている．

4. 壊死斑病における病原性発現

壊死斑型の病徴を引き起こす代表的な細菌は *Pseudomonas syringae* 群である．

壊死斑型の病徴では壊死斑（ネクロシス）の周囲にハローを伴うことが多い．ハローの形成は細菌が産生する毒素による．この毒素は前述したように非特異的毒素である．とくに *Pseudomonas syringae* グループの細菌で，この面の研究が進んでいる．

代表的なものはタバコ野火病菌（*P. syringae* pv. *tabaci*），インゲンかさ枯病菌（*P. syringae* pv. *phaseolicola*）のファゼオロトキシンである．また，イタリアンライグラスかさ枯病菌 *P. syringae* pv. *atropurpurea*，ダイズ斑点細菌病菌 *P. syringae* pv. *glycinea*，トマト斑葉病菌 *P. syringae* pv. *tomato* 及びハクサイ黒斑細菌病菌 *P. syringae* pv. *maculicola* はいずれもコロナチンを産生する．

これらの毒素はいずれも黄化症状（クロロシス）を誘導するが，ネクロシスの形成には関与しない．また，イタリアンライグラスかさ枯病菌の場合，コロナチン非産生株は病原性そのものを失う．コロナチンの生合成に関与する遺伝子はプラスミド上に座位する．

1）*Pseudomonas syringae* 群の病原性発現機構

Pseudomonas syringae には多数の pathovar が存在し，それらが引き起こす病徴も斑点，こぶなどの増生，かいよう，黄化など多様である．しかし，感染様式はほぼ同じで，主に気孔から侵入し，柔組織の細胞間隙で増殖した後，維管束の導管内で旺盛に増殖し，発病に至らしめる．

このグループの病原性発現機構に関する研究は発病因子の解析，宿主特異性の解明，レース特異性遺伝子の解析などであるが，中でもシロイロナズナに病原性を有する *P. syringae* pv. *tomato* DC3000 株の全ゲノムの解析が完了したため，宿主-病原の双方のゲノム情報を駆使することが可能となり，多くの研究グループがこの系を用いて植物-微生物相互作用の解析を行っている．

また，レース特異的抵抗性遺伝子もダイズ-*P. syringae* pv. *glycinea* で最初に見出された．このように，植物-微生物相互作用の解析のためのモデル系として，この *Pseudomonas syringae* 群は非常に重要で

図 6-15　エンドウ胚軸におけるエンドウつる枯細菌病菌（*Pseudomonas syringae* pv. *pisi*）の柔組織及び維管束・導管における増殖

ある.

Pseudomonas syringae の病原性発現においては，鞭毛の運動性や鞭毛構成タンパク質フラジェリンの糖鎖構造がまず重要とされている.

(1) 発病因子の遺伝子解析

Pseudomonas syringae 群の細菌の感染においては様々な分泌機構を駆使して，細菌体で生成されるエフェクター・タンパクが植物細胞に注入される．その主たるものはタイプⅢ分泌機構（*hrp* 及び *hrc* クラスターで）によって注入される．注入されるタンパク質は植物側の防御機構の調節因子（regulator）の発現や壊死反応（HR）の起動など植物の防御機構を攪乱するエフェクター，Avrタンパクあるいは Hop（Hrp-dependent out protein）である．なお，*P. syringae* pv. *syringae* の自然発生の非病原性系統はタイプⅢ分泌機構を欠いていることから，この分泌機構が病原性発現に必須であることを示唆している.

Hop タンパクは細菌細胞内で N-末端の塩基配列とエフェクターを特異的に認識するシャペロンによってタイプⅢ分泌機構装置に移送される.

大部分の Hop タンパクの N-末端側には特徴的な 12 のアミノ酸残基があり，高いセリン含量が特徴で，ロイシンやイソロイシンあるいはバリンといった脂肪族アミノ酸や酸性のアミノ酸は含まない．この N-末端の配列がタイプⅢ分泌機構を通っての移行に必要と考えられている.

Pseudomonas syringae の pathovar 全体では 150 以上のエフェクター遺伝子が同定されており，それらの遺伝子は染色体上もしくはプラスミド上に座乗し，*hrp* 病原性アイランドに連鎖している．*Pseudomonas syringae* pv. *maculicola* の *hrpZ*, *hrpL* 及び *hrpS* はシグマ・ファクターである RpoN によって制御されており，病原性の発現に必須である．病原性発現に関与する TetR 様制御因子が *Pseudomonas syringae* pv. *tomato* で見出されている．また，本細菌では GacA/GacS が病原性発現の主要調節因子として機能している.

イタリアンライグラスかさ枯病菌（*P. syringae* pv. *atropurpurea*）ではコロナチン合成遺伝子プラスミド（pCOR）上に座乗する．一方，*P. syringae* pv. *savastanoi* のインドール酢酸（IAA）合成遺伝子はプラスミド（pIAA）もしくは染色体上にコードされている．インゲンかさ枯病菌（*P. syringae* pv. *phaseolicola*）のファゼオロトキシン合成遺伝子や *P. syringae* pv. *syringae* のシリンゴマイシン及びシリンゴトキシン合成遺伝子はいずれも染色体上に座乗する．シリンゴマイシン合成遺伝子としてはこれまで *syrA*（2.3〜2.8Kb），*syrB*（2.4〜3.3Kb）という 2 個の遺伝子座が同定されている．これらはシリンゴマイシン合成に関与する 5 種のタンパクのうち，合成酵素の構成成分と考えられている SR4（350KDa）及び SR5（130KDa）の 2 種のタンパクをコードしていることが明らかにされている.

(2) 非特異的毒素

hrp 遺伝子に支配されるタイプⅢ分泌機構により分泌されるエフェクタ

一，タイプⅡ分泌機構を介して分泌される酵素類，例えば植物の細胞壁を分解するペクチナーゼやエステラーゼなど加水分解酵素等の分泌，さらに環境変化や菌体密度に応答して病原性遺伝子の発現制御するのをGac2成分制御システムや菌体密度感知機構であるクオラムセンシング（quorum sensing）など，他の病原細菌と同様，この*Pseudomonas syringae*群には複雑な病原性発現機構が存在する．

これらの中でタイプⅢ分泌機構はグラム陰性の病原性発現に不可欠であるとされているが，ゲノム情報からのエフェクターの種類は多数あって，しかもそれらの標的分子も多彩であり，現時点では機能が不明なものも多い．

それらのエフェクターの中で，*P. syringae* pv. *tomato* DC3000のHopPtoD2はタンパク質脱リン酸化酵素として機能し，MAPキナーゼ経路を阻害することが明らかにされている．また，AvrPphBやAvrRpt2などはPBS1やRIN4といった植物側の防御応答に関わる分子を分解するプロテアーゼであることが明らかにされている．

このようなことから，毒素も宿主の認識とそれに続く防御応答の始動を回避し，感染を成立させる役割を果たしていると考えられる．

インゲン褐斑細菌病菌（*P. viridiflava*，かつては*P. syringae* pv. *syringae*とされていた）は非特異的毒素シリンゴマイシンを産生する．分子遺伝学的解析の結果，この毒素は認識の過程では機能しない．本細菌をトランスポゾン挿入法によって非病原性変異株にすると，多形質突然変異が起こり，HR誘導能を失うとともに，集落型も流動性に変異する．したがって，菌体表面構造に変化が生じているものと考えられる．

（3）その他の病原性関連物質

さらに*Pseudomonas syringae*によって産生される病原性関連物質としては，細胞外多糖質（EPS），植物ホルモン，細胞壁分解酵素，タイプⅣ分泌機構によって分泌されるピリン（pilin）などがある．また，*Pseudomonas syringae* pv. *glycinea*は環境適応や病原性に関与するアルジネートを分泌する．

このように，*Pseudomonas syringae*群は広い宿主域を有する根拠となる多様な病原性因子で植物を攻撃し，効率的に病原性を発現するシステムを備えている．

以上のように，植物病原細菌の病原性発現機構は実に多様である．しかし，宿主の防御反応をかいくぐり，植物組織内で増殖するためにタイプⅢ分泌機構を中心として種々のエフェクターを植物側に送り込み，さらに毒素などを産生して，細菌側に有利な状況を形成してゆくことにより感染を成立させる．今日，植物-微生物相互作用の解析は植物病理学といった限られた分野のみでなく，植物生理学，微生物学，分子生物学など多くの分野でモデル系として研究が展開している．植物病原細菌は病原微生物の中

にあって，とくにこのような解析に適したモデルと言える．それはゲノムのサイズが小さいため，ゲノム解析が急速に進展し，ゲノム情報が活用できること，形質転換がきわめて容易なこと，培養が簡単であること，植物組織内での細菌数の定量が可能なこと，糸状菌のような形態形成を伴わないことから簡単な解析系が構築できること，などである．したがって，今後，ゲノム情報を基盤とした，植物との相互作用の全体像が明らかにされることが期待される．

参考文献

1) Alfano J. R., and Guo M. (2003). The *Pseudomonas syringae* Hrp (type III) Protein secretion system: Advances in the new millennium. In "Plant-Microbe Interactions" (G. Stacey and N. T. Keen, eds.), Vol.6. pp.227-258.
2) Atkinson M. M. and Baker C. J. (1987b). Association of host plasma membrane K^+/H^+ exchange with multiplication of *Pseudomonas syringae* pv. *syringae* in *Phaseolus vulgaris*. Phytopathology 77 : 1273-9.
3) Atkinson M. M., Huang J.-S. and Van Dyke C. G. (1981). Adsorption of pseudomonads to tobacco cell walls and its significance to bacterium-host interactions. Physiol. Plant Pathol. 18: 1-5.
4) Atkinson M. M., Huang J.-S. and Van Dyke C. G. (1981). Adsorption of pseudomonads to tobacco cell walls and its significance to bacterium-host interactions. Physiol. Plant Pathol. 18: 1-5.
5) Barras F., van Gijseman F. and Chatterjee A. K. (1994). Extracellular enzymes and pathogenesis of soft-rot erwinias. Annu. Rev. Phytopathol. 32: 201-234.
6) Baker C. J., Atkinson M. M. and Collmer A. (1987). Concurrent loss of Tn5 mutants of *Pseudomonas syringae* pv. *syringae* of the ability to induce the HR and host plasma membrane K^+/H^+ exchange in tobacco. Phytopathology 77: 1268-72.
7) Barton-Willis P. A., Wang M. C., Holliday M. J., Long M. R. and Keen N. T. (1984). Purification and composition of lipopolysaccharides from *Pseudomonas syringae* pv. *glycinea*. Physiol. Plant Pathol. 25: 387-98.
8) Burr T. J. and Otten L. (1999). Crown gall of grape: Biology and disease management. Annu. Rev. Phytopathol. 37: 53-80.
9) Cao H., Baldini R. L. and Rahme L. G. (2001). Common mechanisms for pathogens of plant and animals. Annu. Rev. Phytopathol. 39: 259-284.
10) Chen Z., Kloek A. P., Boch J., et al. (2000). The *Pseudomonas syringae avrRpt2* gene product promotes pathogen virulence from inside plant cells. Mol. Plant-Microbe Interact. 13: 1312-1321.
11) Comai L., Surico G., and Kosuge T. (1982). Relations of plasmid DNA to indoleacetic acid production in different strains of *Pseudomonas syringae* pv. *savastanoi*. J. Gen. Microbiol. 128: 2157-2163.
12) Daly J. M. and Deverall B. J., eds. (1983). "Toxins in Plant Pathogenesis." Academic Press, New York.
13) Daniels M. J., Dow J. M., and Osborn A. E. (1988). Molecular genetics of pathogenicity in phytopathogenic bacteria. Ann. Rev. Phytopathol. 26: 285-312.
14) Denny T. P. (1995). Involvement of bacterial polysaccharides in plant pathogenesis. Annu. Rev. Phytopathol. 33: 173-197.
15) Diachun S. and Troutman J. (1954). Multiplication of *Pseudomonas tabaci* in leaves of burley tobacco, *Nicotiana longiflora*, and hybrids. Phytopathology 44: 186-7.

16) Dow M., Newman M.-A. and von Roepenack E. (2000). The induction and modulation of plant defense responses by bacterial lipopolysaccharides. Annu. Rev. Phytopathol. 38: 241-261.
17) Dublin R. D. (1991). Bacterial phytotoxins: Mechanisms of action. Experientia 47: 776-783.
18) Fritig B. and LeGrand M. (1993)."Mechanisms of Plant Defense Responses." Kluwer, Dordrecht, The Netherlands.
19) Goodman R. N., Kiraly Z. and Zaitlin M. (1967). "The Biochemistry and Physiology of Infectious Plant Disease." Van Nostrand-Reinhold, Princeton, NJ.
20) Graniti A., et. al., eds. (1989). "Phytotoxins and Plant Pathogenesis." Springer-Verlag, Berlin.
21) Hammerschmidt R. (1999). Phytoalexins: What we have learned after 60 years? Annu. Rev. Phytopathol. 37: 285-306.
22) Harper S., Zewdie N., Brown I. R. and Mansfield J. W. (1987). Histological, physiological and genetical studies of the responses of leaves and pods of *Phaseolus vulgaris* to three races of *Pseudomonas syringae* pv. *phaseolicola* and to *Pseudomonas syringae* pv. *coronafaciens*. Physiol. Mol. Plant Pathol. 31: 153-72.
23) He S.Y. (1998). Type III protein secretion systems in plant and animal pathogenic bacteria. Annu. Rev. Phytopathol. 36: 363-392.
24) Hooykaas P. J. J. and Beijersbergen A. G. M. (1994). The virulence system of *Agrobacterium tumefaciens*. Annu. Rev. Phytopathol. 32: 157-179.
25) Horsfall J. G. and Cowling E. B., eds,(1979). "Plant Diseases," Vol, 4. Academic Press, New York.
26) Jahr H., Dreier J., Meletzus D., et al. (2000). The endo-β-1,4-glucanase CelA of *Clavibacter michiganensis* subsp. *michiganensis* is a pathogenicity determinant required for induction of bacterial wilt of tomato. Mol. Plant-Microbe Interact. 13: 703-714.
27) Keen N. T. (2000). A century of plant pathology: A retrospective view on understanding host-parasite interactions. Annu. Rev. Phytopathol. 38: 31-48.
28) Kosuge T. and Nester E. W.,eds. (1984). "Plant-Microbe Interactions: Molecular and Genetic Perspective," Vol.1. Macmillan, New York.
29) Manulis S. and Barash I. (2003). Molecular bais for transformation of an epiphyte into a gall-forming pathogen, as exemplified by *Erwinia herbicola* pv. *gypsophilae*. In "Plant Microbe Interactions" (G. Stacey and N. T. Keen, eds.), Vol. 6. pp.19-52.
30) Marcell L. M. and Beattie, G. A.(2002). Effect of leaf surface waxes on leaf colonization by *Pantoea agglomerans* and *Clavibacter michiganensis*. Mol. Plant-Microbe Interact. 15: 1236-1244.
31) Niepold F. and Huber S. J. (1988). Surface antigens of *Pseudomonas syringae* pv. *syringae* are associated with pathogenicity. Physiol. Mol. Plant Pathol. 33, 459-71.
32) Rantakari W., Virtaharju O., Vähämiko S., et al. (2001). Type III serection contributes to the pathogenesis of the soft-rot pathogen *Erwinia carotovora*: Partial characterization of the *hrp* gene cluster. Mol. Plant-Microbe Interact. 14: 962-968.
33) Ream W. (1989). *Agrobacterium tumefaciens* and interkingdom genetic exchange. Annu. Rev. Phytopathol. 27: 583-618.
34) Schell M. A. (2000). Control of virulence and pathogenicity genes of *Ralstonia solanacearum* by an elaborate sensory network. Annu. Rev. Phytopathol. 38, 263-292.
35) Singh U. S., Singh P. R. and Kohmoto K. (1994). "Pathogenesis and Host Specificity in Plant Diseases: Histopathological, Biochemical, Genetic and Molecular Bases," Vols.1-3. Pergamon/Elsevier, Tarrytown, NY.

36) Stall R. E. and Hall C. B. (1984). Chlorosis and ethylene production in pepper leaves infected by *Xanthomonas campestris* pv. *vesicatoria*. Phytopathology 74: 373-375.
37) Taylor J. L. (2003). Transporters involved in communication, attack or defense in plant-microbe interactions. In "Plant-Microbe Interactions" (G. Stacey and N. T. Keen, eds.). Vol.6. pp.97-146.
38) Wu Y.-Q. and Hohn B. (2003). Cellular transfer and chromosomal integration of T-DNA during Agrobacterium tumefaciens-mediated plant transformation. In "Plant-Microbe Interactions" (G. Stacey and N. T. Keen, eds.). Vol.6. pp.1-18.
39) Yamada T. (1993). The role of auxins in plant disease development. Annu. Rev. Phytopathol. 31: 253-273.

第7章 植物の病原細菌に対する抵抗性と防御機構

I. 植物の病原細菌に対する抵抗性

1. 細菌の病原性分化と植物の抵抗性

　自然界には多数の病原が存在するが，実は病原微生物はどの植物をも犯すものではない．代表的な植物病原菌であるイネいもち病菌は野菜を犯すことはないし，ジャガイモ疫病菌がイネに病気を起こすこともない．つまるところ特定の病原微生物が特定の植物を侵すにすぎないのである．このような現象を寄生の特異性という．

　さて，このような現象がみられるのは菌類病だけではなく，細菌による病害でもみられる．イネいもち病菌と並んで，世界的に重要なイネの病原であるイネ白葉枯病菌でも同様な現象がみられる．また，イネいもち病菌にしても，イネ白葉枯病菌にしてもこのような関係は品種レベルで特異性が存在する．

　このように抵抗性というのは病気が起こらない植物-病原菌相互作用を宿主側，つまり病原菌側からみるのではなく，植物側からみたものである．

1) 病原性の分化とレース

　菌類病の場合，形態的には全く同じであっても，病原性（寄生性）系統が存在する．このように一つの種内に宿主範囲を異にする系統が存在することは知られていたが，Eriksson は麦類黒さび病菌（*Puccinia graminis*）の中にコムギ，エンバク，ライムギなどに対する病原性が異なる系統が存在することを接種試験によって実験的に明らかにし，それらを分化型（forma specialis，略して f. sp.）と称した．

　細菌病の場合も同様な現象が存在する．ある種の病原細菌には品種に対して病原性が異なる場合，菌類病の分化型に相当するのは subspecies（略して subsp.）である．また，同じ種で，病原性が異なる系統は pathovar と称する．

　さらに Stakman らは一つの分化型にも品種レベルで病原性を異にする系統が存在することを明らかにし，それらを生理型（physiological race）と称した．現在では，単にレース（race）と呼ぶ．彼らはレースを分別するために複数の，感受性を異にする品種を供試したが，それらの品種は判別品種（differential cultivar or variety）と称される．このようなレース分化は細菌病にも適用される．イネ白葉枯病やワタ角斑病のように，作物としての栽培の歴史が長く，品種の改良にも長い歴史を有する植物の場合，病原細菌には多数のレースが存在する傾向がある．

図 7-1　イネ白葉枯病に対するイネ品種の抵抗性
　　　　左：圃場（IRRI マビタック試験圃場）における自然発病の品種間差異，
　　　　右：同一レースの人工接種による反応の品種間差異

2) 植物の抵抗性

　植物は常に微生物を中心とする病原体による感染の危機にさらされている．しかし，病原微生物が植物と遭遇しても，常に感染が起こり，病害が発生するわけではない．むしろ，感染が起こるのは病原微生物が感受性の宿主植物と遭遇し，適当な発生環境などが揃って初めて病気が起こるのである．このように，植物は大方の病原体に抵抗性あるいは免疫性であるというのが自然の姿である．

（1）抵抗性の定義

　作物の栽培においては抵抗性を利用して病害から作物を守るというのは病害防除の基本であり，また研究の場面でも抵抗性というのはさまざまな用語が飛び交う世界であるため，まず抵抗性に関する術語を整理しておく．

　病原体の侵入に対して，植物がもともと備えている抵抗性を静的抵抗性（static resistance），もしくは構成的抵抗性（constitutive resistance）という．先在性の抗菌物質の存在，侵入口である気孔や水孔の形態などがその要因となっている．これに対して，病原体の攻撃に対して，新たに誘導される抵抗性を動的抵抗性（active resistance），誘導抵抗性（induced resistance）と称する．

　育種学的見地に立つと，作物の品種レベルでの抵抗性を品種特異的抵抗性（cultivar-specific resistance）もしくは略して品種抵抗性という術語が用いられる．このような抵抗性は単一の，あるいは少数の主働遺伝子によって支配される．遺伝子の作用は強く，育種的に取り扱いが容易な反面，抵抗性の崩壊が起こりやすい．遺伝学的背景から，この種の抵抗性は質的抵抗性（qualitative resistance），真正抵抗性あるいは垂直抵抗性（vertical resistance）と呼ばれる．一方，これに対して品種特異性が少なく，あるいはない抵抗性を量的抵抗性（quantitative resistance），圃場抵抗性（field resistance），もしくは水平抵抗性（horizontal resistance）と称する．

より広域の，より高度な抵抗性品種を育成するために，抵抗性遺伝子源として野生植物や近縁種が利用されることもある．

表7-1 遺伝子対遺伝子説における植物側の R 遺伝子と病原側の avr 遺伝子間の相互作用

R 遺伝子	avr 遺伝子	
	a	A
r	S	S
R	S	R

（2）遺伝子対遺伝子説（gene-for-gene theory）

この遺伝子対遺伝子説は Flor が唱えたもので，植物の病原による感染が植物側の抵抗性遺伝子（resistance gene, R）と，それに対応する病原側の非病原性遺伝子（avirulence gene, Avr）の組合わせによって決定されるというものである．

表 7-1 に示すように，品種特異的抵抗性は，病原菌の非病原力遺伝子（avirulence gene）と品種の抵抗性遺伝子（resistance gene）の組み合わせで発現し，一方，病原力遺伝子（virulence gene）と品種の感受性遺伝子（susceptible gene）の組み合わせでのみ，発病が起こるという説である．この非親和性の品種-レースの組み合わせにおける抵抗反応が Flor の遺伝子対遺伝子説によって説明できることは非病原性遺伝子のクローニングによって明らかとなった．

このような少数の主働遺伝子によって発現する抵抗性は，現象的には動的抵抗性として現れる．この主働遺伝子はその作用が非常に強く，環境条件などの影響を受けにくいという利点があるが，反面，単一の主働遺伝子を持った品種は抵抗性の崩壊が起こりやすいという欠点がある．

（3）植物の生育ステージと抵抗性発現

一般に植物は生育ステージが進むにつれて病害に対する抵抗性が高まる．植物細菌病における抵抗性もその例外ではない．

イネ白葉枯病に対するイネの抵抗性もその典型的な例である．イネ白葉枯病抵抗性遺伝子はこれまで 30 以上報告されているが，それらの中で *Xa-w*（現在は *Xa3*）抵抗性遺伝子に支配される早稲愛国3号の抵抗性はもっともよく調査された例である．すなわち，本抵抗性遺伝子は苗の生育段階に依存しており，4-5 葉期の幼苗では抵抗性の発現は不完全で，しばしば罹病反応を示す．そして，7-8 葉期に至って抵抗性の発現は安定する．このような現象は *Xa3* 抵抗性遺伝子を有する他の早稲愛国群品種にも共通であることがわかった．また，幼苗における抵抗性は生育ステージだけでなく，個々の葉によっても異なり，完全展開葉でも葉位によって抵抗性発現が異なることから，6-7 葉期に上から 3 枚目の葉に接種するのが薦められている．

2. 代表的な細菌病における細菌のレースと品種抵抗性

植物病原細菌と宿主植物との関係は単純な関係から複雑なものまでさまざまである．一般に作物としての栽培の歴史が古いものほど作物の品種と植物病原細菌の関係は共進化によって複雑となる．すなわち，このような場合，同一種の細菌でありながら品種に対して病原性が異なるという現象がみられる．これをレース分化といい，病原性が異なるそれぞれのグループをレースと称する．イネを例にとると，イネ白葉枯病のような病害では世界で少なくとも40以上，さらに詳細に調査すれば夥しい数のレースの存在が明らかとなるであろう．一方，このような作物-植物病原細菌の系では宿主側の抵抗性遺伝子の数も多数報告されている．

1) イネ白葉枯病

イネ白葉枯病は我が国のみならず，イネの栽培国，さらに植物細菌病のモデル系として多くの国々で研究が行われてきた．イネの栽培国での研究の主たる部分は耐病性育種の基礎となる品種抵抗性と病原細菌のレース分化に関するものである．それは本病の防除が，とくに開発途上国では抵抗性品種の栽培に頼らざるえないためである．

本病におけるレースの分化に関する研究の端緒は1958年に起きた，それまで抵抗性品種とされていたアサカゼの罹病化であった．これを契機にイネ品種の本病抵抗性と病原細菌の病原性，そしてそれらの相互作用，抵抗性の遺伝分析などに関する研究が進められてきた．

イネ白葉枯病菌の病原性とイネ品種の抵抗性の関係に基づく分類方式は最初，高坂によって確立された．本方式によれば品種は金南風，黄玉，Rantai Emas 及び早稲愛国の4つの品種群に，一方病原細菌は3つの菌群に分けられた．この分類法はきわめて明快で，それまでの種々の分類方式の統合版ともいうべきものであった．従って，それ以降の分類は高坂の分類法を基盤とし，新しいレースや品種群が加えるられるという形がとられている（表 7-2）．例えば，Yamamoto らによる，インドネシアにおける品種とイネ白葉枯病菌を用いた研究によって，新たに Java 群とⅣ群

表 7-2　イネ白葉枯病菌レースと判別品種との相互関係*

品種群	代表的品種	各レースに対する反応**						
		Ⅰ	Ⅱ	Ⅲ	Ⅳ	Ⅴ	Ⅵ	Ⅶ
金南風群	金南風，十石，農林 37 号	S	S	S	S	S	S	S
黄玉群	黄玉，全章 17 号，農林 27 号	R	S	S	S	R	R	S
Rantai Emas 群	Rantai Emas 2, Te-tep, Nigeria 5	R	R	S	S	R	S	R
早生愛国群	早生愛国 3 号，Kuntulan，中国 45 号	R	R	R	S	S	R	S
Java 群	Java 14, Amareiyo, 姫系 16 号	R	R	R	S	R	R	S
Elwee 群	Elwee, IR 2071-636-5-5, Dickwee-1	R	R	R	S	R	−	−
Heen Dikwee 群	Heen Dikwee-1, M 104, M304	S	R	R	S	−	−	−

*：高坂（1969），Ezuka and Horino (1974)，Yamamoto et al. (1977)，Horino and Hartini (1978)，山田ら（1979），野田（1989）の報告をまとめたものである．
**：R：抵抗性，S：感受性，−：未検定．

菌及びV群菌が加えられた．また，ここで注目すべきは抵抗性の逆転現象がイネ白葉枯病で初めて見い出されたことで，これによりイネ白葉枯病のレースという概念が確立したと言える．さらに山田らにより，Elwee 群と Heen Dikwee 群という二つの新品種群を加えられ，一方，レースについても新しくⅥ群菌及びⅦ群菌が報告されている（表 7-2）．

表 7-3　IRRI で育成されたイネ白葉枯病菌レース検定のための国際判別品種

判別品種	イネの生態型	R 遺伝子
IR-BB 1	インディカ	Xa1
IR-BB 2	インディカ	Xa2
IR-BB 3	インディカ	Xa3
IR-BB 4	インディカ	Xa4
IR-BB 5	インディカ	xa5
IR-BB 7	インディカ	Xa7
IR-BB 8	インディカ	xa8
IR-BB 10	インディカ	Xa10
IR-BB 11	インディカ	Xa11
IR-BB 21	インディカ	Xa21
IR24	インディカ	Xa1,Xa12
トヨニシキ	ジャポニカ	Xa18
BJ1	インディカ	xa5,Xa7
台中在来 1 号	インディカ	Xa14
あそみのり	ジャポニカ	Xa17

また，この判別体系を利用して我が国におけるレース分布の調査が九州，中国及び北陸農業試験場によって行われた．とくに，北陸農試による調査は全国規模で十数年間，隔年で行われ，その結果，我が国におけるレース分布の概要と年次変動が明らかとなった．それらの調査によれば我が国の主要なレースはレースⅠとレースⅡであり，その他のレースはごくわずかしか存在せず，分布地域も限られていた．

このようにして我が国におけるイネ白葉枯病菌のレース判別体系は確立したが，我が国だけでなく，インドネシア，インド，タイ，フィリピン，中国などイネ白葉枯病の発生国ではそれぞれの国のレース判別体系が存在し，共通の基盤がなかった．そこで，共通の土俵に上がって耐病性育種を推進しようとする動きがあった．この国際的なレース判別体系を作り上げるため，我が国と IRRI（国際イネ研究所）との国際共同研究が行われ，各抵抗性遺伝子を有する準同質遺伝子系統の育成，抵抗性の遺伝分析，アジア各国のレース分布などの共同研究の成果により，現在では表のような国際判別品種が研究や耐病性育種で広く用いられている（表 7-3）．

このように，イネ白葉枯病に対しては品種抵抗性が存在し，しかも防除面で有効な農薬が少なく，さらに発展途上国にあっては経済的に農薬の使用に制約があるため，抵抗性品種の栽培が重要な意味を持つ．この抵抗性品種育成の基礎として，抵抗性の遺伝分析が我が国で始まり，さらに IRRI や各国でも行われるようになって，現在 30 個を超える抵抗性遺伝子が報告されている（表 7-4）．

これらの抵抗性遺伝子は単一の優性遺伝子が多いが，不完全優性遺伝子や劣性遺伝子も含まれ，さらに数個の遺伝子が関与していたり，非常に多様である．抵抗性遺伝子のほとんどは，第 4 染色体か第 11 染色体上に座

表 7-4　イネ白葉枯に対する抵抗性遺伝子

遺伝子	品種	座位	文献
Xa1	黄玉	染色体 4	坂口（1967）
Xa1^h	IR28，IR29，IR30		Yamada (1984)
Xa2	Rantai Emas 2，Te-tep	染色体 4	坂口（1967）
Xa3	早生愛国 3 号，中国 45 号	染色体 11	Ezuka et al. (1975)
Xa4	TKM6，IR20，IR22	染色体 11	Petpisit eu al. (1977)
Xa4^h	Semora Mangga		Librojo et al. (1976)
xa5	DZ192，IR1545-339	染色体 5	Petpisit eu al. (1977)
Xa6	Zenith		Sidhu and Khushu (1978)
Xa7	DV85		Sidhu et al. (1978)
xa8	PI1231129		Sidhu et al. (1978)
xa9	Sateng		Sidhu et al. (1983)
Xa10	Cas209	染色体 11	Yoshimura et al. (1983)
Xa11	Elwee，IR8，RP9-3		Ogawa and Yamamoto (1986)
Xa12	黄玉，ジャワ No.14	染色体 4	Ogawa et al. (1987)
Xa12^h	IR28，IR29，IR30		Yamada (1984)
Xa13	BJI，Chinsurah Boro II	染色体 5	Ogawa et al. (1987)
Xa14	TNI(Taichung Native1)		Taura et al. (1987)
Xa16	Te-tep		Noda and Ohuchi (1985)
Xa17	あそみのり		Ogawa et al. (1989)
Xa18	IR24		Yamamoto and Ogawa (1990)
Xa19	XM5		Taura et al. (1991)
Xa20	XM6		Taura et al. (1992)
Xa21	*Oryza longistaminata*	染色体 11	Ikeda et al. (1990)

乗しているのが興味深い．また感染型が存在するのも特徴で，抵抗反応も無病徴や褐変，さらに小型黄斑と多様である．また，一つのレースに主働遺伝子が 2 個作用する系も存在し，その場合，2 個の遺伝子の相加効果が認められる．これらの現象は希釈平板法により，植物組織内の細菌数の定量が可能なため明らかになったことで，このように細菌の系では抵抗性発現の程度が細菌数で評価できるという利点がある．

　広域スペクトラムの，より高度な抵抗性を求めて，野生種や近縁種が抵抗性遺伝子源として利用されることがあるが，細菌病においては，イネ白葉枯病での野生稲の抵抗性の導入が有名である．これはアフリカの野生稲 *Oryza longistaminata* がイネ白葉枯病に対して高度抵抗性を有し，しかも幅広いレースに有効であることが知られており，インドに導入された．その後，IRRI において本病抵抗性の遺伝分析が行われ，新しい遺伝子 *Xa21* が同定された．さらに，米国において遺伝子の構造解析が行われ，また各国で本病抵抗性の野生稲の探索が始まった．

2）ダイズ斑点細菌病

　本病は冷涼な気候条件下で多発する．我が国では主に関東以北で発生が多く，発生した場合には被害が大きく，ダイズの重要病害の一つである．

表 7-5　ダイズ斑点病細菌のレースと判別品種の反応 [a]

レース No.	判別品種						
	Acme	Chippewa	Flambeau	Harosoy	Lindarin	Merit	Norchief
1	S[d]	R	S	R	R	R	R
2	S	R (S)[c]	S	S	S	I (S)	I (S)
3	S	R	R	S	S	I	I
4	S	I (S)	S	S	S	S	S
5	R	R	R	S	R	S	R
6	R	R	S	R	R	R	S
7	S	R	R	S	R	R	R
8[b]	I (S)	I (S)	I (S)	I (S)	R	I (S)	I (S)
9[c]	R	S (R)[e]	R	S (R)[e]	S (R)[e]	S (R)[e]	R (S)[e]

[a] Cross et al. (1966).　[b] Thomas and Leary (1980).　[c] Gnanamanickam and Ward (1982).　[d] S：感受性，R：抵抗性，I：中間型．　[e] Fett and Sequeira (1981).

表 7-6　インゲンの判別品種のかさ枯病細菌レースに対する反応

レース	Canadian Wonder	Red Mexican	Tendergreen
1	S	HR	S
2	S	S	S
3	S	S	HR

S：susceptible interaction，HR：過敏感反応（抵抗性）

　本病の病原細菌 *Pseudomonas syringae* pv. *glycinea* レースについては最初ヨーロッパで研究が開始され，その後，米国でも研究が始まって現在では表 7-5 のようなレース判別体系が出来上がっている．しかしながら，我が国でのレースに関する報告はない．

　最初，7 判別品種に対する病原性から 7 レースに分類されていたが，その後 2 レースが追加され，表のように計 9 レースとなっている．しかし，本病では植物の生育ステージ，接種時期，環境など多くの要因で，抵抗性発現の変動が大きく，相互反応が安定していないため研究者によって反応の判定が異なることもある．また，ダイズ側の抵抗性の遺伝分析も進んでおり，いずれも単一の優性遺伝子支配である．

3）インゲンかさ枯病

　本病は米国で 1926 年に初めて発見されたインゲンの重要病害であるが，我が国でも時に大きな被害をもたらすことがある．

　本病の病原細菌 *Pseudomonas syringae* pv. *phaseolocola* は，Red Mexican UI-3 と Tendergreen の 2 判別品種に対する病原性から 3 つのレースに分類されている（表 7-6）．

4）トウガラシ斑点細菌病

　本病原細菌 *Xanthomonas campestris* pv. *vesicatoria* はトウガラシとトマト

の葉肉組織への注射接種に対する反応から，大別してトウガラシ系統とトマト系統に大別される．トマト系統はトマトのみに感受性反応を誘導する．一方，トウガラシ系統はトウガラシのP.I.163192に対する病原性から2つのレースに分かれる．レース1は一般栽培品種及びP.I.163192に感受性反応を誘導する．一方，

表 7-7 トウガラシ斑点細菌病菌のレースと判別品種の反応

判別品種	レース[b]		
	I	II	III
ECW（Early Calwonder）	S	S	S
ECW-10R	S	H	S
ECW-20R	H	H	H
ECW-30R	H	S	S

[a] Pohronezny et al.（1992）より作成．
[b] S：感受性反応，H：過敏感反応．

レース2は判別品種に過敏感反応を誘導する．この抵抗性の遺伝解析から *Bs1*, *Bs2* 及び *Bs3* の3個の抵抗性遺伝子が明らかにされた．過敏感反応はこれらの抵抗性遺伝子に支配されている．すなわち，*Bs1* はレース2に対する過敏感反応を，*Bs2* と *Bs3* はそれぞれレース1とレース2の両者に対する過敏感反応を支配している．さらに，レース1とレース2に過敏感反応を示す系統も育成され，近年新たにレース3が出現し，相互作用は表7-7のように改変されている．

5）ワタ角斑病

本病は Flor による遺伝子対遺伝子説が適用される典型的なレースの存在が証明されている系の一つである．研究は主として米国で行われ，8判別品種に対する病原性から病原細菌は *Xanthomonas axonopodis* pv. *malvacearum* 18レースに分類されている（表7-8）．本病に対する抵抗性の遺伝様式も解析されており，16個の抵抗性遺伝子が報告されている．判別品種はこれらの抵抗性遺伝子と微動遺伝子の組み合わせである．

ナス科植物青枯病については寄生性の分化は多様で，今後分子生物学的な指標等を含めた形での体系的な研究が求められている．

表 7-8 ワタ角点病菌の17レースに対するワタの8育種系統の反応

判別品種	抵抗性遺伝子	レース番号[a]																	
		1	2	3	4	5	6	7	8	9	10	11	12	13	14	15	16	17	18
Acala 44	none	S[b]	S	S	S	S	S	S	S	S	S	S	S	S	S	S	S	S	S
Stonevili2B-S9	Polygenes	S	S	S	S	S	S	S	S	S	R	S	S	R	S	S	S	S	S
Stonevili20	B_7+polygenes	R	S	R	R	R	R	S	S	S	R	S	R	S	R	S	H	S	S
Mebane B-1	B_2+polygenes	R	S	R	R	S	S	S	S	R	S	R	R	R	R	R	S	R	S
1-10B	B_{1n}+polygenes	R	R	S	R	S	S	S	S	R	S	R	R	R	R	S	R	R	S
20-3	B_N+polygenes	R	R	R	S	S	R	S	R	R	S	R	R	R	R	R	S	R	S
101-102B	B_2B_3+unknown	R	R	R	R	R	R	R	R	R	R	R	R	R	R	R	R	R	R
Gregg	Unknown	R	R			S	S												S

a) Brinkerhoff（1970），Allen（1991）より作成．
b) S：感受性，R：抵抗性．

参考文献

1) Brinkerhoff, L. A. (1970) Variation in *Xanthomonas malvacearum* and its relation to control. Ann. Rev. Phytopath. 8: 85-110.
2) Ezuka, A. and Sakaguchi, S. (1978) Host-parasite relationship in bacterial leaf blight caused by *Xanthomonas oryzae*. Rev. Plant Protection Research 11: 93-118.
3) 江塚昭典・坂口 進(1979)イネ白葉枯病菌に対する品種抵抗性と病原菌のレース分化(1-3)農業及び園芸 54：1210-1214，1340-1344，1461-1468.
4) Ezuka. A. and Kaku, H. (2000) A historical review of researches on bacterial blight of rice. Bull. Natl. Agrobiol. Resour. 13: 1-207.
5) Fett, W. F. and Sequeira, L. (1981) Further characterization of the physiologic races of *Pseudomonas glycinea*. Can. J. Bot. 59: 283-287.
6) Kaku, H. (1993) Infection types in rice-*Xanthomonas campestris* pv. *oryzae* interaction. JARQ 27: 81-87.
7) Kaku, H. (1997) The dosage effect of bacterial blight resistance genes *Xa1* and *Xa3* in rice. Rice Genetics Newsletter 14: 64-67.
8) Kaku, H. and Ogawa, T. (2001) Genetic analysis of the relationship between *Xa3* resistance gene and browning reaction. J. Gen. Plant Patholo. 67: 228-230.
9) 高坂卓爾(1969)イネ病害防除における抵抗性品種の利用．農業及び園芸 44(1)：208-212.
10) Lee, S. W., Han, S. H., Lee, D. G. and Lee, B. Y. (1999) Distribution of *X. oryzae* pv. *oryzae* strains virulent to *Xa21* in Korea. Phytopathology 89: 928-933.
11) Noda, T., Yamamoto, T., Kaku, H. and Horino, H. (1996) Geographical distribution of pathogenic races of *Xanthomonas oryzae* pv. *oryzae* in Japan in 1991 and 1993. Ann. Phytopath. Soc. Japan 63: 549-553.
12) Noda, T., Yamamoto, T., Ogawa, T. and Kaku, H. (1996) Pathogenic races of *Xanthomonas oryzae* pv. *oryzae* in Asia. JIRCAS JOURNAL 3: 99-107.
13) Noda, T., Du, P. V., Dinh, L. V. E, H. D. and H. Kaku (1999) Pathogenicity of *Xanthomonas oryzae* pv. *oryzae* strains in Vietnam. Ann. Phytopath. Soc. Japan 65: 293-296.
14) Ochiai, H., Horino, O., Miyajima, K. and Kaku, H. (2000) Genetic diversity of *Xanthomonas oryzae* pv. *oryzae* strains from Sri Lanka. Phytopathology 90: 415-421.
15) 山田利明・堀野 修・佐本四郎(1979)イネ白葉枯病抵抗性に関する遺伝・育種学的研究 第1報 白葉枯病菌Ⅰ～Ⅴ群菌に対する二つの新しい反応型品種群の発見．日植病報 45：240-246.
16) Yamamoto, T., Hifni, H. R., Machmud, M., Nishizawa, T. and Tantera, D. M. (1977) Variation in pathogenicity of *Xanthomonas oryzae* (Uyeda et Ishiyama) Dowson and resistance of rice varieties to the pathogen. Contr. Centr. Res. Inst. Agric. Bogor 28: 1-22.

II. 植物の病原細菌に対する防御機構

1. 植物の植物病原細菌に対する反応

病原細菌が植物の組織内に侵入すると，植物全体，器官，組織及び細胞のレベルで様々な反応が起こる．

植物と植物病原細菌の関係は，親和性反応と非親和性反応に大別され，前者は組織内で細菌が増殖して感染が成立し，病変が起こる現象，後者は植物が細菌の増殖・感染を阻止する現象である．過敏感反応はその非親和性の反応として代表的なものである．

一般に，植物に病変を起こさせるに十分な濃度の細菌浮遊液を植物の葉肉組織内に注射接種すると，接種後の反応は下記の4つのタイプに分けられる．

1) 親和性反応

親和性の植物と病原細菌の組合せでは，組織内で細菌は徐々に増殖した後，やがて対数的に増殖して，接種数日後に接種細菌特有の病徴を発現する．一般的に，*Pseudomonas* 属細菌による病徴は *Xanthomonas* 属細菌によるそれに比べて早く現れる．また，典型的病徴が発現する前に水浸状（water-soaked）の病徴が観察されることが多い．

親和性の反応は極めてゆっくりと進展する．これは宿主植物の抵抗性の発現をどう抑え，それをどうかいくぐって進展してゆくか，という問題であり，例えば毒素やサプレッサーを放出しながら，徐々に植物組織内に増殖してゆくため，時間がかかるものと考えられる．

細菌数の増殖との関係では，非親和性反応は低濃度の細菌で誘導されるのに対し，親和性の反応は組織内細菌数が対数増殖期のピーク前後，すなわち1接種箇所あたり 10^8 cfu 前後に達して病徴発現に至る．しかし，中には 10^6 cfu 前後で病斑を形成する細菌も存在する．このような系では，細菌が毒素を産生するケースが多い．

2) 非親和性反応
(1) 過敏感反応

非親和性の組合せで接種後，接種部の組織が急速に壊死を起こす場合である．この反応は接種後12時間前後で発現する場合が多い．接種組織内の細菌数は急激に減少する．

品種-レースの系における非親和性組合せでは組織内細菌数は1接種箇所当たり 10^6 前後で定常期に入るが，一方，植物病原細菌と非宿主植物の組合せでは組織内細菌数の減少はさらに顕著である．

(2) 過敏感反応以外の抵抗反応

非親和性の植物－細菌のすべての組み合わせで，過敏感反応が必ず起きるわけではなく，時間が経って部分的な壊死反応，また黄化や白化が起こ

ることもある．例えば，タバコは非親和性の *Pseudomonas* 属細菌に対しては過敏感反応を起こすことが多いが，*Xanthomonas* 属細菌に対しては多くの系で典型的な過敏感反応は発現しない．

　(3) 無病徴

　植物と腐生性細菌，例えばタバコに腐生細菌 *Pseudomonas fluorescens* の間でみられる現象で，注射接種しても植物は全く反応せず，組織内細菌数も急速に減少する．

2. 抵抗性機構としての過敏感反応
1) 細菌病における過敏感反応

　植物が病原微生物の侵攻を受け，急速な壊死反応を起こして，それ以上の侵攻を阻止する現象を「過敏感反応」と称する．過敏感反応（hypersensitive reaction, hypersensitivity, 略して HR）は細菌に対する植物の抵抗反応として最も古典的かつ代表的なものである．過敏感反応は菌類病やウイルス病においても典型的な抵抗反応として知られている．最も古い記載はムギ類のさび病に対する抵抗反応としての過敏感反応で，それ以来，過敏感反応は抵抗性の原因か結果かという議論が続いた．細菌病における HR はそのような菌類病におけるそれとは若干異なる反応である．すなわち，Klement らはタバコの葉の葉肉部に注射器で細菌の浮遊液を注入し，非親和性の組合わせでは速やかに壊死（necrosis）が現れることを明らかにし，これをHR と称した．以来，この HR は抵抗性機構解明のためのモデルとして，あるいは細菌の同定など細菌病研究には欠かせない指標としていろいろな場面で利用されてきた．

　Klement が最初に用いた細菌は *Pseudomonas syringae* など *Pseudomonas* 属に属する細菌がほとんどであったが，その後，多くの植物-細菌の系で HR が報告されてきた．

　一般に細菌病における HR の定義として，接種 48 時間以内に壊死が発現することが基準となっている．しかしながら，タバコと *Pseudomonas* 属細菌などのモデル実験系では典型的な HR が速やかに起こるものの，

図 7-2　*Pseudomonas syringae* pv. *lachrymans* を注射接種したタバコ葉における典型的な過敏感反応（左）とトマト-*Xanthomonas oryzae* pv. *oryzae* の系における過敏感反応（右）

壊死が部分的であったり，時間が 48 時間を超えていたり，けっして典型的な HR が常に起こるわけではない．例えばタバコに *Xanthomonas* 属細菌を注射法で接種した場合，まず黄化が起こり，徐々に部分的な壊死が現れる．

ともあれ，過敏感反応では宿主植物が非親和性の病原を異物として認識して急激に細胞学的，生化学的変化を起こし，その結果，病原は植物の組織内で局在化，あるいは死滅し，増殖移行できない．従って，病原体に感染した植物細胞が病原体を拒絶あるいは封じ込めるために起こす過敏感細胞死は植物の最も効率的な感染防御システムであると言える．

2) 過敏感反応の誘導
（1）エリシター

植物の動的抵抗性の誘導については植物病原細菌を含む，広範囲にわたる病原微生物と植物の系で研究されてきたが，植物において病原微生物に対する動的抵抗性を誘導する物質はエリシターと総称される．このエリシターという術語は当初ファイトアレキシンを誘導する物質に対して用いられてきたが，その後，植物に抵抗反応を誘導する物質のすべてに適用されている．

エリシターは非常に多様であるが，大別して非生物的エリシターと生物的エリシターとに大別される．

非生物的エリシターは水銀や銀，銅やアルミニウムといった重金属，紫外線，合成化合物などが挙げられる．

生物的エリシターには菌体から出る各種の物質，例えばタンパク質，糖タンパク質，ペプチド，糖ペプチド，多糖類，脂肪酸，キチン，グルカン，毒素，抗生物質，シデロフォアなどが挙げられる．また胞子発芽液や培養ろ液，菌体細胞壁もエリシターとなりえる．また，病原菌の酵素により植物の細胞壁が破壊される過程で発生する植物のペクチン断片や糖ペプチドもエリシターとなることがあり，これらは特に内生エリシターと呼ばれる．

一般に，エリシターは植物細胞の表層に存在する受容体（レセプター：

表 7-9　植物病原細菌由来のエリシター

エリシター	由来
非特異的エリシター	
ペクチンオリゴマー	細菌の細胞壁破壊物
ハーピン	グラム陰性細菌
フラジェリン	グラム陰性細菌
毒素	*Pseudomonas syringae*
レース特異的エリシター	
avr 遺伝子産物	*Pseudomonas syringae* pv. *glycenea*
シリンゴライド	*Pseudomonas syringae* pv. *syringae*

receptor）に認識されて初めて作用する．認識されると，シグナル伝達経路を経て動的抵抗性が誘導される．エリシターによって外界からの情報あるいは刺激を細胞内あるいは細胞間に伝達する因子は二次メッセンジャーと呼ばれ，カルシウムイオン，活性酸素，cAMP，ジアシルグリセロールなどが知られている．

　病原微生物が産生するエリシターは植物の品種に対する特異性から，特異的エリシターと非特異的エリシターとに分けられる．

　特異的エリシターは病原特異性に基づき，植物の非親和性品種にのみ活性を示すエリシターであり，一方，非特異的エリシターは種々の植物あるいは品種に対して活性の差が認められないエリシターである．

　病原体に由来する非特異的エリシターは PAMP（pathogen-associated molecular pattern）とも称される．病原細菌ではこのようなエリシターとして hrp 遺伝子クラスターの遺伝子産物であるハーピン，鞭毛タンパク質フラジェリン，翻訳伸長因子 EF-Tu，リポ多糖，ペプチドグリカンなどが知られている．これらのうち，ハーピン以外の分子は病原細菌以外の細菌にも普遍的に存在していることから，MAMP（microbe-associated molecular pattern）とも称される．これらの分子の特定部位の分子パターンがエリシター活性に必要な最小単位である．

　さらに，植物由来の物質が病原側のエフェクターなどの作用によって，元々の構造とは異なる分子に変換され，エリシターとしての活性を有することがある．この場合，このようなエリシターを DAMP（damage-associated molecular pattern）と称する．

　いずれの分子パターンも植物側のパターン認識受容体（pattern recognition receptor；PRR）によって受容され，防御反応が誘起される．

　ある特定の病原微生物の種におけるレースと宿主植物の品種の間の相互作用において，病気が成立しうるか否かは，前述したように（gene-for-gene の項参照）遺伝子対遺伝子の相補的な関係によって制御されている．すなわち，ある優性の抵抗性遺伝子を有する品種が非病原性遺伝子と名付けられた対応する遺伝子を有するレースの感染を受けた時のみ，抵抗反応が誘起される．

　このように遺伝子対遺伝子説に基づく相互作用の解析において，品種に特異的エリシターが病原細菌のレースの非病原性遺伝子の直接産物，あるいはその制御を受けているという証拠が得られている．

　レース-品種特異的エリシターの存在が認識されたのは 1975 年で，Keen らはダイズと糸状菌 *Phytophthora megasperma* f. sp. *glycinea* の系で最初に見出し，遺伝子対遺伝子説の関係を分子レベルで解明する"特異的エリシター・特異的レセプター説"を提唱した．

　その後，彼らはトマトの病原細菌である斑葉細菌病菌（*Pseudomonas syringae* pv. *tomato*）から，抵抗性遺伝子 *Rpg4* を有する特定のダイズ品種にのみ過敏感反応を誘導する非病原性遺伝子（*avrD*）をクローニングした．

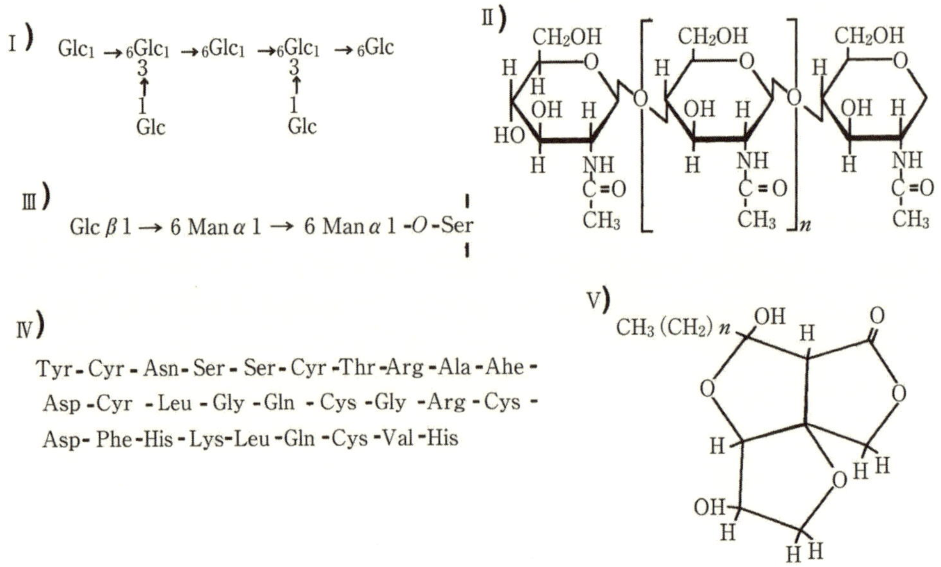
I)
Glc1 →6Glc1 →6Glc1 →6Glc1 →6Glc
3 ↑ 1 Glc
3 ↑ 1 Glc
II)
CH2OH
H
O
OH
HO
NH
C=O
CH3
n
III)
Glc β1 → 6 Man α1 → 6 Man α1 -O-Ser
IV)
Tyr-Cyr-Asn-Ser-Ser-Cyr-Thr-Arg-Ala-Ahe-
Asp-Cyr -Leu-Gly-Gln -Cys-Gly -Arg-Cys -
Asp-Phe-His-Lys-Leu-Gln-Cys-Val-His
V)
CH3 (CH2) n
OH
H
O
OH

図 7-3　構造が明らかになった病原糸状菌と細菌の生産するエリシターの例
Ⅰ）ダイズ疫病菌細胞壁から分離されたヘプタ-β-グルコシド，Ⅱ）糸状菌細胞壁から切り出されるキチノリゴマー，Ⅲ）エンドウ褐紋病菌胞子発芽液中の糖たんぱく質エリシター，Ⅳ）トマト葉かび病菌の品種特異的エリシター，Ⅴ）病原細菌の品種特異的エリシター（n=4，シリンゴライドⅠ，n=6 シリンゴライドⅡ）．

さらに，*avrD* 遺伝子が特異的エリシターの産生に関与していることを明らかにした．また，その特異的エリシターを単離して，それらの化学構造を明らかにし，シリンゴライド 1，2 と命名した（図 7-3）．

avrD 遺伝子の直接的産物である 34kD のタンパク質にはエリシター活性が認められないことから，*avrD* は細菌に広く存在する物質を前駆体として，シリンゴライドを合成する酵素であると推定されている．

このような特異的エリシターが病原側の非病原性遺伝子の機能と密接に関係しているという証拠は植物-細菌の系だけでなく，植物-糸状菌の系や植物-ウイルスの系でも証明されている．

（2）過敏感反応の時間的経緯

過敏感反応は非親和性の植物と病原細菌の組合せだけでなく，感受性品種と非病原性変異株，さらに抵抗性品種と病原性レースの間でも誘起される．

過敏感反応はタイムコースとして，誘導期，潜伏期及び細胞崩壊期の 3 段階から成る．それぞれの段階に要する時間は植物と細菌の組合せで異なるが，通常，誘導期は 3-4 時間，潜伏期は 4-5 時間，細胞崩壊期は 1-2 時間である．

過敏感反応の誘導は生菌でしか起こらず，対数増殖期の新鮮で活性が高い細菌細胞で最も速やかに誘起される．

（3）過敏感反応と組織内細菌数の変化

植物の組織内における細菌数は通常，接種組織を摩砕し，希釈平板法で生菌数を測定する．このように，組織内での細菌数が定量できるのが細菌病の利点であって，菌類病では菌糸が連続して3次元的に伸長するので，定量は非常に困難である．

希釈平板法で非親和性反応と親和性反応とにおける組織内細菌はどのような植物-細菌の系においても著しい差が認められる．すなわち，親和性の組合せでは細菌数は接種後しばらく減少するものの，その後は対数的に増殖し，通常 10^8 cfu/ml を超えて定常期に入る．一方，非親和性の組合せでは細菌数は親和性に比べて著しく少ない．非親和性の品種とレースの組合せでは接種してしばらくは親和性と同様な増殖曲線を描くが，やがて親和性組合せよりかなり低いレベルで定常期に入る．

（4）過敏感反応の発現に及ぼす要因

非親和性の植物-病原細菌の組合せで HR が起こる系であっても，HR は常に起こるわけではない．HR の発現には多くの要因が絡んでいる．環境条件，接種植物の生育ステージ，接種源濃度，植物細胞と細菌々体との接触などがその例である．

環境条件では温度，光，湿度などが HR の発現に影響を与える．一般に16-28℃の範囲では温度が上昇するにつれて，誘導時間は短くなる．また，37℃というような高温条件下では HR は全く発現しない．

接種に供試する細菌の生理的状態も HR の発現に影響する．適当な時間培養した，新鮮で活性の高い細菌を用いることが重要である．

接種源濃度も重要で，一般的には $10^4 \sim 10^6$ cfu/ml の濃度が限界点で，実際の HR 試験では 10^6 以上の濃度で接種することが望ましい．

また，接種した細菌の菌体は注射接種した後，植物の柔細胞に付着することが HR の発現には必須である．

（5）過敏感反応の細胞学的解析

①細菌の形態的変化

親和性及び非親和性の品種に接種した細菌の形態的変化については，インゲンと *Pseudomonas syringae* pv. *phaseolicola* の系での観察が報告されている．それによれば，抵抗性品種の組織内では，接種された細菌はしばらくして，細胞中央部の核様体が拡散し始め，細胞質の周辺部のリボソームが凝集する．感受性品種の組織内では，細菌細胞中央部の核様体は周囲との境界が明瞭となり，それを取り巻く細胞質全体が高電子密度となる．感受性品種では細菌細胞表面からベシクルが突き出し，中には細胞表面からそれが離脱し，その内包物を植物細胞間隙に放出する現象も見られる．

②宿主組織の細胞学的変化

植物の細胞間隙における植物細胞と細菌の相互作用は親和性と非親和性反応では著しく異なり，親和性の系では細菌は宿主組織の細胞間隙で遊離した状態で増殖する．一方，非親和性の系では植物細胞の細胞壁の外側のクチクラが繊維状に分離し始め，これが膜状となって細菌細胞を取り込

み，植物細胞の細胞壁の外側に細菌を固着する．この現象を非動化（immobilization）と称する．

過敏感反応が起こっている間，細菌体は個々の細胞が単独で，あるいは集合体の状態で，植物の細胞に付着した形で観察される．後者の場合は，高電子密度の膜で覆われた小滴の中に細菌の細胞が集合体で観察される（図7-4）．この高電子密度の被膜は細胞の閉じ込めのように観察されることから，細菌体の増殖や移行を抑える物理的な封じ込めとして抵抗性機構の一部であると考えられてきた．

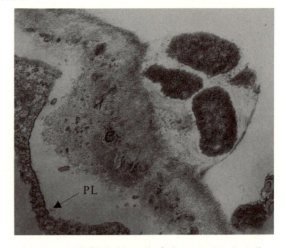

図 7-4　非親和性の組合わせにおける非動化現象（矢印，*Pseudomonas syringae* pv. *lachrymans* を注射接種したキャベツ葉）
肉眼的にはHR反応が観察され，電顕観察ではプラズマレンマ（PL）の剥離が著しい．

しかし，このような被膜の出現は注射接種の際，植物細胞から溶出した物質が水分の蒸発によって濃縮して生じたものであって，接種葉を水浸状のまま保つと細胞壁への非動化も過敏感反応も起こらないことから，抵抗性機構とは関係ないとする説もある．

細胞学的には，この時，植物の細胞は原形質膜の選択的膜透過機能を不可逆的に喪失し，細胞の形態と機能は異常になり，褐変壊死する．菌の侵入後，被侵入細胞では侵入菌周辺部での原形質凝集が開始され，そこへ原形質流動が集中する．数十分後に原形質流動は停止し，原形質膜の選択的透過性を喪失する．そして，その結果，細胞死が起こる．

電子顕微鏡による細胞学的観察の結果では，クロロプラストの崩壊，原形質網状体（ER）のベシクル化，遊離リボソームの減少，ミトコンドリアの変性，トノプラストの崩壊などが起こる．細胞崩壊期には電解質の漏出や膜の損傷が起こり，細胞の構造タンパク質にも変化が起こる．さらにプラズマレンマの剥離と細胞質の高電子密度化が起こる．

一方，親和性の組合せでは，このような反応は全く見られず，細菌細胞は植物の組織の細胞間隙で増殖移行を継続し，その結果，細胞間隙は細菌細胞で充満した状態となる．

（6）過敏感反応の生理・生化学

HRは上記したように，接種後3-4時の誘導期，4-5時間の潜伏期及び1-2時間の細胞崩壊期の3段階から成る．HRの誘導は生菌でしか起こらず，細菌の外被を構成するリポ多糖質，外膜タンパク，リポタンパク-ペプチドグリカン複合体など，個々の構成成分にはHR誘導活性は認められない．

P. syringae pv. *tomato* の非病原性遺伝子 *avrD* による HR は，この遺伝子にコードされている 34Kdal の酵素タンパクによって生成される低分子のエリシターによって誘導される可能性が示唆されている．

HR の誘導が起きると，細胞間隙の pH が上昇し，反応初期に酸素生成，フォスフォリパーゼ A2 の活性増加，リポキシゲナーゼ（lipoxigenase）の増加が起きる．リポキシゲナーゼの活性が高まるとスーパーオキサイド（O_2^-）と過酸化水素（H_2O_2）が生成される．その結果，細胞膜のリピド相（lipid phase）が過酸化反応によって損傷を受け，拡散電位の低下が起こるとともに電解質の漏出が起こる．さらに膜の構造的破壊が起こり，最終的に細胞は崩壊する．

活性酸素生成では NADPH 酸化酵素系の活性化がはじめに起きており，活性酸素はストレスに対する緊急シグナル（emergency signal）として機能していると考えられる．

しかし，細菌によって起こる過敏感反応は極めて短時間で誘導され，上記の菌類病における宿主起源の酸化酵素系が活性化される前に壊死が起こるため，脱水状壊死（白斑）となることが多い．すなわち，活性化される酵素はリボヌクレアーゼ，G-6-P-デヒドロゲナーゼ及びシキミ酸デヒドロゲナーゼで，酸化系酵素であるポリフェノールオキシダーゼ，ペルオキシダーゼ，パプチダーゼ，フェニルアラニンデアミナーゼ及びチトクロムオキシダーゼ活性には変化がない．しかし，系によっては褐変壊死が起こる場合もある．

(7) 過敏感反応の利用

多くの細菌は非宿主植物で過敏感反応を誘導する．この性質を利用して，病原性細菌か否かの簡易判別，植物病原細菌の同定のための試験の一つとして用いられる．

タバコ葉などの組織に対数増殖期の新鮮な細菌を $10^8 \sim 10^9$ cfu/ml といった高濃度の細菌浮遊液とし，検定植物の葉肉組織に注射器で注入したり，噴霧接種後に真空で引いて植物組織内に導入したりして，反応を観察する．この試験法は植物に壊死や萎凋を引き起こす植物病原細菌，あるいは軟腐性の細菌の一部など，主要な植物病原細菌の大部分に適用が可能である．

過敏感反応はこのように広い範囲の植物病原細菌に適用できるが，日和見感染性の植物病原細菌には使えない．例えば，緑色蛍光性 *Pseudomonas* 属細菌でも病原性が強いグループは明瞭な過敏感反応を引き起こすが，弱病原性のグループは過敏感反応を起こさない．また，軟腐性の *Pseudomonas* 属細菌でも，*P. viridiflava* は過敏感反応陽性であるが，*Pseudomonas marginalis* は陰性である．後者は腐生性 *Pseudomonas fluorescens* のペクチン溶解性系統であり，日和見感染性の植物病原細菌に分類されている．

また，この他，過敏感反応を引き起こさない植物病原細菌としては，軟腐性 *Pectobacterium*，がん腫を形成する *Agrobacterium* 属細菌及び *Pseudomonas syringae* subsp. *savastanoi* などが挙げられる．

通常，過敏感反応を用いた病原性検定にはタバコが用いられるが，これは葉肉組織に細菌を導入しやすいこと，栽培管理が容易であることなどの理由による．

3. その他の抵抗性機構
1) 静的抵抗性機構
植物は病原微生物の感染に対してさまざまな手段により防衛している．このような性質を抵抗性と称するが，抵抗性は植物がもともと持っている形態や構成成分による場合と病原微生物が感染してはじめて発現する場合とに大別される．前者のように，病原微生物による感染の有無に関係なく，植物がもともと備えている抵抗性を静的抵抗性という．

植物は本来，大部分の病原体に対して抵抗性あるいは免疫性であって，これらほとんどの病原体は植物への侵入の前，あるいは侵入後の極めて初期段階で拒絶されている．

(1) 形態的抵抗性
植物病原細菌は糸状菌とは異なり，植物に直接侵入することはできない．角皮侵入など植物に直接侵入する糸状菌の場合，クチクラや細胞壁の厚さ，硬さなどが侵入に大きく影響する．しかし，細菌の場合には厚さや硬さではなく，疎水性の強弱が影響していると考えられる．植物表皮の最外層にはワックスやクチンなど疎水性の成分が分布している．増殖や飛散に水分を必要とする細菌の場合，ワックス層が発達した組織表面では定着や増殖が困難となり，感染開始の場を減少させる効果を持っている．

気孔や水孔などの自然開口部から侵入する細菌ではそれらの数，形状，位置などが感染に大きく関わってくる．気孔の開閉は孔辺細胞の浸透圧で調整されているので，光合成が盛んに行われている時には葉緑体を持つ孔辺細胞の膨圧が高まり開口するが，夜になると膨圧が下がり，閉じる．

同様に，気孔数が少ない，あるいは気孔の開口部の面積が小さいとかは細菌の侵入を量的に減少させる要因となる．

①自然開口部の構造と抵抗性
気孔の形態

カンキツのかいよう病抵抗性について，McLeanによる気孔の構造と抵抗性の程度との関係について，開口部の大きさの相関に起因するとする古典的な観察がある．しかし，この説は現在では否定されている．

水孔の形態

水孔は植物の維管束導管部に寄生する細菌にとって重要な侵入門戸であるが，水孔の形態も植物の種によって異なっている．そのような差異と感染の成否との関係を明らかにした優れた観察報告がある．

イネ白葉枯病菌はイネだけでなく数種のイネ科植物に寄生する．越冬植物であるサヤヌカグサがそのよい例である．また，本細菌は自然条件下ではマコモには感染するがアシカキには感染しない．しかし，付傷接種では

アシカキも発病する．この差を走査型電子顕微鏡と透過型電子顕微鏡で観察した結果，アシカキの水孔の孔辺細胞の細胞壁には微小な突起があって，イネ白葉枯病菌の感染が妨げられる（図7-5）．

また，サヤヌカグサとエゾサヤヌカグサのイネ白葉枯病抵抗性の差も同様である．

②植物体の化学的成分による抵抗性

病原微生物による感染の如何に関わらず，もともと植物の組織に存在し，感染した場合でも量的な変化が起こらず，抗菌活性を有する物質を先在性あるいは非誘導性抗菌物質（preformed substances）あるいはプロヒビチンと称している．これらは静的抵抗性で重要な役割を果たしていると考えられている．

また，このような抗菌作用を有する物質だけでなく，病原細菌の栄養成分として不適合である物質も抵抗性に寄与している可能性がある．植物病原性 *Pseudomonas* 属細菌は腐生性の *Pseudomonas* 属細菌と比べて，ア

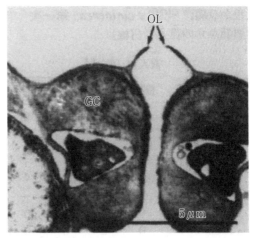
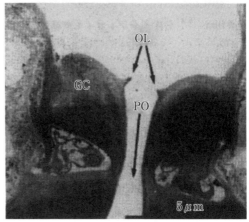

図 7-5 水孔の孔辺細胞壁における微小な突起の形態的相違（堀野原図）
上：アシカキ，下：イネ OL，孔辺突起，GC：孔辺細胞，PO：小隙．

ミノ酸の利用性で劣り，唯一の炭素源として利用しうるアミノ酸の種類が極めて限られている．また，一方でセリンが広範囲の植物病原細菌に対して毒性を示すことは広く知られている．

フェノール類，配糖体，サポニン，有機硫黄化合物，青酸配糖体などは植物界に広く存在する抗菌性物質である．

実際に植物病原細菌を検定菌に供試して，抗菌物質の検索を行った結果では，60科200種の植物から抽出した抗菌物質のうち，15科27種の植物から抽出した物質が *Psudomonas, Xanthomonas, Agrobacterium, Clavibacter, Pectobacterium* など26種の細菌に対して抗菌活性を示した．これらの物質はいずれも抗菌スペクトラムが広く，供試細菌の54〜26％に対し抗菌的に作用した．

フェノール類の一部は植物体内では低毒性の配糖体として存在してお

り，病原微生物による感染や傷害などによって活性化したグルコシダーゼやヒドロラーゼなどによって，アグリコンが遊離して抗菌性を発揮するようになる．

この他，アミグダリンなど青酸配糖体も植物に広く分布する．これらの物質からは加水分解酵素とニトリルリアーゼの作用によって青酸が生じ，抗菌活性を示す．ネギ属やアブラナ科の植物にはチオエーテルが含まれている．例えば，ネギ属では傷害を受けるとアリナーゼによってアリインからアリシンが生成され，これが細菌や糸状菌に抗菌活性を示す．

同じく単子葉植物からの抗細菌性物質としてはトウモロコシから分離された DIMBOA（2,4-dihydroxy-7-methoxy-2H-1,4-benzoxazin-3(4H)-one）が知られている．トウモロコシはこの DIMBOA によって E. carotovora subsp. carotovora の感染を免れる．しかし，トウモロコシの病原である E. chrysanthemi pv. zeae には抗細菌活性は全く示さず，本細菌はトウモロコシの軟腐を引き起こす．DMBOA を産生しない遺伝型（bxbx）の組織抽出物はすべての Erwinia 属細菌に対して抗細菌活性を全く示さない．

さらにイネ葉からもシリングアルデヒド，アセトシリンゴン，ヴァニリン，p-ハイドロキシベンズアルデヒド，コニフェリルアルデヒド，オリザライドなどがイネ白葉枯病に対する抗菌性物質として報告されている．しかし，これらとイネ白葉枯病に対する抵抗性との関係は明らかではない．

2）動的抵抗性機構
（1）化学的防御機構
①ファイトアレキシン

"ファイトアレキシン"とは，微生物の攻撃を受けた植物が新たに産生し，組織内に蓄積する低分子の抗菌物質と定義されている．この定義によって，高分子の抗菌物質はファイトアレキシンの範疇から除外される．例えば，レクチン，加水分解酵素，ピュロチオニンがこの部類に入る．微生物を異物として認識して生成される抗菌物質という意味では動物の免疫に近いとも言えるが，ファイトアレキシンの産生は局部的にしか起こらず，低分子であり，化学的性質は植物によって決定されるため，動物における抗体とは根本的に異なる．

菌類病の場合，ファイトアレキシンは化学的に抵抗性機構を説明する物質としていろいろな植物と病原微生物の系で取り上げられてきた．最初に化学的に構造決定されたファイトアレキシンはエンドウが産生するピサチンであった．その後多くのファイトアレキシンが報告されているが，マメ科植物のイソフラボノイドとナス科植物のテルペノイドが中心で，イネ科植物，アブラナ科植物，またウリ科植物などでは報告が限られているか，もしくは報告がない．ファイトアレキシンは化学的性質という観点に立てば多様であるともいえるが，上記したように，どのようなファイトアレキシンが産生されるかは基本的に植物に依存している．

ファゼオリン		インゲン
リシテン		ジャガイモ
アベナルミン		エンバク
モミラクトンA		イネ

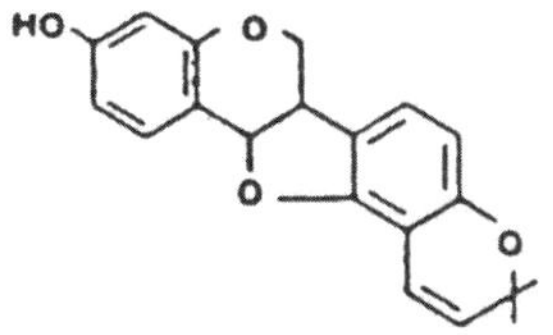

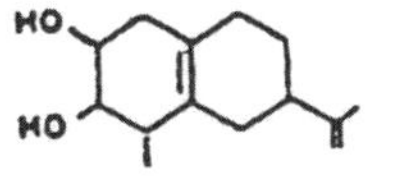

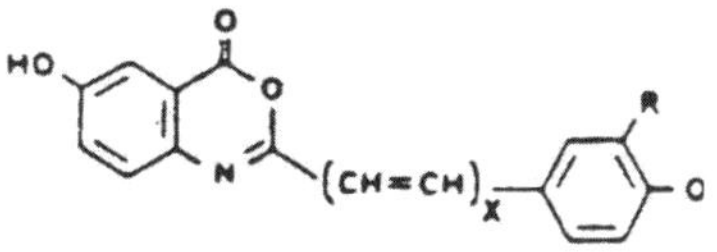

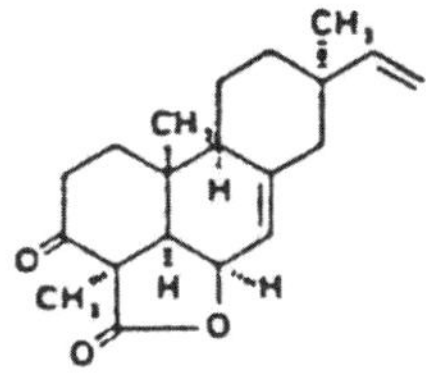

図 7-6　植物病原細菌の感染により生成されるファイトアレキシンとその構造

　植物細菌病でも当然そのような抵抗性関連化学物質が存在してもよいはずであるが，細菌病ではなかなかファイトアレキシンの生成は確証できなかった．しかし，その後の研究で，現在では表 7-6 のようなファイトアレキシンが報告されており，HR を起こした組織で細菌が急激に死滅するのはこのためとされる．

　細菌病では抵抗性機構における主役としてのファイトアレキシンの産生はワタのゴシポール（gossipol）のみである．ゴシポールはワタが非親和性の *X. campestris* pv. *maltiphilia* のレースの接種によって産生するファイトアレキシンで，テルペノイド系の図 7-6 のような構造を有する物質である．

　インゲンのファイトアレキシンであるファゼオリンとキエビトンはグラム陽性細菌に対して高い抗菌力を示すという特徴がある．また，ジャガイモ塊茎では嫌気的条件下では軟腐病細菌 *Erwinia* の感染を受けてもファイトアレキシンであるリシチンを生成しない．このことはジャガイモ塊茎が嫌気的条件下では腐敗しやすい原因の一つと考えられている．

　ダイズ葉と *Xanthomonas* 属細菌の組合せの研究では，非親和性，親和性いずれの場合でもファイトアレキシンの生成が起こるため，ファイトアレキシンが抵抗性の直接的な要因と考えるには無理がある．

　我が国における細菌病でのファイトアレキシンに関する研究では，森田・野中によるビワがんしゅ病でのオーキュパリン（aucuparin）の報告がある．

表 7-10 植物病原細菌の感染で生産されるファイトアレキシン

植物	細菌	ファイトアレキシン
エンドウ	*P. syringae* pv. *phaseolicola*	ピサチン，ファゼリオン
ダイズ	*P. s.* pv. *glycinea*	グリセリオン I，II，III ヒドロキシファゼリオン
インゲン	*P. s.* pv. *phaseolicola*	ファゼリオン，ファゼオリン イソフラバン，クメステロール，キエビトン
ジャガイモ	*Pectobacterium carotovorum* subsp. *carotovorum* *P. atrosepticum*	リシチン フィツベリン
ワタ	*X. campestris* pv. *malvacearum*	ジヒドロキシカダリン ラシニリン

　しかしながら，細菌病では化学物質によって抵抗性機構が説明されて当然のようでもあるが，ファイトアレキシンの報告の少なさはなぜであろうか．これは菌類の動的な感染様式と静的な感染様式が関連しているようにも考えられる．すなわち，菌類病では植物の組織内部で菌糸が細胞間隙であれ，細胞内であれ動的に伸展する．これを防ぐために植物は物理的に，また化学的にあらゆる手段で防御する必要がある．しかし，細菌病における感染は静的で植物の細胞認識は菌類の感染に比べて，はるかに遅いと考えられる．しかも，ある程度増えた後は，毒素やサプレッサーの産生によってさらに異物としての認識は遅れる可能性が高い．

　一般に HR の発現とファイトアレキシンの生成には光照射が必要で，暗黒下ではそれらの反応は抑制され，細菌の増殖の抑制は起こらない．

② PR タンパク質

　PR タンパク質は pathogenesis-related protein の略語で，病原微生物の感染やエリシター処理により産生されるタンパク質の総称である．塩基性，もしくは酸性のキチナーゼやグルカナーゼ，酸性パーオキシダーゼ，タウマチンなどがある．ごく微量が健全植物に含まれる場合もあるが，病原微生物の感染やストレスで多量に産生される．植物組織の細胞内，あるいは細胞間隙，とくに各種組織の細胞壁でその存在が認められ，様々な器官，例えば葉，種子，あるいは根においても産生される．塩基性の PR タンパク質は細胞内の液胞に蓄積され，酸性の PR タンパク質は細胞外に分泌される．

　PR タンパク質にはキチナーゼやグルカナーゼ，パーオキシダーゼやオスモチンなどが含まれ，また機能不明のタンパク質も含まれる．これまでに少なくとも 14 群に分けられており，その構造も多様である（表 7-11）．

　抗菌活性を有するものもあり，β-グルカナーゼ，キチナーゼ，タウマチンなどがその例である．グルカナーゼやキチナーゼは病原菌の細胞壁からエリシター活性を有する糖鎖を切り出す酵素である．

　そもそも痕跡程度の量は健全植物でも認められることもあるが，上述し

表 7-11 PR タンパク質の分類

ファミリー	代表的なタンパク質	性質
PR-1	タバコ PR-1a	抗菌性
PR-2	タバコ PR-2	(1→3)β-グルカナーゼ
PR-3	タバコ P, Q	キチナーゼ
PR-4	タバコ R	抗菌性
PR-5	タバコ S, タウマチン	抗菌性
PR-6	トマトインヒビター	プロテイナーゼインヒビター
PR-7	トマト P69	エンドプロテイナーゼ
PR-8	キュウリキチナーゼ	キチナーゼ
PR-9	タバコリグニン形成	ペルオキシダーゼ
PR-10	パセリ PR-1	RNase 様
PR-11	タバコクラス V キチナーゼ	キチナーゼ
PR-12	デフェンシン	抗菌性
PR-13	チオシン	抗菌性
PR-14	脂質転移タンパク質	抗菌性

たよう病原微生物の感染，エリシター処理，付傷，ストレスなどによって PR 遺伝子群が発現し，多量の PR タンパク質の産生に至る．PR タンパク質産生の誘導に関与するシグナル物質としてはサリチル酸，エチレン，キシラナーゼ，ジャスモン酸などが知られている．

(2) 物理的防御機構
①防御組織の形成

糸状菌による感染の場合，菌糸が形態形成により細胞内や細胞間隙を進展してゆくので，ファイトアレキシンなど化学的要因のみならず，組織や細胞のリグニン化などによる物理的障壁も抵抗性に寄与するところ大であると考えられる．

しかし，細菌による感染の場合はそのような形態形成による積極的な進展はないため，感染後の防御組織の形成に関する研究は少ない．また，このような意味において，細菌は糸状菌に比べて防御しやすい病原であると考えられる．しかし，糸状菌のように攻撃的ではないので植物側の認識が遅れ，細菌は好適な条件化では急速に増殖してしまう．そのため，農業の実際の場面では卓効を示す農薬が少ないこともあり，逆に難防除病害となっている可能性がある．

抵抗性機構としてのコルク層の形成はいくつかの植物-植物病原細菌の系で報告されている．その代表的な例はカンキツのかいよう病の系におけるコルク層形成である．カンキツのうち，ウンシュウミカンはカンキツかいよう病菌（*Xanthomonas citri* pv. *citri*）に対して抵抗性が強いと言われている．本細菌の伝染様式は主として枝に形成された病斑から葉へと拡がってゆくのであるが，ウンシュウミカンでは枝に形成された病斑が伝染源としての役割を果たさないことに起因する．すなわち，ウンシュウミカンでは枝の病斑ははじめ暗緑色の水浸状であるが，次第に赤褐色ないし暗褐色

の小型病斑にとどまり，この過程で罹病組織と健全組織の間にコルク層が形成される．そして，このコルク層によって健全組織は病組織と隔離されることになる．さらに時間の経過とともに古い病斑中の細菌は死滅し，病斑自体も乾燥して乖離する．その後，そのような組織の下には治癒した表皮組織が現れ，病原の伝染，拡散は停止する．このような現象はネーブルなど感受性の雑柑類ではみられず，病原細菌は増殖を継続し，枝の病斑は重要な伝染源となる．

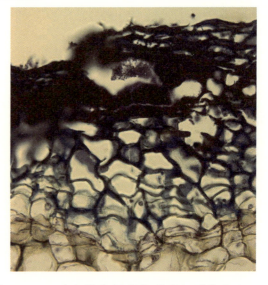

図7-7 スイカ果実汚斑細菌病に感染したスイカ果実のクラック型病斑の横断切片
コルク層の形成により病原細菌（*Acidovorax avenae* subsp. *avenae*,）はコルク層（C）に封じ込められている．

コルク化は癒傷組織として知られているが，植物病原細菌の感染に対する植物の抵抗反応として発現する場合がある．そのよい例がスイカの果実汚斑細菌病の典型的な病徴であるクラック型病斑である．このクラック型病斑は組織学的観察の結果，病原細菌 *Acidovorax avenae* subsp. *citrulli* は表皮下の組織で増殖し，細菌塊を形成する．しかし，この場合，増殖が継続するのではなく病原細菌の増殖部位の周辺にコルク層が形成され局在化が起こる．したがって，このようなコルク層が形成された後は，病原細菌はもはや周辺の組織に移行することはできない．

また，離層形成も物理的抵抗性機構として知られており，モモ穿孔細菌病における離層形成が代表的な例である．モモの葉がモモ穿孔細菌病菌（*X. campestris* pv. *pruni*）に感染すると，最初水浸状病斑が生じるが，やがて離層が形成されて病斑部は脱落してしまう．その結果，穿孔型病斑となる．この場合，残った健全部では病斑の外側に1〜2層の離層が形成され，穿孔の周辺組織に病原細菌が残ることはない．

参考文献

1) Al-Issa A. N. and Sigee D.C. (1982a). The hypersensitive reaction in tobacco leaf tissue infiltrated with *Pseudomonas pisi*. 1. Active grown and division in bacteria entrapped at the surface of mesophyll cells.Phytopathol. Z. 104: 104-14.
2) Allington W. B. and Chamberlain O. W. (1949). Trends in the multiplication of pathogenic bacteria within the leaf tissues of susceptible and immune plant species.

Phytopathology 39: 656-60.
3) Anderson A. J. and Jasalavich C. (1979). Agglutination of pseudomonad cells by plant products. Physiol. Plant Pathol. 15: 149-59.
4) Atkinson M. M., Huang J.-S. and Van Dyke C. G. (1981). Adsorption of pseudomonads to tobacco cell walls and its significance to bacterium-host interactions. Physiol. Plant Pathol. 18: 1-5.
5) Baker C. J., Atkinson M. M. and Collmer A. (1987). Concurrent loss of Tn5 mutants of Pseudomonas syringae pv. syringae of the ability to induce the HR and host plasma membrane K^+/H^+ exchange in tobacco. Phytopathology 77: 1268-72.
6) Barton-Willis P. A., Wang M. C., Holliday M. J., Long M. R. and Keen N. T. (1984). Purification and composition of lipopolysaccharides from *Pseudomonas syringae* pv. *glycinea*. Physiol. Plant Pathol. 25: 387-98.
7) Bonatti P. M., Dargeni R. and Mazzucchi U. (1979). Ultrastructure of tobacco leaves protected against *Pseudomonas aptata*. Phytopathol. Z. 96: 302-12.
8) Brown I. R. and Mansfield J. W. (1988). An ultrastructural study, including cytochemistry and quantitative analyses, of the interactions between pseudomonads and leaves of *Phaseolus vulgaris*. Physiol. Mol. Plant Pathol. 33: 351-76.
9) Bruegger B. B. and Keen N. T. (1979). Specific elicitors of glyceollin accumulation in the *Pseudomonas glycinea*/soybean host-parasite system. Physiol. Plant Pathol. 15: 43-51.
10) Cook A. A. and Stall R. E. (1968). Effect of *Xanthomonas vesicatoria* on loss of electrolytes from leaves of *Capsicum annum*. Phytopathology 58: 617-19.
11) Croft K. P. C., Voisey C. R. and Slusarenko A. J. (1990). Mechanism of hypersensitive cell collapse: correlation of increased lipoxygenase activity with membrane damage in leaves of *Phaseolus vulgaris* (L.) inoculated with an avirulent race *Pseudomonas syringae* pv. *Phaseolicola*. Physiol. Mol. Plant Pathol. 36: 49-62.
12) Darvill A. G. and Albersheim P. (1984). Phytoalexins and their elicitors - a defence against microbial infection in plants. Ann. Rev. Plant Physiol. 35: 243-75.
13) Diachun S. and Troutman J. (1954). Multiplication of *Pseudomonas tabaci* in leaves of burley tobacco, *Nicotiana longiflora*, and hybrids. Phytopathology 44: 186-7.
14) Fett W. F. and Sequiera L. (1980). A new bacterial agglutinin from soybean. Plant Physiol. 66: 853-8.
15) Goodman R. N. (1968). The hypersensitive reaction in tobacco: A reflection of changes in host cell permeability. Phytopathology 58: 872-3.
16) Goodman R. N. and Plurad S. B. (1971). Ultrastructural changes in tobacco undergoing the hypersensitive reaction caused by plant pathogenic bacteria. Physiol. Plant Pathol. 1: 11-15.
17) Goodman R. N., Huang P. Y. and White J. A. (1976). Ultrastructural evidence for immobilization of an incompatible bacterium, Pseudomonas pisi in tobacco leaf tissue. Phytopathology 66: 754-64.
18) Harper S., Zewdie N., Brown I. R. and Mansfield J. W. (1987). Histological, physiological and genetical studies of the responses of leaves and pods of *Phaseolus vulgaris* to three races of *Pseudomonas syringae* pv. *phaseolicola* and to *Pseudomonas syringae* pv. *coronafaciens*. Physiol. Mol. Plant Pathol. 31: 153-72.
19) Holliday M. J., Keen N. T. and Long M. (1981). Cell death patterns and accumulation of fluorescent material in the hypersensitive response of soybean leaves to *Pseudomonas syringae* pv. *glycinea*. Physiol. Plant Pathol.18: 279-87.
20) Keppler L. C. and Novacky A. (1987). The initiation of membrane lipid

peroxidation during bacteria-induced hypersensitive reaction. Physiol. Mol. Plant Pathol. 30: 233-45.
21) Klement Z. (1982). Hypersensitivity. In Phytopathogenic Prokaryotes, Vol.2. Academic Press. New York. pp.149-77.
22) Klement Z., Farkas G. L. and Lovrekovich L. (1964). Hypersensitive reaction induced by phytopathogenic bacteria in the tobacco leaf. Phytopathology 54: 474-7.
23) Klement Z. and Goodman R. N. (1967). The hypersensitive reaction to infection by bacterial plant pathogens. Ann. Rev. Phytopathol. 5: 17-44.
24) Knoche K. K., Clayton M. K. and Fulton R. W. (1987). Comparison of resistance in tobacco to *Pseudomonas syringae* pv. *tabaci* races 0 & 1 by infectivity titrations and bacterial multiplication. Phytopathology 77: 1364-8.
25) Lozano J. C. and Sequeira L. (1970). Prevention of the hypersensitive reaction in tobacco leaves by heat-killed bacterial cells. Phytopathology 60: 875-9.
26) Lyon G. D. (1989). The biochemical basis or resistance of potatoes to soft rot *Erwinia* spp. -a review. Plant Pathol. 38: 313-39.
27) Lyon F. and Wood R. K. S.(1976). The hypersensitive reaction and other responses of bean leaves to bacteria. Ann. Bot. (London) 40: 479-91.
28) Moesta P., Hahn M. G. and Grisebach H. (1983). Development of a radioimmunoassay for the soybean phytoalexin glyceollin 1. Plant Physiol. 73: 233-7.
29) Moesta P., Seydel U., Lindner B. and Grisebach H. (1982). Detection of glyceollin on the cellular level in infected soybean by laser microprobe mass analysis. Z. Naturforsch. 37C: 748-51.
30) Morgham A. T., Richardson P. E., Essenberg M. and Cover E. C. (1988). Effects of continuous dark upon ultrastructure, bacterial populations and accumulation of phytoalexins during interactions between *Xanthomonas campestris* pv. *malvacearum* and bacterial blight-susceptible and resistant cotton. Physiol. Mol. Plant Pathol. 32: 141-62.
31) Novacky A. and Ullrich-Eberius C. I. (1982). Relationship between membrane potential and ATP level in *Xanthomonas campestris* pv. *malvacearum* infected cotton cotyledons. Physiol. Mol. Plant Pathol. 21: 237-49.
32) Pavlovkin J., Novacky A. and Ullrich-Eberius C. I. (1986). Membrane changes during bacteria-induced hypersensitive reaction. Physiol. Mol. Plant Pathol. 28: 125-35.
33) Pierce M. and Essenberg M. (1987). Localization of phytoalexins in fluorescent mesophyll cells isolated from bacterial blight-infected cotton cotyledons and separated from other cells by fluorescence-activated cell sorting. Physiol. Mol. Plant Pathol. 31: 273-90.
34) Politis D. J. and Goodman R. N. (1978). Localised cell wall appositions: Incompatibility response of tobacco leaf cells to *Pseudomonas pisi*. Phytopathology 68: 309-16.
35) Sasser M., Andrews A. K. and Doganay Z. V. (1974). Inhibition of photosynthesis diminishes antibacterial action of pepper plants. Phytopathology 64: 770-2.
36) Sequeira L. (1976). Induction and suppression of the hypersensitive reaction caused by phytopathogenic bacteria: specific and non-specific components. In Specifity in Plant Diseases, ed. R. K. S. Wood and A. Graniti. Plenum Press. New York.
37) Sequeira L. (1978). Lectins and their role in host-pathogen specificity. Annu. Rev. Phytopathol. 16: 453-81.
38) Sequeira L. (1984). Plant-bacterial interactions. In Cellular interactions,

Encyclopedia of Plant Physiology, Vol. 17, ed. H. F. Linskens and J. Heslop-Harrison. Berlin: Springer-Veralag.

39) Sequeira L., Gaard G. and De Zoeten G.A. (1977). Interaction of bacteria and host cell walls : Its relation to mechanisms of induced resistance. Physiol. Plant Pathol. 10: 43-50.

40) Sequeira L. and Graham T. L. (1977). Agglutination of avirulent strains of *Pseudomonas solanacearum* by potato lectin. Physiol. Plant Pathol. 11: 43-54.

41) Sigee D. C. (1984). Induction of leaf cell death by phytopathogenic bacteria. In Cell Aging and Cell Death, Society for Experimental Biology, Seminar Series Vol.25. ed. I. Davies and D. C. Sigee. Cambridge University Press. pp.295-322. Cambridge.

42) Sigee D. C. and Al-Issa A. (1982). The hypersensitive reaction in tobacco leaf tissue infiltrated with *Pseudomonas pisi*. 2. Changes in the population of viable, actively metabolic and total bacteria. Phytopathol. Z. 105: 71-86.

43) Sigee D. C. and Al-Issa A. N. (1983). The hypersensitive reaction in tobacco leaf tissue infiltrated with *Pseudomonas pisi*. 4. Scanning electron microscope studies on fractured leaf tissue. Phytopathol. Z. 106: 1-15.

44) Sigee D. C. and Epton H. A. S. (1975). Ultrastructure of *Pseudomonas phaseolicola* in resistant and susceptible leaves of French bean. Physiol. Plant Pathol. 6: 29-34.

45) Sigee D. C. and Epton H. A. S. (1976). Ultrastructural changes in resistant and susceptible varieties of *Phaseolus vulgaris* following artificial inoculation with *Pseudomonas phaseolicola*. Physiol. Plant Pathol. 9: 1-8.

46) Slusarenko A. J., Croft K. P. and Voisey C. R. (1989). Biochemical and molecular events in the hypersensitive response of bean to *Pseudomonas syringae* pv. *phaseolicola*. In Biochemistry and Molecular Biology of Plant-Pathogen Interactions. Proceedings of the International Symposium of the European Phytochemical Society.

47) Slusarenko A. J. and Wood R.K.S.(1983). Agglutination of *Pseudomonas phaseolicola* by pectin polysaccharide from leaves of *Phaseolus vulgaris*. Physiol. Mol. Plant Pathol. 23: 217-27.

48) Somlyai G., Holt A., Hevesi M., El-Kady S., Klement Z. and Kari C. (1988). The relationship between the growth rate of *Pseudomonas syringae* pathovars and the hypersensitive reaction in tobacco. Physiol. Mol.Plant Pathol. 33: 473-82.

49) Stall R. E. and Cook A. A. (1979). Evidence that bacterial contact with the plant cell is necessary for the hypersensitive reaction but not the susceptible reaction. Physiol. Plant Pathol.14: 77-84.

50) Turner J. G. and Novacky A. (1974). The quantitative relationship between plant and bacterial cells involved in the hypersensitive reaction. Phytopathology 64: 885-90.

第8章　植物-病原細菌の相互作用の分子生物学

1. 植物病原細菌のエフェクター分泌

植物病原細菌は感染に当って，植物との相互作用のため，種々の物質を菌体外に分泌する．

植物病原細菌の多くはグラム陰性である．グラム陰性細菌は内膜と外膜という二重の膜によって囲まれており，種々のタンパク質を体外に分泌するためには，これら二重の膜を通過せねばならない．従って，細菌側ではそのための構造としてタイプIからIVまでの6種の分泌機構が存在することが明らかにされている（図8-1）．

1）植物病原細菌のエフェクター分泌機構
①タイプI分泌機構

タイプIの分泌機構は比較的少数のタンパク質が構成成分となっていて，内膜と外膜の双方を貫通するトンネル（孔）を形成する構造で，それゆえ1段階で細胞内のタンパク質を菌体外に分泌することができる．被分泌タンパク質としてはプロテアーゼなどが知られている．

ゲノム解析の結果，植物病原細菌では *Agrobacterium tumefaciens*（現：*Rhizobium radiobacter*），*Burkholderia cepacia*，*Dickeya dadantii*，*Pectobacterium carotovorum*，*Pseudomonas syringae* pathovar 群，*Ralstonia solanacearum*，*Xanthomonas axonopodis* pathovar 群，*Xanthomonas campestris*

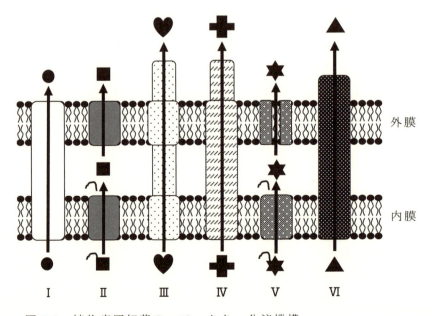

図 8-1　植物病原細菌のエフェクター分泌機構

pv. *campestris*, *Xanthomonas oryzae* pv. *oryzae* 及び *Xylella fastidiosa* などがこのタイプⅠ分泌機構を備えている．

②タイプⅡ分泌機構

タイプⅡ分泌機構はグラム陰性細菌が備えており，2段階のタンパク移行過程から成る．すなわち，最初，内膜を疎水性アミノ酸を多く含むシグナルペプチドを先頭にして前駆体タンパク質が通過した後，続いて残りのペプチドが移行する．次に，シグナルペプチダーゼがシグナルペプチドを切り離した後，内膜と外膜に挟まれた空間，すなわちペリプラズマ領域に成熟タンパク質を放出する．このペリプラズマ領域にあるタンパク質は外膜や内膜に局在するOutタンパク質群との共同作業で外膜を通過する．

この2段階の分泌機構はペクチン酸リアーゼやセルラーゼなどの分泌に使われる．

Outシステムによって外膜を通過するメカニズムは病原細菌が多量の菌体外酵素を分泌し，病原性を発現する上で重要である．

③タイプⅢ分泌機構

タイプⅢ分泌機構は多くのグラム陰性の病原細菌が病原性に関与するエフェクターを分泌するために不可欠な分泌機構である．また，このタイプⅢ分泌機構によって，エフェクターのみでなく，エフェクターの宿主への移行を司るタンパク質が分泌される場合もある．

このタイプⅢ分泌機構はType Ⅲ secretion systemの訳語でTTSSと略されることも多い．また，この分泌機構は植物病原細菌のみでなく，動物病原細菌（下痢原性大腸菌，赤痢菌，サルモネラ，エルシニアなど）に共通で，この分泌機構を構成するタンパク質は双方の間で相同性が高く，広範な病原細菌で病原性の発現に欠かせない分泌機構である．タイプⅢ分泌機構は細菌の進化の過程で鞭毛より派生したものと考えられている．

植物病原細菌では当初，タイプⅢ分泌機構は病原性と抵抗性反応である過敏感反応（HR）の双方を誘導する *hrp* 遺伝子（hypersensitive reaction and pathogenicity）としてトランスポゾンタギングによって単離された．

hrp 遺伝子群の多くは20~30kbの領域にクラスターとして存在する．これらの翻訳産物は外膜や内膜の膜内及び膜内外に局在し，分泌のための複雑なトンネルを形成する．菌体の外側の先端は針状構造や繊毛構造を呈し，細菌の細胞内で産生された各種エフェクターを植物細胞内に注入すると考えられている．

興味深いことに，共生細菌であるマメ科植物の根粒菌も本分泌機構を備えている．タイプⅢ分泌機構によって，どのようなエフェクターを分泌し，それが宿主とどう関わっているのかはまだ明らかにされていない．

④タイプⅣ分泌機構

タイプⅣ分泌機構は *Agrobacterium* 属細菌で見出された分泌機構で，タイプⅢ分泌機構と同じように菌体外に繊毛が突き出した構造を呈する．遺伝子の構造としては伝達性プラスミドのTraオペロンと類似している．

この分泌機構は *Agrobacterium* 属細菌の病原性発現に必須の分泌機構であり，植物が認識するプロモーターと一体となった植物ホルモン産生遺伝子などを含む T-DNA と VirD2 タンパク質との複合体を分泌して植物体内に注入する点で他の分泌機構と区別されている．

本分泌機構は基本的にエフェクタータンパク質を宿主細胞に注入するか，あるいは環境適応のためタンパク質や DNA を縮充するために用いられる．

⑤ タイプV分泌機構

この分泌機構は自動輸送機構（オートトランスポーター）で，*Xylella* 属及び *Xanthomonas* 属細菌で見出されている．この分泌機構では宿主細胞への表面付着に関与する遺伝子がコードされている．このような自己輸送機構は動物の病原細菌にも存在しており，上皮細胞への付着で重要な役割を果たしている．

⑥ タイプⅥ分泌機構

本分泌機構は最近，動物の病原細菌で報告されるようになり，同様の機構を植物病原細菌も有することがゲノム情報等で明らかになっている．

動物病原細菌では，本機構により VgrG や Hcp などのエフェクターが宿主に移行し，病原性に関与していることが知られており，今後，植物病原細菌における本分泌機構の役割の解明が待たれる．

2) 分泌機構とエフェクター

上記したように，植物病原細菌のエフェクター分泌機構は多様である．タイプⅠやタイプⅡ分泌機構で細菌体から放出されたエフェクターは主として菌体外酵素である．それらは病原細菌が植物の柔組織の細胞間隙で増殖を開始した後，細菌細胞が旺盛に増殖するにつれて植物細胞のペクチン質や細胞壁の成分であるセルロースなどを分解し，組織の崩壊を引き起こす．また，同時にこれらの分解産物は細菌の増殖・移行やさらに他の部位への伝搬のためのエネルギー源として利用される．これらのタイプではいずれの場合も，分泌されたエフェクターは植物の細胞外から作用する．

これに対して，タイプⅢやタイプⅣ分泌機構によって細菌細胞から分泌されたエフェクターはニードルや繊毛を介して植物細胞内に注入される．*hrp* 遺伝子群に変異を導入すると宿主植物への病原性を喪失するだけでなく，過敏感反応など抵抗性反応をも誘導する能力を失ってしまう．これは病原性発現に関与するエフェクターだけでなく，抵抗性を誘導するエフェクターもこの分泌機構によって植物細胞に注入されるためと考えられる．実際これらのエフェクター遺伝子を植物細胞内で一過性発現させると，それぞれの機能を発現するようになることが明らかとなっている．

それらの中で，核移行性配列（NLS）を持つ AvrBs3/Pth 群などは，植物細胞内に注入された後，さらに核内に移行して初めて機能を発揮する．なお，この AvrBs3/PthA エフェクターは宿主植物や感受性品種に移行すると

病原性発現に関与し，一方，非宿主植物や抵抗性品種に移行すると抵抗性誘導に関与するという両面的機能を有することが知られている．

従って，とくにタイプⅢ分泌機構に依存したエフェクターは細菌側の病原性発現のカスケードと植物側の抗性誘導のカスケードの岐路における選択のメカニズムを解く鍵を握っていると考えられている．

3）植物病原細菌のエフェクターと *avr* 遺伝子

Florによってgene-for-gene説が提唱されたのは1950年代であるが，実際に*avr*遺伝子が単離されたのは比較的最近のことで，最初に細菌で1984年，糸状菌では1991年になってからである．しかし，それ以降，多くの*avr*遺伝子が細菌と糸状菌から単離・同定されてきた．

①*avr*遺伝子

*avr*遺伝子は宿主植物の種や特定の品種では，その遺伝子産物が植物側に病原体の存在を知らしめ，植物側にその警報を発することになり，それによって植物側は防御機構を起動する．その結果，病原体は病気を起こせなくなるという意味で，その病原体を「非病原性」とならしめるのである．このようにして，*avr*遺伝子は植物の種，もしくはその種の品種レベルで，病原体の宿主範囲を決定するとも言える．

gene-for-gene説が適応できる系にあっては，優性のR遺伝子は病原側の各*avr*遺伝子に対応する．しかし，例外もあって，独立した2個の抵抗性遺伝子が1個の*avr*遺伝子に対応する場合もあるが，この場合もgene-for-gene説に基づいた相互作用が働く．

いくつかの*avr*遺伝子は，それを人工的にその病原細菌の他のレースに導入した場合，導入された*avr*遺伝子が作動する．そして，本来病原性を有していた感受性植物に対する病原性を喪失し，代わりにHRを起こすようになる．

いくつかの植物-病原体の系では，*avr*遺伝子はある植物種のどのような品種に対して病原性を示すかだけでなく，どのような種に対しても病原性を示すかをも決定する．例えば，トマト及びトウガラシの斑点細菌病の病原細菌 *Xanthomonas campestris* pv. *vesicatoria* のトマトを犯す系統の *avrBsT* 遺伝子は，その存在のため，トウガラシのすべての品種で HR を起こす．そして，その *avrBsT* 遺伝子が存在しない場合（欠失等），通常は抵抗性であるトウガラシの品種に病原性を示すようになる．

②*avr*遺伝子の構造

一つの植物-病原体の系においては，複数の抵抗性遺伝子と*avr*遺伝子の組合せが存在するのが普通である．植物病原細菌では非病原性遺伝子の単離はある抵抗性遺伝子に対し親和性と非親和性のレースからそれぞれ菌株を選抜し，非親和性（avirulent）の菌株のコスミドライブラリーを作製し，親和性（virulent）菌株に導入して後者を非親和性に変えるコスミドクローンを選択するというプロセスにより同定する．一方，対応する抵抗性

遺伝子は突然変異などにより同定することができる．

このようにして，多数の植物病原細菌で avr 遺伝子と対応する抵抗性遺伝子が同定されている．例えば，Pseudomonas syringae pv. maculicola（アブラナ科野菜黒斑細菌病菌）及び P. s. pv. tomato（トマト斑葉細菌病菌）の非病原性遺伝子 avrB 及び avrRpt2 とシロイロナズナの遺伝子 RPM1 と RPS2 のセットがその例である．また，大部分の細菌の avr 遺伝子は，その機能発現に hrp という一群の遺伝子を必要とする．

これまで同定された植物病原細菌の avr 遺伝子の中で，avrBs3/pthA 遺伝子ファミリーはもっとも研究が進んでいる遺伝子である．本遺伝子ファミリーは品種特異的抵抗性誘導を司り，翻訳産物は互いに 90% 以上の相同性を示す．さらに，これらの遺伝子はゲノムの章で解説したように，構造的には中央部に 34 個のアミノ酸（102bp）から成るペプチドがタンデムに 20〜30 個繋がる繰り返し配列，ロイシンジッパー，核移行性シグナル（nuclear localizing sequences, NLS），転写に関与する Activation domain（AD）を有する．

2. 細菌病に対する植物の抵抗性遺伝子

抵抗性品種育成の基盤としての遺伝分析が重要な作物で行われてきたが，1980 年代に入ってからは分子生物学的手法を基盤とした解析の急速な進展によって抵抗性遺伝子の本体そのものの構造解析が行われるようになった．

1）抵抗性遺伝子の基本的構造と機能

1992 年にトウモロコシで R 遺伝子，Hm1 遺伝子が単離され，その塩基配列が決定されて以来，R 遺伝子の構造や機能は分子生物学のレベルで解析されるようになった．

現在まで多数の抵抗性遺伝子がクローニングされ，それらの特性が明らかにされてきた．その結果，R 遺伝子によってコードされるタンパクは構造的に極めて似ていることが明らかとなり，二つの例外を除き，すべての R 遺伝子はタンパク質-タンパク質相互作用に関わると考えられているロイシン・リッチ・ドメイン（LRR, leucine rich repeats）を持っている．

細胞質 LRR ドメインを持つ R タンパクは同時に核酸結合部位（NBS）を有し，さらに，それらのいくつかは coiled coil として知られているロイシン分子から成るジッパー様ドメイン，あるいは Toll/interleukin 1 受容体（TIR）を備えている．

抵抗性遺伝子は，変異によって対となる非病原性遺伝子を有するレースに HR を誘導できなくなることで同定される．同定された抵抗性遺伝子はクロモゾームウォーキング法あるいはトランスポゾンタギング法によって単離することが可能である．

前者は植物の RFLP 地図上で目的の遺伝子に近縁のマーカーから分子交

雑が起こる断片を得て，目的とする遺伝子を得る方法である．これまでに，細菌，ウイルス，糸状菌，線虫などの種々の非病原性遺伝子に対応する抵抗性遺伝子が本法により単離されてきた．

多数の抵抗性遺伝子の構造解析が行われてきた結果，どのような機能構造（ドメイン，domain）を有するかによって現在5つのクラスに分類されている（図8-2）．

クラスIはタンパク質間の相互作用に関与するLRR（Leucine-rich repeat, ロイシンリッチリピート）とATPaseやGTPaseなどにみられるNBS（nucleotide binding site, ヌクレオチド結合部位）を持つ．

クラスIIは情報伝達に関与するプロテインカイネース（とくに，セリン/スレオニンカイネース）のドメインを有する．

クラスIIIはプロテインカイネースのほかに細胞外LRRをもつが，クラスIVは細胞外LRRのみを有する．

以上のように抵抗性遺伝子のドメイン構造が明らかとなってきたことから，植物の品種に特異的な抵抗性発現における病原体-植物の認識機構が解明されつつある．

2）主要な細菌病抵抗性遺伝子

イネ白葉枯病やワタ角斑病など主要な細菌病では多数の抵抗性遺伝子が報告されているが，分子生物学的解析が行われている遺伝子としては下記のようなものが挙げられる．

①イネ白葉枯病抵抗性遺伝子 *Xa1*

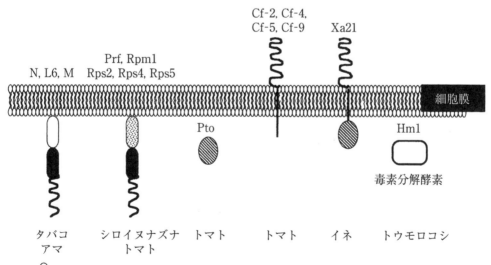

図8-2 植物の病害抵抗性遺伝子の構造

本遺伝子は黄玉群品種のイネ白葉枯病菌（*Xanthomonas oryzae* pv. *oryzae*）の日本産レースⅠに対する抵抗性を支配する主働遺伝子である．これまで単離された抵抗性遺伝子としては最長で，1802個のアミノ酸から成るタンパク質をコードしている．

ヌクレオチド結合配列モチーフ並びに新規の，93アミノ酸から成る6回のロイシンリッチリピートの繰り返し配列を有する．このような構造はシグナル伝達あるいは他のタンパク質との相互作用に関連することが知られている．従って，イネ白葉枯病菌の非親和性菌の感染によって抵抗反応が発現する過程で Xa1 以外のタンパク質の関与を示唆している．

②イネ白葉枯病抵抗性遺伝子 *Xa21*

Xanthomonas oryzae pv. *oryzae* が引き起こすイネ白葉枯病はアジア及びアフリカにおけるイネの最も重要な細菌病である．

本病に対する抵抗性遺伝子は現在では30数個報告されているが，それらの抵抗性遺伝子のうち，*Xa21* は最も有名な抵抗性遺伝子となっている．本遺伝子もマップベースクローニング法によって単離されている．

本抵抗性遺伝子は非常に特異な遺伝子で，一つにはこの抵抗性遺伝子は野生稲 *Oryza longistaminata* に由来する遺伝子であること，また，非常に広いスペクトラムを有する点がその特徴である．さらに，XA21 タンパク質はロイシンリッチリピートモチーフ（LRR）と膜貫通ドメイン及びセリン/スレオニン・プロテインキナーゼ・ドメインから成る．

Xa21 を導入した形質転換体は抵抗性遺伝子供与源である野生イネ *O. longistaminata* と同様に広い抵抗性スペクトラムを有し，8カ国から分離した32菌株のうち，29菌株に抵抗性を示すことが確認された．

本抵抗性遺伝子はイネ白葉枯病が問題となっている各国に配布されて，分子育種のメリットを活かして，短期間でそれぞれの国のイネ白葉枯病抵抗性育種プログラムに取り入れられている．また，キチナーゼ遺伝子や *Bt* 遺伝子やなど，対菌類病に対する抵抗性や耐虫性育種と組み合わせた複合抵抗性育種への利用も試みられた．

しかし，本抵抗性遺伝子はアジアでは中国においては大変有効であるが，韓国のレースには *Xa21* が有効でないものも多く分離され，さらに我が国の優勢レースであるⅠBとⅡには抵抗性を示さない．一方，ミャンマーのレースは多様で，これまで調査しただけでも30近い数のレースが存在する．*Xa21* はミャンマーのほとんどのレースに対して抵抗性を示す．このように抵抗性遺伝子の選択には栽培する地域に分布するレースの調査が必須である．

③ピーマン斑点細菌病抵抗性遺伝子 *Bs2*

トウガラシやトマトの斑点細菌病は *Xanthomonas campestris* pv. *vesicatoria* による細菌病で，世界的に重要な細菌病であり，病原細菌のゲノム解析も完了している．また，植物-細菌の相互作用のモデル系としても研究が進んでいるため，この *Bs2* は最もよく研究されている抵抗性遺伝

子である．

　病原細菌 *X. campestris* pv. *vesicatoria* に広く存在する *avrBs2* はホスホジエステラーゼをコードすると考えられているが，本細菌の病原性にも大きく関与している．さらに，*X. campestris* pv. *vesicatoria* の様々な系統だけでなく，*X. campestris* の他の pathovar にも高度に保存されている．したがって，*avrBs2* に対応する宿主側の *Bs2* 遺伝子は持続性の高い抵抗性遺伝子となる可能性が高い．このため，*X. campestris* の多数の病原型（pathovar）に対しても有効となることが期待されていた．

　この *Bs2* 遺伝子はミトコンドリア移行シグナルを有する NBS-LRR 型の抵抗性遺伝子で，トランジェントアッセイの結果，トウガラシ，トマト，ジャガイモ，ナスでは *avrBs2* に依存して過敏感反応（HR）が誘起される．さらに，本遺伝子を導入した形質転換トマトを供試した実験では，*avrBs2* を有する *X. campestris* pv. *vesicatoria* に対して高度抵抗性を示すことが確認されている．この研究によって，トウガラシの抵抗性遺伝子がナス科植物の耐病性育種に利用できる可能性が示唆され，今後の圃場での効果試験への展開が期待されている．

④シロイロナズナ *RPM1* 及び *RPS2*

　シロイロナズナの抵抗性遺伝子 *PRM1* は *Pseudomonas syringae* 由来の *avr* 遺伝子 *avrRpm1* あるいは *avrB*（2 個の異なる抵抗性遺伝子）に対応する．また，*RPS2* は *avrRpt2* に対応する．*avr* 遺伝子産物 AvrRpm1，AvrB 及び AvrRpt2 は病原細菌のタイプⅢ分泌機構により植物細胞内に輸送される．

　RPM1 及び *RPS2* に支配される抵抗性はシロイロナズナを用いた抵抗性解析のモデル系としてよく使われてきた．例えば，*PRS2* は初めて同定された NB-LRR 型の抵抗性遺伝子の一つであり，*RPM1* も NB-LRR 型の抵抗性遺伝子である．

⑤シロイロナズナ *RPS5* 遺伝子

　シロイロナズナの *PRS5* は *Pseudomonas syringae* の *avr* 遺伝子 *avrPphB* に対応する抵抗性遺伝子であり，LRR 型に属する．プロテインキナーゼ遺伝子 *PBS1* も遺伝学的には *P. syringae* の *avrPhbB* に対応する遺伝子に属する．AvrPphB はシステインプロテアーゼであり，プロテアーゼ活性に関与するアミノ酸残基は RPS5 による認識にも重要である．AvrPphB は PBS1 を直接分解することも明らかにされている．

⑥トマト *Pto* 遺伝子

　Pto はトマトの *Pseudomonas syringae* pv. *tomato* に対する抵抗性を支配する遺伝子である．

　多くの場合，既知の R タンパク質の構造は種々のクラスのタンパク質が *Avr* 遺伝子産物のレセプターとして，また防御応答のシグナルの発生と移行にどのような役割を果たしているのかを解く手がかりとなると考えられる．

　トマトのこの *Pto* 遺伝子はプロテインキナーゼ遺伝子であり，遺伝学的

には上記したように *P. syringae* pv. *tomato* の *avr* 遺伝子 *avrPto* に対応する抵抗性遺伝子として知られている．*Pto* は細菌側から植物細胞の細胞質に分泌される AvrPto と直接，相互作用する．この *Pto* と相互作用するタンパク質 Pti4，Pti5 及び Pti6 は抵抗性関連遺伝子の発現調節に関わる転写（調節）因子である．

P. syringae pv. *tomato* はシロイヌナズナにも感染して病害を引き起こす．シロイヌナズナに *Pto* を遺伝子導入してもこの菌には抵抗性を示さない．つまり，異なる遺伝環境では，抵抗性遺伝子は機能しない．しかし，*Pto* の遺伝子産物と相互作用する因子をコードする遺伝子 *Pti1* を同時に遺伝子導入すると抵抗性を示すようになる．

植物の病害抵抗性機構は，基本的な生命維持活動とは切り離して部品的に取り扱うことが可能であることをこの例では示している．しかし，更なる検証が必要であり，DNA アレイ技術のような遺伝子発現の全体像を見渡すことができる手法が重要になってくるであろう．

3. 細菌のエフェクターと抵抗性遺伝子の相互作用

1984 年に Staskawicz らによって，*Pseudomonas syringae* pv. *glycinea*（ダイズ斑点細菌病菌）から *avr* 遺伝子がはじめて単離されて以来，多数の *avr* 遺伝子が細菌及び細菌以外の病原からも報告されてきた．

一方，植物側の抵抗性遺伝子もいろいろな植物で単離されるようになり，主要作物の重要な抵抗性遺伝子については，その塩基配列や構造が解明され，共通の，あるいは特異的な構造が明らかにされてきた．そして，病原の *avr* 遺伝子と植物の *R* 遺伝子の双方の遺伝子産物がどのような相互作用によって植物側の抵抗反応を引き起こすかというメカニズムが解明されつつある．

当初の仮説であった「*avr* 遺伝子がレース特異的エリシターを産生し，抵抗性遺伝子はそれと直接結合するレセプターを産生する」という「エリシター：レセプター説」は若干の修正を余儀なくされている．すなわち，Avr タンパク質と R タンパク質との相互作用は直接的な結合に依存するのではなく，第三の標的因子が関与する例が多数出てきたためである．

現在，分子生物学的な解析がより容易な細菌側で蓄積した情報を基に，植物と微生物の相互作用が分子レベルで解析されつつあり，この分野で最も進展が期待されるモデル系となっている．

1) *avr* 遺伝子の病原性・病原力発現における役割

avr 遺伝子の多くは病原性発現において，何ら役割を果たさない．したがって，変異を起こさせて *avr* 遺伝子を不活化しても感受性の宿主植物は感受性のままである．しかし，中には病原性発現に必要なタンパクをコードしている場合もある．例えば *Xanthomonas campestris* pv. *vesicatoria* の *avr* 遺伝子がこの代表的な例で，*avr* 遺伝子は本細菌のすべての菌株が保有し

ているのであるが，avr 遺伝子を欠く変異株は感受性の宿主植物に対する病原性を喪失する．一方，本来抵抗性であった植物に対して病原性を示すこともない．

また，avr 遺伝子の中には，病原性あるいは病原力に関わる因子として働くタンパクをコードするものもある．例えば，*Xanthomonas citri* pv. *citri* の *pthA* や *X. c.* pv. *malvacearum* の *avrb6* がその例で，双方とも *avr/pth* ファミリーに属する．*pthA* は *X. c.* pv. *citri* が典型的なかいよう病の病斑を形成するのに必要な遺伝子であるが，また非病原性遺伝子としても作用する．すなわち，*X. phaseoli* 及び *X. c.* pv. *malvacearum* は各々インゲンとワタに感染し，カンキツには感染しないのであるが，それぞれの菌に *pthA* を導入した変異株はそれぞれの宿主であるインゲンとワタで HR を誘導するようになる．

2）Avr タンパク質の特徴と機能

gene-for-gene 説のモデル系においては，宿主植物側の優性の抵抗性遺伝子に対応する，病原側の非病原性を支配する優性遺伝子が存在すると仮定される．この gene-for-gene という概念を説明する生化学的根拠はエリシター-レセプター・モデルである．すなわち，病原菌側の非病原性（avirulence, *avr*）遺伝子と，植物側の対応する抵抗性（resistance, *R*）遺伝子によってそれぞれコードされている翻訳産物によって認識されるということである．

最も簡単な認識の仕方はエリシターとレセプターが相互作用し，それが引金となって一連の防御反応が起動する．それによって，感染部位の周辺では，植物の抵抗反応の特徴である細胞死が起こるというものである．ところが，実際には，R タンパク質と異なり，病原がコードする Avr タンパク質にはほとんど共通点がない．

しかし，近年，Avr タンパク質は明確な機能を有していることが証明され，Avr タンパク質は二つの機能を有するという考えが受け入れられつつある．その一つは，植物側の病原性発現に必要な標的分子に作用し，植物側の代謝や防御反応をかく乱する，その結果，病原性発現を高めるという説である．

そのような生化学的な働きが明らかにされた例としてトマトの病原細菌 *Pseudomonas syringae* pv. *tomato* の AvrD タンパクがある．AvrD タンパクは本細菌の低分子エリシターであるシリンゴライドの生成を司っており，ダイズにおける HR の発現を誘導する．この場合，シリンゴライドと結合する，ダイズ側のタンパク質も単離・同定されており，細菌側の *avr* 遺伝子に対応する植物側の抵抗性遺伝子の代表的なタンパク質として知られている．

3）タイプⅢ分泌機構に依存するエフェクターと植物細胞との相互作用

大部分の植物病原細菌がグラム陰性であり，したがって *Agrobacterium* 属細菌を除き，*Pseudomonas* 属細菌や *Xanthomonas* 属細菌などの病原性発現及び抵抗性の誘導にタイプIII分泌機構は深く関わっていると考えられ，分泌されるエフェクターについていろいろな植物-病原細菌の系で研究が行われてきた．

例えば，植物病原細菌の *hrp* 遺伝子群の制御遺伝子に変異を起こさせることにより，分泌されるタンパク質の変異を解析することが可能となる．その解析の結果，同定された被分泌タンパク質としては品種特異的な抵抗反応を司る *avr* 遺伝子の産物が圧倒的に多いことが明らかとなった．この他に同定されたものとしては病原性因子などがある．

avr 遺伝子はこれに対応した抵抗性（R）遺伝子を有する品種にのみ抵抗反応を誘導するため，植物-微生物間の特異性を解明するための鍵を握る遺伝子である．

これまで多くの植物-植物病原細菌の系で *avr* 遺伝子と抵抗性遺伝子が見い出されている．しかし，それぞれの遺伝子の表現型や双方の遺伝子産物の相互作用は明らかにされていない．ただ，シロイロナズナの抵抗性遺伝子 *PPM1* と *RPS2* はクラスIIに属する，*Pseudomonas syringae* pv. *maculicola* 及び *P. s.* pv. *tomato* の *avr* 遺伝子にコードされているタンパク質を植物に直接処理しても何も起こらない．しかし，それらの遺伝子を植物細胞内で発現させると，いずれの組み合わせにおいても抵抗性遺伝子に依存して過敏感反応（HR）が起こる．

以上のことから，少なくともこれら抵抗性遺伝子に対応する *avr* 遺伝子については宿主細胞の抵抗反応を引き起こすために，それら以外の因子を必要としないこと，また *avr* 遺伝子の産物は宿主細胞内ではじめて認識されることが明らかとなった．

上述したように，*avrD* は *Pseudomonas syringae* のいくつかの pathovar が有する非病原性遺伝子で，大腸菌内において品種特異的エリシターを産生する．また，このように *avr* 遺伝子がエリシターを産生し，一方，抵抗性遺伝子がレセプターを産生するという「エリシター：レセプター説」に続き，*avr* 遺伝子二元説も提唱されている．本説は品種特異性決定機構として，①抵抗性遺伝子をもたない宿主細胞内では Avr タンパク質は本来のサプレッサー活性を発揮するため，harpin による HR の誘導が抑制され，細胞内に注入された発病因子産生など発病に至る経路がスイッチ・オンとなる．②宿主植物でも抵抗性遺伝子を有する品種では，病原細菌の Avr タンパク質は R タンパク質の存在下でサプレッサー活性を失い，エリシター活性を発揮するようになり HR が誘導される．この場合，harpin による非特異的 HR も誘導されるはずで，抵抗性品種で見られる HR は特異的及び非特異的エリシターの双方の働きの結果と考えられる，というものである．

いずれにしても，*avr* 遺伝子は病原性に関与する最も重要な遺伝子であることに間違いはなく，今後さらに機能に関する研究の進展が待たれる．

参考文献

1) Alfano J. R., and Guo M. (2003). The *Pseudomonas syringae* Hrp (type Ⅲ) Protein secretion system: Advances in the new millennium. In "Plant-Microbe Interactions" (G. Stacey and N. T. Keen, eds.), Vol.6, pp.227-258.
2) Bai J., Choi S.-H., Ponciano G. et al.(2000). *Xanthomonas oryzae* pv. *oryzae* avirulence genes contribute differently and specifically to pathogen aggressiveness. Mol. Plant-Microbe Interact. 13:1322-1329.
3) Cao H. et al. (1997). The Arabidopsis *NPR1* gene that controls systemic acquired resistance encodes a novel protein containing ankyrin repeats. Cell 88: 57-63.
4) Cao H., Li X., and Dong X. (1998). Generation of broad-spectrum disease resistance by overexpression of an essential regulatory gene in systemic acquired resistance. Proc. Natl. Acad. Sci. USA 95: 6531-6536.
5) Chen Z., Kloek A. P., Boch J., et al. (2000). The *Pseudomonas syringae avrRpt2* gene product promotes pathogen virulence from inside plant cells. Mol. Plant-Microbe Interact. 13: 1312-1321.
6) Daniels M. J., Collinge D. B., Maxwell Dow J., Osbourn A. E. and Roberts I. N. (1987). Molecular biology of the interaction of *Xanthomonas campestris* with plants. Plant Physiol. Biochem. 25: 353-359.
7) Daniels M. J., Dow J. M., and Osborn A. E. (1988). Molecular genetics of pathogenicity in phytopathogenic bacteria. Ann. Rev. Phytopathol. 26: 285-312.
8) Dangl J. L. and Jones J. D. G. (2001). Plant pathogens and integrated defense responses to infection. Nature 411: 826-833.
9) Dixon R. A., Harrison M. J. and Lamb C. J. (1994). Early events in the activation of plant defense responses. Annu. Rev. Phytopathol. 32: 479-501.
10) Dow M., Newman M.-A. and von Roepenack E. (2000). The induction and modulation of plant disease responses by bacterial lipopolysaccharides. Annu. Rev. Phytopathol. 38: 241-262.
11) Gilchrist D. G. (1998). Programmed cell death in plant disease: The purpose and promise of cellular suicide. Annu. Rev. Phytopathol. 36: 393-414.
12) He S. Y. (1998). Type Ⅲ protein secretion systems in plant and animal pathogenic bacteria. Annu. Rev. Phytopathol. 36: 363-392.
13) Innes R. W. (2001). Targeting the targets of type Ⅲ effector proteins secreted by phytopathogenic bacteria. Mol. Plant. Pathol. 2: 109-115.
14) Luderer, R. and Joosten M. H. A. (2001). Avirulence proteins of plant pathogens: Determinants of victory and defeat. Mol. Plant Pathol. 2: 355-364.
15) Keen N. T. (2000). A century of plant pathology: A retrospective view on understanding host-parasite interactions. Annu. Rev. Phytopathol. 38: 31-48.
16) Nandi A., et al. (2003). Ethylene and jasmonic acid signaling affect the NPR1-independent expression off defense genes without impacting resistance to *Pseudomonas syringae* and *Peronospora parasitica* in the Arabidopsis ssi1 mutant. Mol. Plant-Microbe Interact. 16: 588-599.
17) Nizan-Koren R., et al. (2003). The regulatory cascade that activates the Hrp regulon in *Erwinia herbicola* pv. *gypsophilae*. Mol. Plant-Microbe Interact. 16: 249-260.
18) Okinaka Y., et al. (2002). Microarray profiling of *Erwinia chrysanthemi* 3937 genes that are regulated during plant infection. Mol. Plant-Microbe Interact. 15: 619-629.
19) Ramalingam J., et al. (2003). Candidate defense genes from rice, barley, and maize and their association with qualitative and quantitative resistance in rice. Mol. Plant-Microbe Interact. 16: 14-24.

20) Rantakari A., et al. (2001). Type III secretion contributes to the pathogenisis of the soft-rot pathogen *Erwinia carotovora*: Partial characterization of the hrp gene cluster. Mol. Plant-Microbe Interact. 14, 962-968.
21) Schell M. A.(2000). Control of virulence and pathogenicity genes of *Ralstonia solanacearum* by an elaborate sensory network. Annu. Rev. Phytopathol. 38: 263-292.
22) Song W.-Y., et al. (1995). A kinase-like protein encoded by the rice disease resistance gene Xa21. Science 270: 1804-1806.
23) Taylor J. L. (2003). Transporters involved in communication, attack or defense in plant-microbe interactions. In "Plant-Microbe Interactions" (G. Stacey and N. T. Keen, eds.), Vol.6, pp.97-146.

第9章　植物病原細菌の生態

I．細菌病発生の世界的動向と細菌性エマージング病の発生

　植物病原細菌の生活環や細菌病の発生生態については，第1章で述べたように糸状菌病やウイルス病とは異なる特徴があり，そのような特徴が細菌病を難防除病害としている面もある．

　また，作物生産のグローバル化や地球温暖化といった流れが細菌病の発生に大きな影響を与えているのも事実である．

1．世界における細菌病発生の動向

　今の時代は「エマージング感染症」の時代と言われている．この4半世紀でトピックとなったこの種の感染症はエイズなど，さらに最近ではヒトのエボラ出血熱や家畜・動物の高病原性鳥インフルエンザなど枚挙にいとまがない．これは航空機の発達によりヒト，食料などの移動がグローバル規模で短時間に行われるようになった結果である．

　動物の場合，ウイルス性エマージング病が圧倒的に多数を占めるが，植物においてもこのような「エマージング感染症」に相当する病害はいろいろな作物で報告されており，EIDs (Emerging infectious diseases) と総称されるほどである．中でも，植物の場合には細菌によるエマージング感染症が目立っている．種子や遺伝資源などが国際的に移動するようになり，それに伴って好適な条件が揃えば，種子や植物体上の病原細菌が植物の発芽や生長に伴って短時間で急増殖するためである．

　また，国際的な移動を伴わなくとも，栽培条件が変わることにより，それまで問題とならなかった微生物が病原として被害を及ぼすこともある．我が国ではイネ苗の機械移植の普及により，稚苗移植が増えると，高温多湿条件下で育苗が行われる．この高温多湿条件とイネが軟弱に育つ条件が重なって，イネもみ枯細菌病や苗立枯細菌病が稚苗移植における最重要病害となったことは記憶に新しい．これらの病原は *Burkholderia* 属（旧学名は *Pseudomonas* 属）に属する細菌で，前者は暖地でもみの病原細菌として知られていたが，後者はそれまで全く記載のない細菌であった．

　さらに地球温暖化はいろいろな面で大きな問題を引き起こしているが，植物の病害においても，気候の温暖化によって，発生する病害の相に変化がみられる場合もある．かつては北海道ではトマト青枯病は重要な病害ではなかったが，近年，温暖化によって大きな問題となっている．

　このようなエマージング病は時に大きな被害をもたらす．細菌病ではないが，植物病理学史上，最大のアウトブレイクであるアイルランドでのジャガイモ疫病も南米ペルーからの種いもに付着したジャガイモ疫病菌が

原因であった．アイルランドの気象条件が病害の発生に非常に適した条件であったため，急速に蔓延した結果起きた悲劇であった．

1) 我が国における稚苗移植の普及とイネのエマージング性種子伝染性細菌病の出現

従来の苗代式の育苗から，稚苗移植と田植えの機械化の普及に伴って，旧 *Pseudomonas* 属に属する細菌による種子伝染性の病害が多発するようになった．

その代表的な例がもみ枯細菌病（病原：*Burkholderia glumae*）である．本病はイネ籾の病害として昭和 30 年頃から報告のあった病害であるが，1970 年代半ばから，その病原細菌は箱育苗で苗腐敗症を起こすことが初めて報告され，注目を集めた．さらに，昭和 40 代後半から漸増傾向にあり，これは機械移植及び箱育苗の普及と軌を一つにしている．同様に，褐条病（病原：*Acidovorax avenae* subsp. *avenae*）やイネ苗立枯細菌病（病原：*Burkholderia plantarii*）などが箱育苗の普及とともに問題となるようになり，とくに後者は現在，稚苗移植における最も重要な細菌病となっている．

イネ苗立枯細菌病は最初，1982 年に千葉県での発生が報告された．その発生はイネ苗での立枯れ症状の育苗箱から分離された．当初，病原細菌は *Pseudomonas plantarii* と命名された．"*plantarii*" は「苗床の」を意味する．本病は 1988 年に四国，1990 年に北海道，1991 年に九州地方でも発生が確認されるに至って，全国的に発生する病害であることが明らかとなった．その後も本病の重要度は増している．

イネ褐条病は昭和 48 年に旭川市で最初に発生が確認された細菌病である．本病は水稲の育苗期に発生するが，北海道での発生の後，極めて小規模の発生が続いていた．ところが，昭和 59 年頃から各地で発生が目立ち始めたことから，昭和 60 年に本病に対する緊急防除対策試験が実施され，防除法としてカスガマイシン液剤の催芽時処理及び同粒剤の床土処理が有効であることが分かり，昭和 61 年に指導に移され，今日に至っている．イネ褐条病が多発するに至った要因として，ハトムネ催芽器の普及が指摘されている．

これらの細菌病の発生と被害の増大は栽培法がいかに病害の発生に影響するかの端的な例であって，高温・多湿条件下という細菌にとっては非常に増殖しやすい条件，それに加えて，そのような環境条件の下で育ったイネ苗自体が軟弱で非常に感染しやすい状態となっているために問題となった病害と言える．

このように，稚苗を用いた機械移植の普及に伴い，それまで我が国で最も重要とされてきたイネ白葉枯病の発生が苗代での第一次感染が回避されるようになったため激減し，代わってこれらの種子伝染性で，発芽阻害や稚苗で腐敗などを起こす病原細菌がイネの最も重要な細菌病として浮上してきたのである．

2) 熱帯アジアでのイネ赤条斑病の出現

イネには長い栽培の歴史を反映して，いもち病や白葉枯病など古典的な病害が存在するが，同時に新規の病害も出現する．その典型的な例が近年，熱帯アジアにおいて大きな問題となっているイネ赤条斑病（Red stripe)である．本

図 9-1 イネ赤条斑病の発生（ベトナム・カントー）

病は日本の JICA プロジェクトの研究者によって 1987 年にインドネシアにおいて発生が初めて確認され，最初 Bacterial red stripe として，また病原は *Pseudomonas* sp.であると報告された．しかし，病原細菌の同定が難航し，さらに抗カビ剤のベノミル剤が卓効を示すことから細菌以外に糸状菌説，あるいはカビが媒介するウイルスやウイロイド，さらには生理的障害など様々な説が現れ，混乱状態に陥った．

このように本病の病原学的研究が滞る中，本病はベトナム，マレーシア，タイ，ラオス，ミャンマーなどでも発生が確認され，フィリピンにおいてはミンダナオ島から発生が拡がり，現在ではルソン島中部まで分布が確認されている．このような病害としての重要性，さらに病原が特定できないという状況から，1999 年 3 月に国際イネ研究所（IRRI）の主催によりベトナムのホーチミン・シティーでイネ赤条斑病に関する国際ワークショップが開かれるほどの重要な病害として認識されるに至った．本ワークショップで各国からの情報が集まり，その後，さらに病原学的な研究が進展し，新しい病原として，細菌で *Microbacterium* sp.が，糸状菌では *Gonatophragmium* sp.が報告されている．現在においても，これら糸状菌説と細菌説が拮抗している．しかし，罹病組織内では糸状菌は観察されず，一方，ベトナム，タイ，インドネシアのサンプルの解剖結果ではイネ組織内で細菌塊が観察され，同じ *Microbacterium* 属細菌が分離されている．

3）アジアにおけるリエマージング病としてのイネ白葉枯病の激発と我が国での発生の激減

イネ白葉枯病がアジアで再び大きな問題となっている．かつて，第二次世界大戦後，とくに開発途上国における食料増産を目指して「緑の革命」のための研究が国際研究機関を中心に推し進められた．メキシコの国際トウモロコシ・コムギ改良センター（CIMMYT）とフィリピンの国際稲研究所で従来に比べて 2～3 倍も高い高収量性のコムギ及びイネの品種が育成された．そして，これらの品種の普及によって多くの人々が飢餓から救わ

れることとなった．コムギでは CIMMYT のコムギ部長であった Borlaug 博士に 1970 年のノーベル平和賞が授与された．

　イネについては 1960 年代後半に IRRI が多収性品種 IR8 を開発し，アジアにおける「緑の革命」の中心的な役割を果たした．ところが，IR8 の普及に伴って大きな問題が起きた．それがイネ白葉枯病とウンカである．この問題には品種の病害虫抵抗性とともに，多収を目指した肥料，とくに多量の窒素肥料の施用が関与していた．

　ところが，近年このイネ白葉枯病の激発や多発生がアジア各国で再び問題となっている．その原因は各国での高品質米の栽培と中国で開発されたハイブリッド・ライスの普及である．これらの品種のイネ白葉枯病感受性に加えて，窒素肥料の大量施肥が激発の誘因となっていることは明らかである．すなわち，歴史は繰り返しているのである．新品種の育種に当たっても，イネ白葉枯病抵抗性が重視されなくなったため，新品種の普及とともにイネ白葉枯病が各国で問題となっている．タイでは高品質米品種 Khao Dawk Mali 105 でイネ白葉枯病が激発していたが，近年，新品種 Phitsanulok2 がイネ白葉枯に対して極めて感受性が強く，大きな問題となっている．ミャンマーでは新品種ではないが，高品質米品種 Ma Naw Thuka がイネ白葉枯病に極めて感受性で，イネ白葉枯病が大きな被害を与えてきた．さらに，韓国や中国においても本病は激発しており，中国におけるハイブリッド・ライスについては上に述べたが，韓国においては $Xa3$ といったスペクトラムの広い，高度抵抗性の遺伝子をも侵すレースが出現している．もともと $Xa21$ 抵抗性遺伝子を有する品種を侵すレースも多いことから，現在，植物病理と育種がタイアップしたプロジェクトが立ち上がっている．

　一方，わが国では幸いなことにイネ白葉枯病の発生は激減している（図9-4）．これはイネ苗の機械移植の普及，すなわち苗代での感染の回避，越冬植物であるサヤヌカグサやエゾサヤヌカグサが水田の基盤整理により激減したこと，施肥管理が適切に行われていること，優勢品種コシヒカリが圃場レベルでは発病しにくい性質を持っていることなどの多数の要因

図 9-2　中国ハイブリッド・ライス栽培でのイネ白葉枯病の激発（中国・福建省）

図 9-3　イネ白葉枯病菌の越冬植物サヤヌカグサのイネ白葉枯病感染

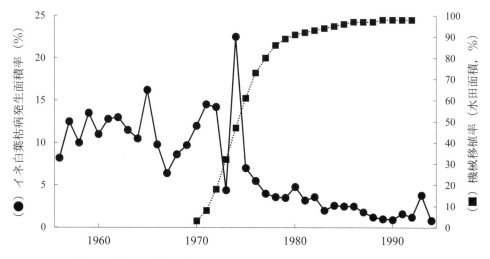

図9-4　イネ苗の機械移植の普及に伴うイネ白葉枯病発生の減少

が関与していると推定される．同品種の収穫が早めに行われるため，感染葉での細菌の増殖が発病レベルに至る前に刈り取られることも発生の減少に大きく関わっているものと考えられる．

4) 種子伝染性細菌病としてのスイカ果実汚斑細菌病

スイカ果実汚斑細菌病は，*Acidovorax avenae* subsp. *citrulli* による種子伝染性病害である．

本病は1989年に米国のスイカ栽培地帯に出現した．1990年代前半にアメリカで大発生し，激発した場合，環境条件や生育ステージにもよるが最大50%近い収量減となり，米国でのスイカ生産に甚大な被害を与えた種子伝染性の病害である．さらに発生はマスクメロンにも及び，人工接種では多様なウリ科植物にも病原性を有することが明らかとなった．

1989年の本病の報告は病原学的な記載も含まれていて，正式な本病についての最初の論文であるが，病徴のみ，あるいは病原が未同定であったり，誤診断であったりするものの，病徴がまぎれもなく果実汚斑細菌病の病徴である報告は米国では1969年まで遡る．さらに米国以外でも，およそその10年後にオーストラリアで，病害ハンドブックに本病の典型的な病徴と病原が *Pseudomonas* 属に属する細菌であることが記載されている．

本病は典型的な種子伝染性病害であるため，種子生産がグローバル化された今日，各国のウリ科野菜栽培地域で最も恐れられている病害である．現在，イスラエル，中国，タイ，ブラジルなどで大きな問題となっている．我が国では1989年に山形県で初めて確認されて問題となった．さらに2005年には長野県及び熊本県のスイカで，また北海道及び茨城県においてメロンで発生した．公式的には本病は我が国には定着していないという見解が取られているが，汚染種子が最も重要な伝染源であるため，種子生産

がグローバル化している現在，さらに警戒を継続すべき病害である．
　アメリカでは果実での発病が多いことが知られているが，我が国では苗腐敗など，育苗時の発病が多いのが特徴である．これは，我が国のほとんどのスイカは接木栽培されており，育苗時の環境条件が発病と密接に関係していることが考えられる．実際，2012 年には育苗の現場で激発し，大きな問題となった．
　その後，本病は植物防疫法で「日本が輸出国に栽培地検査を要求するわが国未発生の有害動植物」に指定されている．これまでのスイカに加えて，メロンにおいても侵入警戒調査の対象となっている．

5) 果樹のエマージング病としてのカンキツグリーニング病

　カンキツグリーニング病は黄龍病（Huang long bing：HLB）とも呼ばれてきた．本病の発見は既に 19 世紀後半まで遡るとされ，台湾及びインドで，同じ症状を示す病害の存在が確認されていた．学術的な報告としては，1919 年に Reiking が中国南部で発見し，報告したものが最初である．その後，1920 年代にフィリピン及び南アフリカで発生が確認され，さらに 1960 年代にタイのタンジェリン農園で大発生し，大きな被害を受けた．1980 年代にはレユニオン島でも大発生し，カンキツ果樹の 65% が失われた．また，アメリカ大陸では 2004 年にブラジルではじめて発生が確認され，その後，2008 年までに被害を受けた樹数は 80 万本にも及ぶとされる．さらに，翌 2005 年には北米大陸においても，米国のフロリダ州で発生が認められている．
　病原細菌 *Candidatus Liberibacter asiaticus*（*Ca. L. asiaticus*）はカンキツ類の罹病樹の維管束・篩部に寄生し，アジア型，アメリカ型，アフリカ型の 3 種が存在する．このうち，カンキツグリーニング病が問題となっているのはアジア及び南北アメリカの熱帯・亜熱帯に広く分布するアジア型である．現時点では，感染した樹木の伐採除去と，媒介虫であるミカンキジラミの防除以外に有効な防除策がなく，世界各地の柑橘類生産に深刻な影響を及ぼしている．
　このように，本病は東南アジアやアフリカなどで発生し，大きな被害を与えてきたが，本病はついに我が国にも上陸した．1988 年に沖縄県の西表島で最初の発生が認められ，現在では鹿児島県の徳之島まで分布が広がっている．このように，西南諸島を北上しつつあり，国内での植物検疫の大きな問題となっている．本病が発生すると，発生園が廃園になるほどの被害を及ぼす．植物検疫法でも重要な病害として取り扱われていて，発生地域である沖縄からのカンキツ類の苗木（果実は除く）の県外への持ち出しは規制されている．今後，気候の温暖化に伴って本土への上陸が懸念されている．また，米国では本病が農業テロに使われる可能性を懸念し，2002 年より農務省（USDA）の選択病原菌リスト（SelectAgent/ToxinList）に掲載されており，厳重な管理下で取り扱われている．

II. 植物病原細菌の伝染環

1. 細菌病の伝染源

1) 伝染源としての植物体

　植物病原の多くは植物との共進化で存続してきたため，種子，栄養生長，生殖生長，そして種子とリサイクルする仕組みになっている．また，果樹など永年性の植物では植物体上，あるいは体内で越冬した病原細菌が翌年，増殖に好適な条件が訪れると増殖を始め感染を起こし，発病に至らしめる．さらに，罹病した植物体や，その一部が焼却などの処理をしなかったため，残渣として土壌表面や土壌中に残り，それらが翌年の伝染源になって発病するというケースも多い．

①種子

　植物病原細菌の数は約350種と言われているが，そのうち約100種前後が種子伝染することが知られている．これら種子伝染性の細菌はグラム陰性菌である *Pseudomonas* 属，*Xanthomonas* 属，*Pectobactrium* 属，*Acidovorax* 属，*Agrobacterium* 属，*Burkholderia* 属，*Ralstonia* 属など，またグラム陽性である *Clavibacter* 属，*Curtobacterium* 属，*Rhodococcus* 属，*Bacillus* 属など多くの属にまたがっている．わが国には約120種の植物病原細菌が存在するが，うち50種が種子伝染すると考えられている．

　種子伝染性の病原として，細菌は非常に重要な存在である．まず第一に検出が困難であり，水分や温度など好適な環境条件が揃えば短時間に対数的に増殖するためである．とくに，*Burkholderia*，*Acidovorax* 属など旧 *Pseudomonas* 属細菌が我が国ではイネの育苗での最も重大な病害となっている．また，野菜ではスイカをはじめとするウリ科野菜の果実汚斑細菌病やトマトかいよう病が，世界的に大きな問題となっている．

　植物で最も重要な病原微生物は糸状菌であるが，こと種子伝染性病害の病原体としての重要度は，細菌の方が高い．これは重要な細菌病の多くが導管病であるため，維管束ルートでの種子への移行の確率が高く，上記のように検出が困難で，さらに発芽条件下で急速に増殖する特性のためと考えられる．

　これらのことは菌類病と比較すると理解が容易である．糸状菌は相対的に高等な微生物であるため，胞子などの形態形成に時間を要し，病気の拡がりが遅い．適用薬剤も多く，薬剤の効果も高いため防除が比較的容易である．病気の伝染経路からみると種子は病気を広く蔓延させる媒体の一つで，かつ重要な役割を担っている．とくに，植物の種子の発芽に適した環境条件は，病原細菌にとっても好適な条件であり，そのため発芽種子で増殖したり，さらに発芽後の子苗で増殖移行して，自然開口部や傷口から侵入，増殖して発病に至らしめる．

　我が国ではナス科やウリ科の野菜で接木栽培が広く行われている．この接木の後の養生という段階で，種子の病原細菌汚染による細菌病の発生の

表 9-1 主要な種子伝染性細菌病と病原細菌

宿主植物	病害名	病原細菌
イネ	白葉枯病	*Xanthomonas oryzae* pv. *oryzae*
	もみ枯細菌病	*Burkholderia glumae*
	苗立枯細菌病	*Burkholderia plantarii*
	褐条病	*Acidovorax avenae* subsp. *avenae*
ムギ類	黒節病	*Pseudomonas syringae* pv. *japonica*
エンバク	かさ枯病	*Pseudomonas syringae* pv. *coronafaciens*
トウモロコシ	褐条病	*Acidovorax avenae* subsp. *avenae*
	倒伏細菌病	*Erwinia chrysanthemi* pv. *zea*
インゲン	かさ枯病	*Pseudomonas syringae* pv. *phaseolicola*
エンドウ	つる枯細菌病	*Pseudomonas syringae* pv. *pisi*
ダイズ	斑点細菌病	*Pseudomonas syringae* pv. *glycinea*
ワタ	角点病	*Xanthomonas campestris* pv. *malvacearum*
タバコ	野火病	*Pseudomonas syringae* pv. *tabaci*
ライグラス	かさ枯病	*Pseudomonas syringae* pv. *atropurprea*
アブラナ科野菜	黒腐病	*Xanthomonas campestris* pv. *campestris*
	黒斑細菌病	*Pseudomonas syringae* pv. *maculicola*
		Pseudomonas canabiana pv. *alislensis*
	斑点細菌病	*Xanthomonas axonopodis* pv. *vesicatoria*
カボチャ	褐斑細菌病	*Xanthomonas campestris* pv. *cucurbitae*
キュウリ	斑点細菌病	*Pseudomonas syringae* pv. *lachrymans*
スイカ	果実汚斑細菌病	*Acidovorax avenae* subsp. *citrulli*
レタス	斑点細菌病	*Xanthomonas campestris* pv. *vitians*
	腐敗病	*Pseudomonas cichorii*
ニンジン	斑点細菌病	*Xanthomonas hortrum* pv. *carotae*
ピーマン	斑点細菌病	*Xanthomonas axonopodis* pv. *vesicatoria*
トマト	かいよう病	*Clavibacter michiganensis* subsp. *michiganensis*
	青枯病	*Ralstonia solanacearum*
	茎えそ細菌病	*Pseudomonas corrugata*
	斑葉細菌病	*Pseudomonas syringae* pv. *tomato*

リスクはさらに高まる．これは温度と湿度が細菌の増殖に好適なばかりでなく，さらに苗に付傷が加わるためである．また，ナイフなど用具に罹病苗の細菌が付着した場合は，それらを介して病気が蔓延することになる．

種子伝染では，種子の感染率が低くとも圃場における好適な環境条件（主に温度と湿度）の下で，急激に感染が広まる点で重要であり，さらに伝播の範囲が広域に及ぶ点でも重要である．従って，健全種子の使用は病害防除の最初の鍵であると言える．

種子の保菌率はいろいろな要素の影響を受ける．例えば，トマトの斑点細菌病とかいよう病に罹ったトマトの果実の場合，醗酵法によって採種すると約 3％の種子から両細菌が検出されるが，非醗酵法では前者が 43％，後者が 62％と保菌率が高くなる．しかも，トマトかいよう病菌では細菌はその 11％が種皮内部に存在し，薬剤処理や温湯処理を行っても完全に無菌とするのは困難である．また，ダイズ斑点細菌病では，率は低いながらも花器感染し，莢の感染及び種子内部への感染が起こると言われている．こ

れに対して，インゲンかさ枯病では莢の外側の病斑を通して種子感染が起こる場合がほとんどで，無病徴の莢での感染は起こらない．

病原細菌の種子汚染のメカニズムについては，いろいろな研究から，病原細菌が種子に到る経路（維管束，花器など）や種子における病原細菌の存在部位などに着目した分類が試みられている．

②栄養体

鱗茎によって伝染する細菌病は花卉で多数報告されており，病原細菌としては *Xanthomonas campestris* pv. *hyacinthi* や *Burkholderias gladioli* などが代表的なものである．塊茎，塊根，地下茎など栄養体で伝播する細菌としては *Clavibacter michiganensis* pv. *sepedonicum*, *Ralstonia solanacearum*, *Pectobacterim carotovorum* subsp. *carotovorum*, *Pectobacterium carotovorum* subsp. *atroseptica* 及び *Xanthomonas campestris* pv. *tardicrescens* などがある．また，挿芽よって伝播する細菌としては *Burkholderia caryophyli*, *Xanthomonas campestris* pv. *begoniae* などが知られており，これらは維管束の導管を通じて全身感染する細菌である．さらに，果樹などでは接穂も重要な伝染原である．苗木も接木での傷などから感染が起きやすく，無病徴の保菌苗から感染が広がることも多い．苗園は密植のため伝染率が高く，*Agrobacterium tumefaciens* による根頭がん腫病などが，しばしばこのような形で広がる．苗圃における伝播は果樹ではきわめて重要で，とくに苗の国際的な移動がある場合，注意が必要である．保菌苗木の移動による伝播はリンゴ火傷病やカンキツかいよう病での歴史的な被害の事例が知られている．さらに，果樹などでは接穂も重要な伝染原である．苗木も接木での傷などから感染が起きやすく，無病徴の保菌苗から感染が広がることも多い．

③罹病植物の病斑

この生存の様式は永年作物である果樹で普遍的にみられる．果樹の細菌病の発生生態も基本的には他の作物の細菌病と変わりないと考えられる．しかしながら，宿主の果樹が永年性の木本植物であるため，越冬伝染源は主として葉や枝の病斑内で越年し，発病を繰り返すというリサイクル型の発生生態となる．

ビワがんしゅ病の病原細菌 *Pseudomonas syringae* pv. *eriobotryae* はビワの芽，葉，枝，果実，幹，主根など樹体のほとんどの部分を侵害し，枝幹を侵すときはがんしゅ状となる．病原細菌の越冬は主に枝幹部の病斑で行われ，菌の発育適温は25〜26℃であるため，気温の上昇とともに感染活動は盛んとなる．ビワ樹体の最も感受性の高い時期は芽では2月下旬，春葉は3〜4月，夏葉では6月下旬〜7月上旬，果実は3〜4月で，5月以後は果実が肥大するに伴って感染しなくなる．

カンキツかいよう病の病原細菌 *X. citrii* pv. *citri* は枝葉や樹上果実の病斑部で越冬するが，秋の病斑と秋季感染の潜伏越冬病斑内で越冬した病原細菌は非常に増殖力が強く，翌春の病原細菌の伝染源の主体をなしている．

表 9-2 植物体表面で居住型生存をする主な細菌

細菌名	学名
イネもみ枯細菌病菌	*Burkholderia glumae*
ダイズ斑点細菌病菌	*Pseudomonas syringae* pv. *glycenea*
インゲン葉焼病菌	*Xanthomonas campestris* pv. *phaseoli*
インゲン褐斑細菌病菌	*Pseudomonas syringae* pv. *syringae*
ワタ角点病菌	*Xanthomonas campestris* pv. *malvacearum*
キャッサバ葉枯細菌病菌	*Xanthomonas campestris* pv. *manihotis*
トマト斑葉細菌病菌	*Pseudomonas syringae* pv. *tomato*
キュウリ斑点細菌病菌	*Pseudomonas syringae* pv. *lachrymans*
ハクサイ軟腐病菌	*Pectobacterium carotovorum* subsp. *carotovorum*
核果類かいよう病菌	*Pseudomonas syringae* pv. *morsprunorum*
リンゴ火傷病菌菌	*Erwinia amylovora*

病原細菌は平均気温28℃前後で最も増殖力が大きく,雨媒伝染をして,特に強い風雨によって感染が甚しくなる.病原菌は気孔がよく開いている時期(葉長が3cmから硬化直前まで)が感染しやすい.潜伏期間は,春葉で10～20日,夏葉で5～10日,秋葉で10日以上,硬化した葉では20日位である.一般に夏秋梢に発病が多く,台風やミカンハモグリガによる傷などからよく発病する.

④植物体表面上

Pseudomonas syringae pv. *syringae* などの病原細菌は枝表面や芽圏などで好適な条件下では旺盛に増殖し,不適条件下では休止状態となって生存を継続する性質がある.翌春植物側の発育が始まり,感染に好適な条件が続くと,急速に増殖して第一次伝染源となる.このような生存様式をとる病原細菌としては核果類のかいよう病やキウイフルーツ花腐細菌病などがある.表9-2に植物体表面で居住型生存を行う代表的な細菌を挙げた.

⑤潜在感染植物体

植物体に感染したまま,未発病の状態で植物病原細菌が生存を続ける場合で,細菌が細胞間隙に存在する場合と細胞内で生存する場合がある.永年性の果樹で,核果類の病原細菌 *Pseudomonas syringae* pv. *syringae* やカンキツかいよう病菌などで,このような生存法が知られている.これらの細菌は外観上発病が認められない枝の表皮,あるいは樹皮といった組織において生存する.

ジャガイモ黒脚病菌は塊茎の皮目中で生存する.

⑥罹病植物の残渣

野菜類の病原細菌の多くは感染植物の残渣とともに,地表あるいは土壌中で生存し,第一次伝染源となる.しかしながら,植物の残渣から遊離した状態では少数の病原細菌を例外とし,土壌表面や土壌中で長期間生き延びることは不可能である.例えば,キュウリ斑点細菌病の被害残渣を土壌中に埋め込んで生存期間を確認する実験で,5～15℃の低温条件下で保存した場合,約140日間病原細菌は生存できたが,高温条件化30℃では45

日で死滅する．また，レタス腐敗病菌（*Pseudomonas cichorii*）の罹病組織を土壌中に埋めた試験では，夏季では 2 ヶ月後に完全に死滅するものの，冬から春の低温時では約 6 ヶ月間生存する．

一方，トマトかいよう病菌やキャベツ黒腐病菌は一般に土壌中で植物残渣とともに長期間生存すると言われている．自然条件下では土壌に被害残渣を鋤き込んでも，1 年後発病しなかった事例もある．

以上のように，土壌中に被害残渣とともに鋤き込まれた病原細菌の生存期間は高温条件下になるほど急激に短くなり，低温条件下では長くなる．また，植物残渣での病原細菌の生存期間は残渣の腐敗・分解の速度に依存する．

⑦ 雑草

植物病原細菌は本来の宿主のみならず，近縁の種を中心に他の植物に感染したり，増殖したりすることが多い．従って，雑草も植物病原細菌の伝染源として重要な場合がある．典型的な例がイネ白葉枯病菌の越冬植物としてのサヤヌカグサ及びエゾサヤヌカグサである．

これらの雑草の組織中で増殖し，越冬した病原細菌は翌年，灌漑水に流出して，かつては苗代での第一次感染源となっていた．我が国でイネ白葉枯病が激減した第一の原因は稚苗移植の普及であるが，水田における基盤整備に伴って，上記の雑草が激減したことも大きな要因となっている．

また，アブラナ科野菜黒腐病菌においても，雑草が伝染源になることが知られている．

2） 土壌

土壌に棲息し，感染を引起こす植物病原細菌としては *Ralstonia solanacearum* や *Agrobacterium tumefaciens* などがある．これらの細菌は宿主植物が存在しなくとも長期間土壌中で生存できる，いわゆる土壌生息菌である．

土壌生息菌でなくとも，高い密度で土壌中に入った場合は，土壌中である期間生存し，植物の根部から，降雨時には土壌から植物の地際部にはね上がって感染するものも多い．罹病残渣とともに土壌中に入った場合には土壌中での生存と感染の確率が著しく上昇する．このようなタイプの植物病原細菌としては *Xanthomonas campestris* pv. *campestris*, *X. campestris* pv. *malvacearum*, *Clavibacter michiganensis* subsp. *michiganensis*, *Pseudomonas syringae* pv. *lachrymans*, *P. syringae* pv. *mori*, *P. syringae* pv. *tabaci* などが挙げられる．

以上のような伝播の分類は必ずしも明確ではなく，例えば *R. solanacearum* は本来土壌生息菌であるが，植物残渣生息菌としても伝播が可能である．さらに多数の植物病原細菌が植物の根圏及び植物残渣中でも生存し，伝染源となることが可能である．

3) 農業用資材

　農業用資材，すなわちハウスの支柱，針金，剪定道具などの表面に植物病原細菌は生存することが知られている．この代表的な例はトマトかいよう病菌で，それらの農業用資材の表面で7〜8ヶ月生存することが可能である．リンゴ火傷病菌は果実の収穫用や輸送用木箱の表面で生存し，広い範囲に伝搬する．ジャガイモ輪腐病菌も農機具だけでなく，冷蔵庫，衣服などあらゆるものの表面に付着し，屋内条件下では10ヶ月以上にわたって生存できる．

Ⅲ．細菌病の伝播

1．水による伝播

　細菌は増殖した後，細菌塊を形成するが，この細菌塊は極めて水に溶けやすい性質を持っている．従って，気孔や水孔などの自然開口部，あるいは破れた病斑などから溢出した細菌塊は水の存在によって細菌縣濁液となって感染は拡大する．水を介して細菌はその植物体の他の部分や，周囲の植物へ到達することが可能である．さらに水の保護効果により空間的にも距離的にも長距離を移動することが可能となる．このようなことから，水を介した伝播は植物病原細菌の最も重要かつ基本的な伝播法であると言える．

　一般に，植物の細菌病が突発して，流行する場合は，それ以前に圃場全体の細菌密度が感染潜在能力（inoculum potential）を超えたレベルに達することが必要である．

1) 雨滴及びエアロゾルによる伝播

　水による伝播のうち，最も重要な伝播がこの雨滴による伝播である．病斑の組織内で増殖した細菌は降雨が始まると速やかに自然開口部や傷から溢出し，連続して流出する．若い病斑ではとくにこの速度が速い．さらに，すでに葉などの表面に棲息していた細菌も増殖し，感染源としての潜在能力を増長する．カンキツかいよう病やタバコ野火病では感染葉表面を流れる雨滴水中に多数の細菌が検出されている．

　イネの最も重要な細菌病であるイネ白葉枯病では感染葉から溢出した細菌泥が台風などの強風によって飛沫伝播し，広い面積での発生が起きる．しかし，1回の風雨によって拡がる範囲はそう広いものではない．例えば最大風速28m/秒の台風における伝播試験では，病原細菌の飛散距離は64mまで確認されたが，感染・発病に必要な有効飛散距離は4mにすぎなかった．

　また，葉など植物体表面でも条件が整えば細菌は急増殖する．スイカ果実汚斑細菌病などでは，この葉表面での増殖が本病の伝播において極めて重要な要因となる．

スプリンクラー灌漑による伝播も基本的に雨滴による伝播と同じであり，温室などで罹病植物から散水によって周囲に拡がることも細菌病の特徴を示している．

また，健全なジャガイモ塊茎が *Pectobacterium atroseptica* に感染する経路として，土壌伝染よりもむしろエアロゾルによる地上部感染の重要性が指摘されている．すなわち，雨滴やスプリンクラー灌水の水滴が罹病イモに衝突する際，病原細菌を含んだ，微細な水滴が空中に飛び散り，エアロゾルとなる．このエアロゾルは径 4〜8μm で 1 時間ないし 1 時間半，空中に停滞することが可能である．

2）灌漑水による伝播

水稲など灌漑水を用いて栽培する作物の場合，灌漑水も重要な伝播の媒体となる．その代表的な例がイネ白葉枯病である．本病の第一次伝染源は灌漑水中のイネ白葉枯病菌である．すなわち，本細菌は越冬植物であるサヤヌカグサの地下茎で増殖し，越冬後，菌泥が灌漑水中に流れ出し，病原細菌は灌漑水中で苗代や本田に流入し，これが第一次伝染源となる．この伝播様式の解明は我が国のイネ白葉枯病研究の大きな成果であり，実際，自然発病の調査でもイネの本病の発病とサヤヌカグサでの発病には極めて高い相関が認められる．とくに水系の上流にサヤヌカグサの群落がある場合，発生が増加する．

さらに，感染イネでは夏季に発病初期の段階で，維管束で増殖した細菌が葉縁の水孔から菌泥となって溢出する．この菌泥を含む水滴には多数の細菌が含まれ，これが水田の水面に落下し，次の感染源となる．晴天が続いたりすればファージにより溶菌されたり，紫外線で死滅したりするが，雨天が続いたりすると強力な伝染源となる．稚苗移植により発生が激減した本病であったが，1993 年に西南暖地を中心に多発生をみた．これは夏季の長期にわたる雨天のためであったことからも明らかである．

2．土壌による伝播

土壌伝染する植物病原細菌としては，*Ralstonia solanacearum*, *Agrobacterium tumefaciens*, *Pectobacterium carotovorum* subsp. *carotovorum* などが挙げられる．これらの細菌は宿主植物が存在しない条件下でも土壌中で長期間にわたって生存が可能な土壌生息菌である．このような土壌生息菌ではなくとも，高密度で土壌に残存する場合，例えば罹病植物の残渣とともに土壌中に入ったりすると，ある程度の期間土壌中に生存し，感染源となりうる細菌も存在する．*Clavibacter michiganensis* subsp. *michiganensis*, *Xanthomonas campestris* pv. *campestris*, *Pseudomonas syringae* pv. *lachrymans* などはこのタイプのグループに属する．

植物病原細菌の場合，土壌生息菌，根圏生息菌，植物残渣生息菌といった区別は必ずしも明確ではない．多くの植物病原細菌が根圏でも，植物残渣中

でも，ある期間生存して伝染源となりえるし，上に挙げた R. solanacearum は これらのすべての生息型で伝播が可能である．

また，土壌中の細菌は農作業や地表の流水で拡散するものの，細菌自体の運動や，線虫・昆虫などによる土壌中での拡散は限られた範囲だけとなる．

3. 昆虫による伝播

植物病原ウイルスとは異なり，昆虫を主要な伝染経路とする植物病原細菌はファイトプラズマがほとんどで，後はバナナ青枯病菌（R. solanacearum）のハチなどの昆虫が花房から出る細菌粘液を体表面に付着して伝播する花器感染やトウモロコシ萎凋細菌病菌（Pantoea stewartii subsp. stewartii）が甲虫類によって伝播することが知られている．また，リンゴ及びナシ火傷病では古くから昆虫伝播の議論がなされてきた．病原細菌の媒介者として花粉媒介昆虫をはじめ 100 種以上の昆虫が報告されている．しかし，自然界における本病の伝播で昆虫が果たす役割については諸説あって，その意義については結論が出ていない．

ジャガイモ軟腐病やインゲン葉焼け病では体の表面に病原細菌を付着させたハエ，ハチ，アブラムシ，甲虫などが遠距離に伝搬することが知られている．一般に咀嚼性昆虫では食痕からの感染率が高まるが，虫体が汚染している場合には伝染率はさらに高くなる．

ファイトプラズマ病では，病原体のファイトプラズマはヨコバイ類によって永続的に伝搬される．

4. 鳥獣による伝播

鳥獣による細菌病の伝播を直接証明した例の報告はまだ少ないが，北ヨーロッパにおけるリンゴ火傷病の伝播がムクドリやカラフトムシクイの移動コースに沿っていることから，これらの鳥による伝播の可能性を主張する研究者もいる．実際，宿主植物の一つであるサンザシで渡り鳥が営巣し，人為的に汚染させた鳥の糞などから E. amylovora が検出されること，2～3 日で英国からデンマークやポーランドに飛来することから，渡り鳥が同病の伝播に関わっている可能性が高いと考えられている．

5. 農作業による伝播

農作業，即ち剪定，摘心，接木，摘果，収穫作業，潅水などによって伝播される細菌病は数多く，トマトかいよう病，トマト青枯病，タバコ立枯病などがその例である．

とくに育苗現場で，作業に用いるナイフ等の消毒（消毒用アルコール，次亜塩素酸カルシウム剤など）や刃の交換を怠ると，台木や接ぎ穂で病原細菌汚染が起こっていた場合，汚染が大規模に拡大する．さらに，養生の環境条件が病原細菌の増殖にとって好適であるため，さらに発病を助長す

る．トマトかいよう病やウリ科野菜の果実汚斑細菌病などでは，とくに注意が必要である．

さらに，温室や圃場では腋芽や頂芽の摘心作業においても，使用する刃物の消毒を怠ったり，摘心時期が遅れ，傷痕が大きくなると，罹病個体から周囲に次々と伝染が拡がるような状況となる．

この他，ジャガイモ輪腐病では種いも切断のための刃物，リンゴ火傷病では剪定鋏による伝播が知られている．

Ⅳ．発病と環境

1．温度

温度は病原微生物，とくに細菌や菌類では病気の発生を左右する最も重要な環境要因である．細菌病の場合，温度はまず細菌の増殖に関わっている．細菌には増殖のための最適温度があり，増殖にための最低温度，最高温度及び最適温度は細菌の種（species）によって異なっているが，さらに同じ種内でも系統や菌株などにより差が認められる．主要な植物病原細菌の最低生育温度，最高生育温度及び最適生育温度を示すと表9-3のようになる．この表から明らかなように，最適生育温度はほぼ25℃から30℃の範囲に入る．

このような細菌の生育に及ぼす温度は，その細菌による病害がどの季節に発生するかということに関わっている．

また，一般に細菌は広い温度範囲で増殖が可能であり，そのため生育適温が高原状に広く，さらに低温域にもかなり幅広い増殖域がある．とくに，

表9-3　主な植物病原細菌の生育温度

細菌学名	最低温度（℃）	最適温度（℃）	最高温度（℃）
Acidoborax avenae subsp. *avenae*	0	30-35	40
Acidoborax avenae subsp. *citrulli*	4	35-37	39
Agrobacterium tumefaciens	0	25-30	37
Burkholderia glumae	8	35-40	42
Clavibacter michiganensis subsp. *michiganensis*	1	24-27	36-37
Pectobacterium carotovorum subsp. *carotovorum*	6	27	35-37
Pseudomonas syringae pv. *glycenea*	2	24-26	35
Pseudomonas syringae pv. *lachrymans*	1	25-27	35
Pseudomonas syringae pv. *maculicola*	0	24-25	29
Pseudomonas syringae pv. *phaseolocola*	2.5	20-23	33
Pseudomonas syringae pv. *pisi*	7	27-28	37.5
Ralstonia solanacearum	10	35-37	41
Xanthomonas campestris pv. *campestris*	7-10	28-30	36
Xanthomonas citri subsp. *citri*	10	28-30	38
Xanthomonas oryzae pv. *oryzae*	5-10	26-30	40
Xanthomonas campestris pv. *pruni*	7-10	24-29	37

Pseudomonas 属細菌は低温耐性があるとされており，核果類かいよう細菌病（病原：*Pseudomonas syringe* pv. *morsprunorum*）トマト斑葉細菌病（病原：*Pseudomonas syringae* pv. *tomato*）はいずれも冬から早春にかけての低温時に多発する．一方，低温条件下よりもやや高めの温度条下でよく発生する細菌病もある．イネ白葉枯病がその典型で，20℃以下ではほとんど発病せず，自然発生は 25℃ないし 30℃で最も発生が多い．しかし，夏の高温条件下（32〜33℃）では逆に発生しにくくなる．しかしながら，これは単に温度条件のみによるのではなく，夏の日照と湿度の不足により，病原細菌の増殖が抑制されるものと考えられている．また，ニンジン斑点細菌病（病原：*Xanthomonas hortorum* pv. *carotae*）も，25℃ないし 30℃という，やや高温側の温度条件下で多発する傾向がみられる．

さらに，グローバルに見た場合，*Agrobacterium tumefaciens* や *Clavibacter michiganensis* subsp. *michiganensis* は低温性の細菌で，熱帯では高地などを除き，それらによる病害の発生は少ない．一方，ナス科植物青枯病菌 *Ralstonia solanacearum* やウリ科野菜の果実汚斑細菌病菌 *Acidovorax avenae* subsp. *citrulli* などは高温性の細菌で，寒地での発生は減少する．

2．湿度

植物の病害の発生と湿度には高い相関があり，細菌病もその例外ではない．湿度はとくに病原細菌の植物体上での増殖や侵入に大きな影響を及ぼす．しかし，一旦組織内に侵入し，感染が成立した後は空気湿度の影響は減少する．

土壌湿度も土壌病害の発生に大きな影響を与える．*Pectobacterium* 属や *Pseudomonas* 属細菌による病害も多湿環境下で発生が多い．土壌湿度が高い条件は病原菌の増殖を助長するのみならず，土壌中の酸素不足が作物の根の生理状態を悪化させたり，生育が悪くなったりして，病害に対する抵抗性が減少することも，病害が多発する原因となると考えられている．

3．風

風は細菌病の発生と蔓延に大きな影響を及ぼす．とくに降雨を伴った強風は大きな意味を有する．例えば，イネ白葉枯病では第一次感染により発病した病葉から溢出した菌泥が台風の襲来の際に，降雨を伴った強風により周囲の葉と接触し，また周囲に飛散する．さらに二次感染が起こって周囲に蔓延する．このため，そのような水田ではイネ白葉枯病が坪状に発生することが多い．一方，本田中期から出穂期にかけて浸冠水や台風の襲来を受けると激発し，水田の全面に発生する．

4．土壌

土壌伝染性の細菌病だけでなく，多くの細菌病の発生に土壌の種類，pH，養分，水分などは大きな影響を与える．また，土壌中に含まれる養分や施

肥による過剰な養分も細菌病の発生に多大な影響を及ぼす．

1) 土壌養分

細菌病の発生に及ぼす土壌養分，とくに窒素肥料の施肥は発病に大きな影響を及ぼす．

一般に窒素過多の場合，これは細菌病のみならず，作物の病害の発生を助長する．リンゴ・ナシの火傷病（*Erwinia amylovora*）は窒素過剰条件下で多発するが，イネ白葉枯病も窒素過剰条件下で激発する．イネにおける「緑の革命」神話の崩壊や現在，アジアでハイブリッド・ライスや高品質米でイネ白葉枯病が大きな問題となっているのは，生産性を上げるための多量の窒素肥料の投入による．

逆に，ナス科植物青枯病は窒素肥料が不足すると，罹病性に傾く．しかしながら，これは窒素肥料の絶対量の問題ではなく，ヒトの栄養と同様に栄養のバランスが大切であり，植物の場合，窒素，リン及びカリウムの三要素のバランスが取れている場合には，その影響は減少する．

2) pH

菌類病ではアブラナ科野菜の根こぶ病のようにpHが病害発生に大きな影響を与える例があり，pHが5.7で最も激しく，pH 5.8～6.2ではその発生が急速に減少し，pH 7.8に至ると全く発病しないと言われている．このような例を挙げるまでもなく，細菌病においても病害発生に及ぼすpHの影響は大きい．典型的な例がジャガイモそうか病である．この病害はアブラナ科野菜根こぶ病の場合とは逆に酸性側では抑えられ，アルカリ側で発生する．すなわち，pH 5.2以下では発生せず，それ以上からpH 8.0以下の範囲で発生する．

発病に対する土壌pHの影響は主として病原細菌の増殖に与える直接的な影響といわれているが，植物側でも土壌pHが植物の代謝活性に影響を与えて病害発生が増減するとする説もある．

3) 土壌水分

土壌水分は重力水，毛管水及び吸着水の3種に区別される．これらのうち，植物が有効に利用できるのは主として毛管水である．土壌水分が永久萎凋点に達しても土壌粒子の周りには吸着水が存在し，しかも土壌間隙の空気湿度は99％と，十分に高く，細菌の生存や増殖にとって十分な水分が保持されている．

細菌による土壌病害の場合，土壌湿度と病害発生とは相関があり，*Pectobacterium*属や*Pseudomonas*属細菌による病害は土壌に適度な湿度が保たれている状態で発生し，一方，乾燥条件下や湛水条件下では発生しない．ただし，*Streptomyces* spp.によるジャガイモそうか病は乾燥した土壌で発生し，湿った土壌では発生が著しく抑えられる．したがって，このよ

うな病害は湛水処理による防除が可能である．

4）土壌温度

土壌温度は宿主植物，病原細菌あるいはそれらの相互作用に影響を与えて，細菌病の発生に大きな影響を与える．病害の発生に好適な温度条件は概して病原細菌の生育適温よりも低いことが多い．これは土壌温度が病原細菌よりも，むしろ植物側に作用して，植物の病害抵抗性を低下させるためである．

5）土壌酸素

植物病原細菌の大多数は好気性であって，酸素量が多い浅い層や土壌間隙に多く生息する．湛水処理により酸素の供給を絶つと，一般に病原細菌の密度は次第に低下するが，例外もある．

6）土壌微生物相

土壌中には細菌，糸状菌，放線菌，線虫，原生動物など多種多様な微生物が生息している．それらほとんどは植物に対して病原性を持たない微生物である．しかしながら，それらは直接的接触，さらに代謝産物などによる間接的効果によって植物病原細菌と相互作用を行っている．

拮抗作用や協力作用はその代表的な相互作用で，生物防除の見地から最近研究が進んでいる．例えば，拮抗微生物が優勢に増殖し，病原細菌の密度を下げるような土壌環境をつくるため，有機物の施用，耕起による通気性の保持などが行われる．また土壌伝染性の植物病原細菌の直接的な生物防除法として拮抗微生物が利用される．土壌伝染性の植物病原細菌の拮抗微生物としては *Pseudomonas* 属細菌，例えば *P. fluorescens* や *P. putida* などがよく知られている．これらの拮抗細菌は抗菌性物質を産生するとともに，根圏や根の組織内に生息して青枯病の発生を抑制する．

また，農耕地には人工的な処理を行わなくても微生物の拮抗作用によって発病が抑制される抑止土壌が存在する．細菌病の抑止土壌としてはジャガイモそうか病の抑止土壌がよく知られている．

5．日照

日照も細菌病の発生に大きな影響を及ぼす．日照が豊富であることは，雨天が少なく，湿度も低くなることから，細菌の増殖には不適な環境条件となり，細菌病の発生は少なくなる．逆に，日照不足は植物の光合成能を低下させ，炭水化物やタンパク質含量の低下を招く．さらに遊離の糖，アミノ酸及びアミドを増加させる．また，蒸散作用の減少物質の吸収や移動を抑制し，イネ科植物ではケイ酸の沈着量が減少し，組織が軟弱となる．このような植物の生理的状態は植物の抵抗性の低下をもたらし，植物病原が侵害しやすい状況となる．さらに，日照不足の場合は多雨・多湿条件と

なるため,病原細菌の増殖や感染に好適な条件をもたらす.イネいもち病が日照不足の年に多発するのは,このよい例であるが,細菌病においても同じような傾向がみられる.

日光,とくに紫外線は強力な殺菌効果を有し,日光の直射を受ける水田の灌漑水中や植物の葉の表面では細菌は急速に死滅する.

また,細菌病における光の直接的影響としては,タバコの葉での過敏感反応(HR)の発現においても,光は必須の条件であり,暗黒下では発現が抑えられる.

参考文献

1) Burr, T. J., Schroth, M. N. and Wright, D. N. (1977) Survival of potato-balckleg and soft-rot bacteria. Calif. Agr. 31: 12-13.
2) Elango, F. and Lozano (1980) Transmission of *Xanthomonas manihotis* in seed cassava (*Manihot esculenta*). Plant Disease 64: 784-786.
3) Fett, W. F. (1979) Survival of *Pseudomonas glycinea* and *Xanthomonas phaseoli* var. *sojensis* in leaf debris and soybean seed in Brazil. Plant Dis. Reptr. 63: 79-83.
4) Goto, M. (1972) Survival of *Xanthomonas citri* in the bark tissues of citrus trees. Can. J. Bot. 50: 2629-2635.
5) 後藤和夫・深津量栄・大畑貫一(1953)常発地の稲白葉枯病と雑草発病との関係.植物防疫 7: 365-368.
6) Graham, J., Jones, D. A., and Lloyd, A. B. (1979) Survival of *Pseudomonas solanacearum* Race 3 in plant debris and in latently infected potato tubers. Phytopathology 69: 1100-1103.
7) Graham, D. C., Quinn, C. E. and Bradley, L. F. (1977) Quantitative studies on the generation of aerosols of *Erwinia carotovora* var. *atroseptica* by simulated raindrop impaction on blackleg-infected potato stems. J. Appl. Bact. 43: 413-424.
8) Graham, D. C. and Harrison, M. D. (1975) Potential spread of *Erwinia* spp. In aerosols. Phytopathology 65: 739-741.
9) Graham, D. C., Quinn, C. E. and Sells, I. A. (1979) Survival of strains of soft rot coliform bacteria on microthread exposed in the laboratory and in the open air. J. Appl. Bact. 46: 367-376.
10) Grogan, R. G. and Kimble, K. A. (1967) The role of seed contamination in the transmission of *Pseudomonas phaseolocola* in *Phaseolus vulgaris*. Phytopathology 57: 28-31.
11) Haas, J. H. and Rotem, J. (1976) *Pseudomonas lachrymans* adsorption, survival, and infectivity following precision inoculation of leaves. Phytopathology 66: 992-997.
12) 伊阪実人(1974)各種植物におけるイネ白葉枯病細菌の越冬.植物防疫 28: 143-146.
13) Kaiser, W. J. and Vakili, N. G. (1978) Insect transmission of pathogenic xanthomonads to bean and cowpea in Puerto Rico. Phytopathology 68: 1057-1063.
14) Kauffman, P. H. and Leben, C. (1974) Soybean bacterial blight: flower inoculation studies. Phytopathology 64: 329-331.
15) Kennedy, B. W. and Ercolani, G. L. (1978) Soybean primary leaves as a site for epiphytic multiplication of *Pseudomonas glycinea*. Phytopathology 68: 1196-1201.
16) Latorre, B. A. and Jones, A. L. Evaluation weeds and plant refuse as potential sources of inoculum of *Pseudomonas syringae* in bacterial canker of cherry. Phytopathology 69: 1122-1125.

17) Leben, C., Daft, G. C. and Schmitthenner (1968) Bacterial blight of soybeans: population levels of *Pseudomonas glycinea* in relation to symptom development. Phytopathology 58: 1143-1146.
18) Marshall, K. C. (1975) Clay mineralogy in relation to survival of soil bacteria. Ann. Rev. Phytopath. 13: 357-373.
19) Nelson, G. A. (1978) Survival of *Corynebacterium sepedonicum* on contaminated surfaces. Am. Bot. J. 55: 449-452.
20) 水上武幸（1961）稲白葉枯病菌に関する生態学的研究．佐賀大学彙報 13：1-85.
21) 小野邦明（1976）タバコ野火病の発生生態に関する研究．盛岡たばこ試報 11：1-50.
22) Persley, G. J. (1979) Studies on the survival of and transmission of *Xanthomonas manihotis* on cassava seed. Ann. Appl. Biol. 93: 159-166.
23) Quinn, C. E., Sells, I. A. and Graham, D. C. (1980) Soft rot *Erwinia bacteria* in the atmospheric bacterial aerosol. J. Appl. Bact. 49: 175-181.
24) Schaad, N. W. and W. C. White (1974) Survival of *Xanthomonas campestris* in soil. Phytopathology 64: 1518-1520.
25) Schaad, N. W., Sitterly, W. R., and Humaydan (1980) Relationship of incidence of seedborne *Xanthomonas campestris* to black rot of crucifers. Plant Disease 64: 91-92.
26) Schneider, R. W. and Grogan, R. G. (1977) Bacterial speck of tomato: sources of inoculum and establishment of resident population. Phytopathology 67: 388-394.
27) Southey, R. F. W. and Harper, G. J. (1971) The survival of *Erwinia amylovora* in airborne particles: tests in the laboratory and in the open air. J. Appl. Bact. 34: 547-556.
28) Strandberg, J. (1973) Spatial distribution of cabbage black rot and the estimation of diseased plant populations. Phytopathology 63: 998-1003.
29) 田中行久（1979）タバコ立枯病菌の生態学的研究．鹿児島たばこ試報 22：1-82.
30) 津山博之（1962）白菜軟腐病に関する研究．東北大農研彙 13：221-345.
31) Venette, J. R. and Kennedy, B. W. (1975) Naturally produced aerosols of *Pseudomonas glycinea*. Phytopathology 65: 737-738.
32) Walker, J. C. and Patel, P. N. (1964) Splash dispersal and wind as factors in epidemiology of halo blight of bean. Phytopathology 54: 140-141.
33) Weller, D. M. and Saettler (1980) Colonization and distribution of *Xanthomonas phaseoli* and *Xanthomonas phaseoli* var. *fuscans* in field-grown navy beans. Phytopathology 70: 500-506.
34) 吉村彰治（1963）稲白葉枯病の発生生態に関する診断学的研究．北陸農試報 5：27-182.

第10章　植物細菌病の診断と同定

1. 植物の細菌病の病徴

細菌病の病徴としては萎凋，斑点，枯損，腐敗，増生，奇形及び萎黄叢生などが挙げられる．

細菌は糸状菌とは異なり植物の表皮を貫通する能力を持たないことから，気孔や水孔などの自然開口部，あるいは傷から侵入する．植物体内に侵入した細菌は，その部位の細胞間隙や維管束で増殖し，そこからその細菌の増殖に適した組織で増殖・移行する．増殖に際し，植物の病原としての細菌は毒素，ペクチン酸分解酵素，タンパク質分解酵素などを分泌し，植物細胞を変性あるいは崩壊し，その細菌の増殖に適した生育環境を作ってゆく．植物病原細菌はそのように感染を成立させ，増殖してゆくために種々の生存戦略を有しており，それに応じた，特有の病徴を引き起こす．

植物細菌病における病徴は病原細菌と宿主植物との組合せによって決定されるが，感染部位，植物の生育条件や環境条件などの影響を受け，また感染の進行の段階によって変化する場合が多い．一方，病原が別種でありながら，酷似した病徴が現れることもある．

植物細菌病の病名はイネ白葉枯病，ナス科植物青枯病の他，野菜の軟腐病，アブラナ科野菜黒腐病，ダイズ斑点細菌病などといったように，それぞれの細菌が引き起こす病徴に由来することが多い．

植物病原細菌による主要な病徴を挙げると，以下のようになる．

1) 萎凋・枯死

侵入した病原細菌が植物の維管束の導管で増殖し，水分の上昇や養分の供給が妨げられ，植物の一部，あるいは全体が枯死する．枯死の原因としては，細菌塊による導管閉塞や細菌が産生する毒素によることが多い．

イネ白葉枯病のクレセック症やナス科植物青枯病が代表的な例である．

萎凋は通常，植物体の先端部の上位葉から急速に始まって，徐々に下位葉に及ぶ．湿度が高い場合や気温が低い場合には萎凋の進展が遅くなったり，あるいは部分的な変色・退色で終

図10-1　ナス青枯病の病徴（左）

わることも多い．

被害組織の維管束は褐変する場合（ナス科植物青枯病）と褐変しない場合（イネ白葉枯病）がある．

2) 斑点

植物体の葉，茎，枝梢，果実，塊茎，ブドウ枝などの各部位で，侵入した細菌の増殖がその部位と周辺に限られるため，侵入部位を中心に小さな斑点を形成する．このような斑点は条件によっては，さらに拡大し，中・大型の斑点となる．また，条件によっては病斑が互いに癒合して，不規則な形となる．

図 10-2　カンキツかいよう病の病徴

キュウリ斑点細菌病，カンキツ類のかいよう病，タバコ野火病などがこの例である．

葉では濃緑色の水浸状の小斑点が生じた後，次第に拡大して壊死斑となる．また，亀裂を生じて脱落することも多い．これらの斑点病では病斑の周縁部が水浸状あるいは油浸状となることが多く，病原細菌が毒素を出す場合には，しばしばその外側に中毒部（ハロー）を伴う．

斑点の変形として条斑がある．これは葉脈が平行的に走るイネ科作物が細菌に侵された場合，組織内の細菌は葉脈を超えて増殖・移行することが難しいため，縦長に伸びる病斑となるものである．イネ条斑細菌病やイネ褐条病などがこの典型である．

3) 枯損

果樹などの枝で芽や若い葉柄基部などで感染が起こったり，あるいは母枝の古い病斑から病原細菌が新梢に進展して感染が起こる場合が多くあり，芽枯れ症状が生じたり，新梢全体が枯死したりする．

ビワがんしゅ病，チャ赤焼病，リンゴ火傷病，核果類かいよう細菌病などがこれに属する．

4) 腐敗・軟腐

本病徴では病原細菌がペクチン分解酵素を分泌しながら増殖してゆくため，病原細菌の増殖部位に濃緑色・水浸状病斑が生じ，次第にその周辺部に拡がって，軟化腐敗症状（soft rot）を呈する．植物が，このような酵素活性が高い *Pectobacterium* 属細菌に侵された場合，軟化腐敗症状は急速に進み，その症状はしばしば植物個体全体に及ぶ．この *Pectobacterium* 属細菌による軟化腐敗症状は一般に高温下で起こることが多く，被害植物は

悪臭を放つ．

これに対して，本酵素活性が比較的高くない*Pseudomonas*属細菌の場合，症状の進展は比較的緩慢で，全身的な腐敗には至らず，局部的な軟化腐敗に終わることが多い．しかも，*Pectobacterium*属細菌とは対照的に，*Pseudomonas*属細菌による腐敗症状は低温下で生じることが多く，また異臭を放たない．腐敗組織を切り取って水滴に落として観察すると，組織片より細菌集団が漏出するのが観察される

野菜軟腐病のほか，イネもみ枯細菌病（苗腐敗症），イネ葉鞘褐変病，キュウリ縁葉枯細菌病などがこのグループに属する．

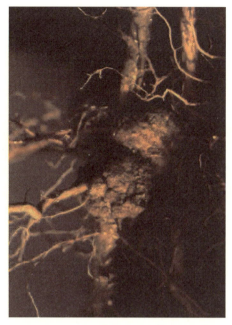

図10-3　モモ根頭がん腫病の病徴

5）増生

こぶ病・がん腫病とも呼ばれる．双子葉植物の根頭がん種病やフジこぶ病がこのグループに属する．フジこぶ病の場合，増生組織を切り取って，スライドグラス上の水滴に組織片を落として検鏡すると，細菌集団が漏出してくるのが観察される．根頭がん種病の場合，切片として観察すると，がん腫の中央部ではなく，外層の柔組織細胞間隙あるいは導管内で細菌が増殖しているのが観察される．このように，病徴は類似していても，病原細菌の病原性発現機構の差が反映される．

2．植物細菌病の診断

細菌病の診断は比較的難しいとされる．それは菌類病と異なり，植物病原細菌は胞子など指標となる形態形成を行うことがないためである．しかし，菌泥（ooze）など細菌病独特の診断の目安もあって，以下のような診断法が考案されてきた．

1）肉眼による診断

植物が病原など何らかの原因によって，その細胞や組織，あるいは器官に異常を来たした場合，これを病徴（symptom）と言う．これに対して，病原体そのものが植物の病変部に現れて，それが肉眼で観察される場合，これを標徴（sign）と称する．

これら病徴も標徴も個々の疾病の特徴を表していることが多いので，細菌病の診断においても重要な鍵となる．しかし，スイカ葉における果実汚

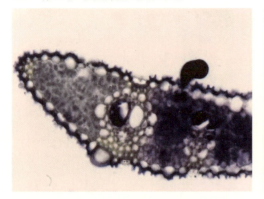
図 10-4A　イネ白葉枯病罹病葉からの細菌粘塊の溢出

図 10-4B　イネ白葉枯病罹病葉からの細菌粘塊の溢出

斑細菌病の斑点型病徴と炭そ病のそれのように異なる病原体であっても類似した病徴を示す場合もあり，一方，スイカ果実汚斑細菌による果実のクラック型病斑と葉における斑点型病斑のように，同じ病原体でも感染部位や環境条件によって異なる病徴を呈する場合もある．このようなことから，疾病の診断は肉眼的な病徴だけに頼るわけにはゆかない．これに対して標徴は病原体そのものが主体となっているため，その色や形，大きさなどが概ね一定であり，疾病診断上，さらに大きな重要性を持つ．

糸状菌による病害では標徴は多種多様で，黴，きのこ，菌核など病原菌の種類に応じて特徴ある形態形成がみられることが多い．従って，このような標徴は病原がどのような糸状菌によるものかを診断する上において重要な手がかりとなる．

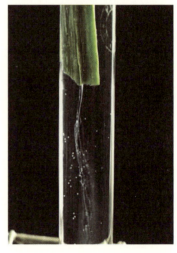
図 10-4C　ニガウリ萎凋病における細菌粘塊の溢出

これに対して細菌病における標徴は主に病変部から溢出する細菌粘塊（ooze，菌泥）が主たるものである．しかも，このような細菌粘塊は気孔や水孔といった自然開口部，あるいは傷から押し出されて出てくるものであるため，常に見られるものではなく，環境条件，とくに湿度に大きく依存している．したがって，朝夕などによく見られる現象である．また，罹病組織の表皮が縦に裂けて，その割れ目から菌泥が漏出する場合もある．いずれにしてもこれらは標徴として細菌病診断において重要な手がかりとなる．

細菌粘塊は病原細菌の種類や環境条件によって性状や量が異なり，肉眼で認められるものからルーペでようやく観察されるものまで多様である．この細菌粘塊は組織内で増殖した細菌集団が溢出したものであるため，

Pseudomonas 属細菌は白色，*Xanthomonas* 属細菌では黄色となるのが普通である．また植物によっては細菌とゴム質が混じって漏出してくる場合もある．このような現象は果樹の細菌病でしばしば観察される．このようなゴム質は細菌病以外の病害でもしばしば観察されるが，細菌病の場合，これが濁っているのが特徴である．

なお，デンプン粒など植物組織からの溢出物とまぎらわしい場合もあるが，そのような場合，石炭酸フクシンで染色し，顕微鏡下（高倍）で観察して確認することが望ましい．

さらに，植物体表面に溢出することがなくとも，ナス科植物青枯病などの場合，試験管やフラスコ，あるいは透明な瓶などに水を入れ，罹病植物の切断した茎や根などを浸漬すると，切断面から細菌粘塊が流出してくる．これはナス科植物青枯病と他の病害を識別するためによく用いられる方法である．流出した細菌粘塊は分離に用いることも可能である．

2) 光学顕微鏡による診断

細菌病の顕微鏡による診断は肉眼観察（病徴や標徴など）による診断をより確実にするための診断法となる．

細菌病では一般に罹病組織内で病原細菌が旺盛に増殖するため，組織内で細菌集団を形成する．したがって，植物の病害が細菌によるか否かを判定するためには植物組織内あるいは植物体表面上の細菌集団を顕微鏡で観察することによりおおよその判定が可能である．

顕微鏡による細菌病の診断法は二つに大別される．一つは病斑部を切り取り，その組織断面から漏出する細菌塊を観察する方法，今一つは病斑部を固定後，ミクロトーム切片として観察する方法である．

①B・E 法（bacterial exudation method）による診断

植物細菌病は経験的に細菌病特有の病徴が観察されるのが普通である．しかし，一般的には細菌病であることを確認するためにはいろいろな簡易検定法が考案されている．細菌病徴では根頭がんしゅ病菌 *Agrobacterium tumefaciens* のような例外を除き，また難培養性の導管や師管に寄生する細菌を除き，植物組織内で旺盛に増殖するのが普通である．したがって，罹病組織を水に漬けると組織から細菌塊が勢いよく流出してくるのが観察される．このような現象を診断に利用したのが B・E 法（bacterial exudation method）である．

以下，代表的な病徴ごとに顕微鏡的診断の概要を記す．

斑点病

古い病斑は避けて，新鮮な小型の病斑を選ぶ．そのような病斑が見つからない場合には大型の病斑の周辺部，すなわち健全部との境界付近を切り取る．このような部分は水浸状，もしくは油浸状を呈することが多い．病斑中央の壊死部は他の細菌による二次感染が起こっている可能性が高く，診断には適していない．また，細菌病では病斑の周囲に暈（ハロー）が拡

がることが多いが，このような変化は細菌が産生する毒素によることが多いので，検鏡には適していない．

枯損病
枝枯れや芽枯れ症状がこのタイプに属する．このような症状では感染部分は枝の皮層部にあるため，表皮をナイフなどで削って，その下の皮層から罹病組織を採取し，検鏡に供試する．

導管病
イネ白葉枯病やナス科野菜青枯病など植物の細菌病では病原細菌が維管束の導管に寄生する病害が多い．従って，感染組織を切り取って，スライドグラスの水滴にしばらく浸漬し，カバーグラスで覆って検鏡すると，維管束部分から細菌塊が噴出してくるのが観察される．

腐敗病
野菜軟腐病が代表的な例である．腐敗組織の小片を切り取って，顕微鏡で検鏡すると組織片から細菌集団が漏出するのが観察される．この場合，水中の細菌は運動性を示し，この点で斑点病などとは異なる．

増生病
こぶ病，がんしゅ病ともいう．フジこぶ病では新しい増生組織を切り取って，スライドグラス上の水滴に浮かべて検鏡すると罹病組織から細菌集団が漏出するのが観察される．しかし，*A. tumefaciens* による根頭がんしゅ病にはこのような方法は適用できない．

②組織学的方法による診断
確実に細菌病であることを診断するためにはミクロトーム切片を作製し，染色して観察する方法が薦められる．

単に細菌病の確認であれば連続切片を作成する必要はなく，滑走式ミクロトームなどを用いて典型的な病徴を示している組織から数枚切片を作成し，それをスライドグラスに貼り付けて染色し，観察すればよい．また，電子顕微鏡観察のための包埋サンプルから厚切り切片を作製し，それを染色して観察する方法もよく用いられる．

さらに細菌病の診断を詳細に行いたい場合，あるいは細菌の感染が疑われる病害の診断には回転式ミクロトームによる連続切片を作成することが望ましい．完璧な連続切片が作成できるメリットは大きく，細菌病でも *Pseudomonas syringae* のグループや，日和見感染細菌による病害では，病徴を示している組織の切片でも細菌塊が観察されるとは限らず，菌塊が飛び石状に形成されるため，連続切片でなければ細菌の存在を確認できない場合も多い．

切片法での効率的な診断には染色が非常に重要である．染色は，ある意味，組織学的観察の大きなメリットと言える．とくに Stoughton 法（チオニンとオレンジ G の二重染色）を用いて染色すると細菌は菫紫色に染まり，これに対して植物の組織は黄色に染まるので，細菌の増殖部位，増殖の程度，細菌の感染による宿主植物の細胞・組織の変化の観察が容易である（図

10-5).電子顕微鏡用の厚切り切片の染色にはトルイジンブルーや石炭酸チオニンが用いられる.

近年,顕微鏡のレンズの解像力の飛躍的向上によって植物組織内の細菌の観察は昔に比べて極めて容易になった.位相差顕微鏡を用いずとも観察が可能であり,病害によっては細菌の増殖部位のホットスポットに当たる確率が低い場合もあるため連続切片の光学顕微鏡による観察のメリットは大きい.ただし,対物レンズは40倍,60倍のPlanApoなど高解像度のものを装備する必要がある.染色切片ではファイトプラズマ以上のサイズであれば組織内の細菌の観察が可能である(図10-5).

図 10-5　イネ黄萎病ファイトプラズマの光学顕微鏡による診断
イネ葉の維管束・師部でのファイトプラズマ(紫色)の増殖が観察される.

3) 電子顕微鏡による診断
①透過型電子顕微鏡による診断

透過型電子顕微鏡の利点は高倍率での観察が可能なことであり,何千倍,何万倍といった高倍率での観察が可能であるため,細菌の個々の細胞の内部構造の観察が可能であり,また感染組織では植物の細胞の小器官の構造まで観察が可能である.従って,細菌の最も精密な観察が可能であるが,サンプル採取から観察まで時間を要すること,超薄切片の作製に高度な技術を要すること,顕微鏡自体が高額であることなどから,ウイルス病の場合とは異なり,細菌病の診断のために用いられることは少ない.しかしながら,前世紀よりウイルス病とされていたブドウのピアース氏病が細菌病であることの発見は電子顕微鏡観察のおかげである.同様に植物におけるマイコプラズマ様微生物(ファイトプラズマ)の発見も電子顕微鏡によっている.

電子顕微鏡は高倍率で観察が可能なため,光学顕微鏡では診断が難しい場合に用いられ,とくに病原が細菌か,ファイトプラズマかあるいはウイルスか判定が難しい場合に用いられる.しかし,欠点は連続切片の作製が不可能なため,細菌が組織内で部分的に増殖する場合,その増殖部位に当たる確率が低いこと,またウイルスと異なり細菌の観察はあまり高倍率の必要はなく,低倍域での観察が重要となる.このため,超薄切片作製の前に厚切り切片で予め予備観察を行うことが肝要である.

通常グルタールアルデヒドとオスミック酸による二重固定が用いられ，スプールなどの樹脂に包埋した標本をウルトラミクロトームによって超薄切片を作製し，酢酸ウランなどで染色して観察する．

細菌は球形，桿状，螺旋状，繊維状など多様な形態を示すが，植物病原細菌のほとんどは桿状ないし短桿状である．大きさは直径 1μm 前後であり，多くの場合，細胞間隙や導管内で集合体として観察されるため比較的容易である．

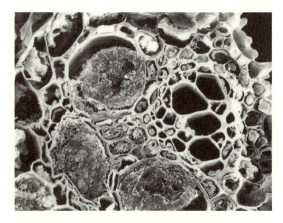

図 10-6　イネ白葉枯病罹病葉における病原細菌の増殖（SEM像）

②走査型電子顕微鏡

透過型電子顕微鏡は高倍での細菌の観察が可能であり，植物との相互作用の精密な観察には必須であるが超薄切片の作製や観察に熟練を要する．しかし，走査電子顕微鏡はそのような特別な技術が不要で，比較的簡単に細菌の観察に適用できる．

走査型電子顕微鏡は高倍率観察が可能な実体顕微鏡と考えればよい．感染植物の表面を比較的簡単な処理で高倍率観察できるため，気孔や水孔などの自然開口部で増殖する細菌や植物表面で増殖する細菌を観察することができるが，感染植物の内部の観察は難しい．しかし，近年凍結割断法などの技術を用いて組織内部を観察することが可能となった．一般に，透過型電子顕微鏡用のサンプルと同様にグルタールアルデヒドで前固定を行った後，オスミック酸で後固定し，脱水を行う．そして，真空凍結乾燥もしくは臨界点乾燥などで標本を乾燥し，観察に供試する．

4）血清学的診断
①ラテックス凝集反応法

病原微生物の検出を行う際，スライド凝集反応のように抗原-抗体反応による凝集物を直接観察するには，その量があまりにも少ない場合，肉眼で判断するのは困難である．そこで，ラテックス粒子のような担体表面に抗体を結合させ，高感度化した方法をラテックス凝集反応という．

②寒天ゲル内拡散法

抗血清（抗体）と抗原を寒天ゲル内に対峙して反応させて，相互に拡散させて生ずる沈降帯を観察する方法である．細菌の生菌や可溶性の抗原とその抗血清を本法を用いて反応させると抗原成分の複雑さを反映して，通常は複数の沈降帯が観察される．沈降帯が完全に融合した場合には同種もしくは極めて近縁，スパーが生じる場合には近縁ではあるが異なる種であ

ると推定される．反応の観察に要する時間は1日ないし1週間程度である．また，スライドグラス上に作った薄い寒天平板を用いれば抗原と抗体の量を節約できる．

③蛍光抗体法

抗体（γ-グロブリン）にFITCなどの蛍光色素を化学的に結合させた蛍光抗体を抗原と反応させて，標識に用いた蛍光色素を蛍光顕微鏡下で観察する方法である．抗原抗体反応を組織化学的に応用した方法である．精度が非常に高く，植物の組織内の微量の細菌をも検出することが可能である．

5）遺伝子診断

植物病害診断とは「その病気の原因は何か，その原因となった病原体は何か」を確定することである．診断結果は防除対策を考える上で重要な情報となるため，症状に応じて様々な診断法を用いて迅速・正確な診断を行う必要がある．近年，分子生物学的手法の目覚しい進展，すなわち塩基配列解析技術やバイオインフォマティクスの発展に伴い，遺伝子診断法が細菌病や病原細菌の迅速かつ簡便な診断法の一つとなっている．

遺伝子診断法の技術的特徴は大きく分けて二つに分けることができる．一つは特異的な遺伝子断片の検出，遺伝子断片の数や移動度を解析するフラグメント解析であり，今一つはすべての生物に普遍的に存在し，維持・増殖に不可欠な遺伝子（16S rDNA，gyrB，rpoDなど）のDNA塩基配列解析である．植物細菌病の遺伝子診断において，病徴や分離されたコロニーの特徴からその病原である細菌が推定できる場合，「特定の病原細菌を同定する遺伝子診断手法」としてフラグメント解析技術が利用される．また，診断を行う対象がこれまでに報告のない細菌病害である場合，「非特定の細菌を同定する手法」としてDNA塩基配列分析技術が用いられる．

①特定の病原細菌を同定する手法

植物病原細菌に関する遺伝子レベルでの多くの研究報告がなされ知見が得られている．特にPCR（Polymerase Chain Reaction：複製連鎖反応）法による同定法は発達しており，特異的なプライマーとPCR条件が確定していれば，対象となる病原細菌の検出・同定について極めて有効な手法である．ニンジン斑点細菌病菌，ウリ類汚斑細菌病菌，トマトかいよう病菌など，各々の病原に特異的なプライマーセットが報告され利用されている（図10-7）．PCR法とは，DNAの熱変性，プライマーのアニーリング，DNAポリメラーゼによる相補鎖の伸長といった3つのステップを繰り返し行うことによって特定のDNAを増幅する方法である．具体的には次のような手順で行う．先ず，2本鎖である細菌DNAを94℃で処理し1本鎖に変性する．一本鎖となったDNAにプライマーと呼ばれるDNA合成開始用の短いDNAを結合させる．この結合は熱変性したDNAが温度を下げることで相補的な二本鎖に戻すことができる性質を利用したものである．このようにプライマーの持つ相補的な塩基配列に特異的に結合することを

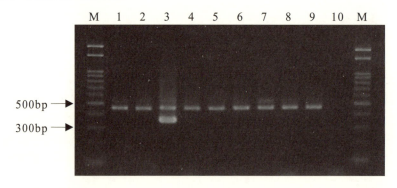

図 10-7　ニンジン斑点細菌に対して特異的なプライマーを用いた PCR
M：DNA size maker，1：アブラナ科黒腐病菌（*Xanthomonas campestris* pv. *campestris*），2：アブラナ科斑点細菌病菌（*Xanthomonas campestris* pv. *raphani*），3：ニンジン斑点細菌病菌（*Xanthomonas hortorum* pv. *carotae*），4：ジニア斑点細菌病菌，5：レタス斑点細菌病菌（*Xanthomonas axonopodis* pv. *vitians*），6：*Pseudomonas fluorescens*，7：アブラナ科黒斑細菌病（*Pseudomonas syringae* pv. *maculicola*），8：エンドウつる枯細菌病菌（*Pseudomonas syringae* pv. *pisi*），9：イネ内穎褐変細菌病菌（*Pantoea ananatis*），10：Negative control（Water）.

アニーリングと呼ぶ．そして，次の段階として，DNA ポリメラーゼによってプライマーが結合した部分から DNA が伸長する．この反応を効率的に行うために，調査対象の細菌 DNA，DNA 検出したい領域をはさむ二つのプライマー，DNA ポリメラーゼ及び dATP，dCPT，dGTP 及び dTTP という 4 種のオキシリボヌクレオシドを含む dNTP を混合した反応液を調整し，これをサーマルサイクラーという装置にセットして DNA 増幅反応を起こさせる．この特異的なプライマーセットは対象細菌種の病原性関連遺伝子や必須遺伝子中の可変領域に存在する特異的な領域を標的として設計されているため，得られた結果の信頼性は高い．

　また，同一細菌種の中でも異なる特徴を持ち，種より下位のレベルで細かい類別や判別を行う診断が必要な場合，repetitive sequence-based PCR（rep-PCR）法を用いることで，菌株間の異なるパターンの遺伝子断片を得ることができ，細菌同定診断の補助的データになることが期待される．

　これらの方法以外にも，PCR-RFLP（PCR-Restriction fragment length polymorphism）法，PFGE（pulsed-field gel electrophoresis）なども利用されている．これらのフラグメント解析による遺伝子診断法を用いた判定は迅速で便利な手法であるが，正確な病態観察や分離された細菌の様相から得られた情報と合わせた総合的な判断が必要とされることを十分に理解しなければならない．

　さらに，最近では標的とする植物病原細菌の特異的遺伝子の検出だけでなく，サンプルに含まれる標的遺伝子を定量することができる Real-time PCR 法や LAMP（Loop-mediated Isothermal Amplification）法が利用される

ようになっている．これらの方法は診断のみならず，植物病原細菌の疫学解析にも利用されることが今後期待される．

②非特定の細菌を同定する手法

これまで報告のない特徴を持つ病徴から細菌が分離された場合，その分離菌株が病原であることを確認する必要がある．そのため，分離菌株を宿主植物に接種しコッホの原則に基づき原病徴の再現と対象菌の再分離を確かめる試験を行う．

しかし，この試験の結果が得られまで時間がかかるため，迅速な診断を行うために分離菌株の DNA 塩基配列分析を同時に行う．この DNA 塩基配列分析において，現在の細菌分類基準は 16S rRNA に代表される遺伝子情報であり，既知のこれらの遺伝子情報と比較することにより，対象菌株の属とそれより上の類縁関係を明確にすることができる．

16S rRNA の遺伝子情報が基準となっている理由として，すべての細菌が 16S rRNA を保有すること，16S rRNA の保存性が高く進化の過程で急激な変化はなかったと考えられること，すでに多くの菌種の情報が蓄積されていたことが挙げられる．しかし，菌種によっては 16S rRNA 解析にて高い相同性を示しても異なる菌種である可能性もあることから，16S rRNA 解析の結果だけで対象菌株の同定を行うことに注意すべきである．

また，DNA 解析の高速化，その解析コストが低下することによって，複数の菌株について複数の遺伝子領域を同時に解析することができるようになった．そこで，提案された手法が MLST（multilocus sequence typing）法である．MLST 法に用いる必須遺伝子には，16S rRNA 遺伝子，DNA 複製に関与する gyrB 遺伝子，ヒートショックタンパク遺伝子，分泌関連遺伝子などが含まれる．MLST 法はこれらの必須遺伝子の特定領域を PCR によって増幅し DNA 塩基配列を読み取り，菌株ごとの配列の差異をパターン化して総合的に解析する方法である．つまり，単一の遺伝子に基づいた系統関係の類推ではなく，複数の遺伝子（通常，7 遺伝子領域）に基づく多くの解析情報の統合によって得られたデータであるため，MLST 法の結果は対象菌株に関する信頼度の高い系統関係を示すことができると言える．

なお，このように，DNA 解析技術の発達は目覚ましいが，シークエンサーで得られたデータの読み違いの確認などの適切なチェックなしに検索を行い，得られた相同性の数値を信頼するのは非常に危険なことである．得られた結果の妥当性について，シークエンス・データのみならず，対象菌株の表現形質や細菌学的性状の特徴と併せて十分な考察を行うことが必要である．

3．分離と同定

植物病原細菌の分離は難培養性の細菌（fastidious bacteria）を除き，適当な培地を選べば分離は容易である．また，同定もかつては多大な労力を

要するものであったが,近年,分子生物学的方法の進化に伴い,16S rRNA の塩基配列の解析を中心に,主要な遺伝子解析により,比較的容易に同定が行えるようになっている.

1) 分離と培養
(1) 分離

細菌病の罹患部から病原細菌を分離するには,罹病組織を摩砕し,細菌縣濁液を作り,これを寒天培地上に画線する,もしくは希釈平板法によって目的とする病原細菌のコロニーを得る.新鮮な病斑では腐生細菌が混在していても,それらの病原細菌に対する相対密度が小さいため,問題は少ない.一方,糸状菌の分離の場合のように,表面殺菌した罹病組織片を寒天培地上に置床する方法は雑菌による混入が起こりやすく,避けるべきである.

細菌の分離に熟練してくると,段階希釈を省いて下記のような手順で分離操作を行うのが普通である.しかし,この方法では雑菌が多いサンプルや植物組織内での増殖度が低いサンプルでは目的とする細菌を分離するのに失敗することもあるので注意を要する.例えば *Agrobacterium* 属細菌や *Pseudomonas syringae* のグループがそのよい例である.

①表面殺菌

材料の植物を 70％エタノールで 30 秒～1 分間,表面殺菌する.有効成分濃度 0.5％の次亜塩素酸ナトリウム溶液を用いることもある.この場合は 1～5 分浸漬する.理想的には過剰な消毒剤を流して除去するのが理想であるが,必ずしもその必要はない.

②組織の摩砕

表面殺菌した罹病組織を罹病組織を数 mm の大きさに切り出して,滅菌水もしくはペプトン水中で砕いて,これを寒天培地表面に画線培養するのが最も普通の分離法である.希釈を行う場合は乳鉢もしくは小型のすり鉢に入れて,滅菌水を適量加えて摩砕し,菌液を準備する.

③摩砕液の希釈と単コロニー分離

調製した菌液は通常選択培地に条状に塗布する.塗布は一般的には 1 枚のプレート上で白金耳を用いて方向を変えて画線することにより希釈を行う.これにより単コロニーを得る.

大部分の細菌病では,組織内に侵入した病原細菌が 10^8 個程度に増殖するため,画線法でも確実な分離が可能である.しかし,*Pseudomonas syringae* 群や *Agrobacterium tumefaciens* などでは増殖度がそれよりもかなり低いため,とくに雑菌が増えたサンプルからは分離が困難なことがある.このような場合,菌液を段階希釈して希釈系列を作成し,各希釈段階液をプレート上に固めた平板上に塗布する方法が薦められる.また,各段階希釈液を一定量プレートに取り,予め溶解して温度を下げた培地を流し込む方法も使われる.このような段階希釈法では主要な細菌を見落とすリスクは少な

くなる．

（2）培養

適当な温度設定を行い，適温下（通常 25～30℃）で数日培養する．培養 1～2 日後に最初に現れるコロニーは腐生性の雑菌であることが多い．とくに *Xanthomonas* 属細菌は生育が遅く，イネ白葉枯病では同じ黄色系の腐生性 *Erwinia* 属細菌が最初に出現することが多く，コロニーの選択には注意が必要である．

①培地

植物病原細菌は主として有機化合物を炭素源とし，それらの分解によってエネルギーを得る．従って，植物病原細菌の培養には細菌体の構成物質の合成とエネルギーを獲得するに必要な全ての物質，すなわち栄養素を培地から吸収させる必要がある．

細菌用の培地としては完全に化学的性質が明らかな物質のみを用いた合成培地，天然の有機物など化学的成分が不明確な成分を含む複合培地がある．

通常，分離や培養には細菌の栄養分をほぼ一様に満たした複合培地が主として用いられる．

複合培地（非合成培地）

表 10-1　一般培地の組成

【培地名と組成】

1）肉エキス・ペプトン寒天培地（NBA培地）		2）イーストエキス・ペプトン寒天培地（YPA培地）	
肉エキス（牛肉エキスまたは魚肉エキス）	5g	イーストエキス	5g
ペプトン	5g	ペプトン	5g
NaCl	5g	NaCl	5g
寒天	15g	寒天	15g
水	1,000ml/pH 7	水	1,000ml/pH 7
3）イーストエキス・ペプトン・デキストロース寒天培地（YPDA培地）		4）イーストエキス・グルコース・カルシウム寒天培地	
イーストエキス	10g	イーストエキス	10g
ペプトン	10g	グルコース	20g
デキストロース	20g	炭酸カルシウム	20g
寒天	15g	寒天	15g
水	1,000ml/pH 7	水	1,000ml/pH 7
5）ジャガイモ半合成培地（PSA培地）		6）キング培地	
ジャガイモ 300g の煎汁	1,000ml	ペプトン	20g
$Na_2HPO_4 \cdot 12H_2O$	2g	$K_2HPO_4 \cdot 12H_2O$	1.5g
$Ca(NO_3)_2 \cdot 4H_2O$	0.5g	$MgSO_4 \cdot 7H_2O$	1.5g
ペプトン	5g	グリセリン	10g
スクロース	15g	寒天	15g
寒天	15g/pH 7	水	1,000ml/pH 7

細菌の分離培養には各種細菌の栄養を満たすため，表 10-1 のように，天然の有機物を主体とした複合培地が用いられる．

この表から明らかなように，ペプトンや肉エキス，ジャガイモ煎汁，酵母エキスなどのエキス類を基本的な成分としている．例えば，酵母エキスは一般的な窒素要求性を満足させる有機窒素化合物と，細菌が要求するほとんどの有機増殖因子を含んでいる．従って，複合培地は非常に広い範囲の細菌の培養に適用できる．

合成培地

細菌の栄養要求性や糖利用能を調べる場合等に用いられる．その組成は炭素源として糖類，有機酸，アルコール，窒素源としてアンモニウム塩，硝酸塩，アミノ酸，硫黄源として硫酸塩，含硫アミノ酸，塩類としてカリウム，マグネシウム，リン，鉄，カルシウムなどの塩化物と微量のマンガン，銅，コバルトなどの塩化物を含むミネラル基礎培地が用いられている．

半合成培地

合成培地に極少量のカゼイン分解物，ペプトンあるいは酵母エキスなどを加えた培地で，要求する栄養素が不明な細菌に用いる．

選択培地

選択培地とは特定の菌種・菌群のみを発育させ，それ以外の微生物の発育を抑制する培地のことであるが，実際には目的とする菌種・菌群のみを純粋に発育させる培地をつくることは不可能に近い．

細菌では選択性が非常に高い培地では増殖した細菌の菌種をほぼ推定することが可能であるが，多くの選択培地は目的の菌種を絞り込むために用いられる．この場合はプレート上には複数の菌種が生育しているので，培地上でのコロニーの特徴を色や形に基づき分類し，目的とする菌種を分離する．そして，病原性を有する菌株について，同定作業を行う．

②培養法

平板培養

寒天培地を加温溶解し，15～20ml ずつ滅菌シャーレに無菌的に注ぎ，凝固させて平板を作り，この培地表面に細菌浮遊液を白金耳で塗抹する，もしくは適当に希釈した細菌液を L 字型ガラス棒（コンラージ棒）を用いて平板状に均一に拡散塗抹する方法がある．双方とも試料に含まれる個々の細菌が増殖して，それぞれ独立したコロニーを作るため，そのコロニーの性状から，その細菌の特徴を把握できる．

流し込み培養

生菌数の測定や単コロニー培養に頻繁に用いられる．平板希釈した細菌浮遊液を一定量シャーレに取り，約 50℃に保った寒天培地 10ml を流し込み，細菌浮遊液と寒天培地をよく混和し，実験台上に静置し，寒天培地が固まるのを待つ．

この方法では細菌細胞は固まった培地表面のみならず，寒天培地全体に分布する．従って，同一細菌でも寒天培地表面で増殖したコロニーは正常

表 10-2 選択培地の例

培地名	対象細菌	組成	出典
XCSM 培地	カンキツ かいよう病菌	KH_2PO_4 $MgSO_4 \cdot 7H_2O$ デンプン ポリペプトン $K_2Cr_2O_7$ シクロヘキシミド クロラムフェニコール ネオマイシン メチルグリーン	尾崎・塩谷（1999） 塩谷（2010）
改変 SMSA 培地	青枯病菌	ペプトン グリセロールまたはグルコース カザミノ酸 バシトラシン ポリミキシン B 硫酸塩 クロラムフェニコール ペニシリン G カリウム塩 クリスタルバイオレット テトラゾリウムクロライド	Elphinstone et al.（1996）
ペプトン加用諏訪培地	イネ白葉枯病菌	グルタミン酸ナトリウム $MgCl_2 \cdot 6H_2O$ KH_2PO_4 EDTA-Fe ペプトン スクロース	加来・落合（1996）
AB 培地	根頭がん腫病菌	グルコース KH_2PO_4 NaH_2PO_4 NH_4Cl $MgSO_4 \cdot 7H_2O$ KCl $CaCl_2 \cdot 2H_2O$ $FeSO_4 \cdot 7H_2O$	Chilton et al.（1974）
NSVC 培地	*Pantoea ananatis* 及び トウモロコシ萎凋細菌	ペプトン イノシトール NaCl バンコマイシン シクロヘキシミド	後藤ら（1990）
MMS 培地	火傷病菌	タウロコール酸ナトリウム タージトール ニトリロ酢酸 ブロモチモールブルー ニュートラルレッド シクロヘキシミド 硝酸タリウム	Raymundo and Ries（1980）
CMM 培地	トマトかいよう病菌	スクロース トリスヒドロキシメチルアミノメタン $MgSO_4 \cdot 7H_2O$ LiCl 酵母エキス カザミノ酸 ナリジキシン酸 ポリミキン硫酸塩 シクロヘキシミド	Alvarez and Kaneshiro（1999）

なコロニーを形成するが，寒天内で増殖したコロニーは小型レンズ状となる．

斜面培養

　試験管に寒天培地を分注し，滅菌後，温度が下がって固化する前に斜めに静置し，斜めの培養面を作って，そこに細菌を接種・培養する方法であ

る．
　この斜面培養は細菌の増殖，検査，保存などさまざまな目的で用いられる．斜面の角度や画線の仕方もいろいろあるが，目的に応じて使い分ける．斜面は増菌に，半斜面は保存や生理的性状の検査に用いられる．培地への接種の方法も穿刺，直線，蛇行線あるいはそれらを組み合わせた方法がある．

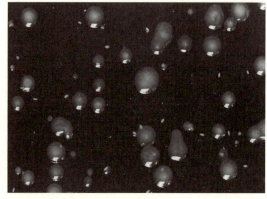

写真 10-8　流し込み培養による細菌のコロニー（イネ白葉枯病菌）

液体培養

　寒天を加えない液体の培地を試験管やフラスコに分注し，細菌を接種して培養する方法である．この液体培養には静置法，振盪法，通気培養法，また嫌気性菌の培養に用いる特殊な方法があり，培地への酸素供給量を細菌の要求に合わせて使い分けることが必要である．この液体培養の場合，濁度計で生菌数を推定するのではなく，必ず生菌数のチェックが必要である．とくに好適条件下では細菌の生育速度が速く，測定時には古い死細胞が多数混在する可能性があり，注意が必要である．

　得られた分離株は直ちに同定と植物への接種試験で病原性を確認する．また，分離細菌は-40～-80℃で凍結保存を行う．

2）病原性試験

（1）コッホの三原則

　実験病理学（Experimental Pathology）の基本となる原則で，細菌学者Robert Kochが最初に提唱した．この，「コッホの3原則」によれば，ある微生物がその病気の原因であることを証明するには以下の3つの条件が必要である．

1. ある特定の感染症に罹った個体はその病変部において特定の微生物が常に見出されなければならない．
2. その微生物が罹病個体から純粋に分離培養されなければならない．
3. その純粋培養は感受性宿主へ接種されると同一の感染症をおこし，感染病変部から再び同一の微生物が分離されなければならない．

（2）病原性検定

　細菌を分離し，病原と推定した細菌を同定した後に最も重要な作業は接種である．同定した細菌が病原性を有し，しかも原病徴を再現できるかどうかを確認するため必ず戻し接種を行う必要がある．

①接種植物の準備

　必ず細菌を分離した植物を含める．病原細菌としての絞り込みができる場合は既に宿主として報告のある植物を選び，また植物の感受性にも注意

する.

　接種用植物はよく肥培管理された若い植物を用いる．とくに肥料切れを起こした植物では病徴の再現が難しいことがある．また，接種には老化していない組織を選ぶことも重要である．時に病徴と老化による黄化の区別が難しいなどの問題が起こる．

　接種植物としてタバコを常時供試できるように温室などで栽培しておくことも重要である．タバコを宿主としない病原細菌の多くはタバコに注射接種するとHR（過敏感反応）が起きることから病原細菌であることを推定できる．さらに，*Agrobacterium tumefaciens* ではセイロンベンケイソウやヒマワリが接種試験に適している．

②接種法

　植物病原細菌の接種法としては次のようなものがある．それぞれ病徴再現のために，組織内での細菌の増殖様式を確認して，接種法を選択する必要がある．主な接種法は下記のとおりである．

噴霧接種　Spray inoculation

　最も一般的な接種法である．主として斑点病など気孔侵入する病原細菌に適用されるが，水孔から侵入する細菌にも適用できる．葉などの接種部位に小型噴霧器あるいは霧吹きを用いて，細菌浮遊液を噴霧する．細菌浮遊液はムラがないように噴霧し，その後，一晩ないし2日間感染を確実にするために，接種植物を湿室に置く．温度と湿度を管理した接種箱に保つのが理想であるが，接種植物をビニール袋で覆ったりして湿度を保つことで感染は成立する．

　接種用の噴霧器も先端を内側に曲げた針をつけた注射器で代用が可能で，また大量に接種する場合は加圧ポンプを利用するとよい．

　接種源の細菌浮遊液の細菌濃度は噴霧接種の場合，10^9 cfu/ml くらいの濃い目の濃度が用いられることが多い．しかし，特徴ある病徴を確実に出すためには濃度を10倍希釈で2,3段階濃度勾配を変えて接種することが薦められる．

針接種法　Needle-pricking method

　傷は植物病原細菌にとって共通の侵入口である．したがって，針などで傷をつけて病原細菌を導入する接種法はよく用いられる方法である．針接種では単針接種法，2針接種法，多針接種法などがある．もちろん接種針の数を増やすことにより接種効率は上がるが，植物体へのダメージも大きくなるため，適当な針数の選択が必要である．

剪葉接種法　Clipping method

　病原細菌の懸濁顆液に鋏を漬け，その鋏で接種植物の葉を切り取ると同時に病原細菌を植物組織に導入する接種法である（図10-9）．とくにIRRIで開発されたイネ白葉枯病菌の剪葉接種法はきわめて優れた接種法で，広く利用されている．実験用としてはもちろんのこと，イネ白葉枯病抵抗性育種の実際の場面でも用いられてきた．個体数が少ない場合は試験官やビ

ーカーに細菌浮遊液を入れ，外科用鋏や眼科用鋏を漬けて接種する．また，圃場での剪葉接種では通常の鋏の代わりに芝生鋏を用いることによりさらに効率を上げることが可能である．

注射接種 Injection（Infiltration）method

細菌病研究で用いられる独特の接種法である．この方法は本来，非親和性反応である過敏感反応（HR）用の検出用に開発された接種法である．注射針をつけて接種する場合と注射器をはずして接種する場合がある．一般的には葉の裏面の方が表面よりも気孔が多いので，葉の裏面に注射器を押し当てて，細菌浮遊液を気孔あるいは傷から葉の細胞間隙や茎の皮層の細胞間隙に浸透

図 10-9　剪葉接種法

させる．本法では植物の組織の細胞間隙は湿度が保たれているので，湿室条件を保つ必要はない．病原細菌が浸潤した組織は親和性の場合，浸潤組織全体が病変を起こし，一方，非親和性の組み合わせでは過敏感反応など抵抗反応が現れる．

切片接種法 Slice inoculation

本法は軟腐病などの試験で用いられる．ハクサイでは中肋，ニンジン，ダイコンなどでは輪切り切片を準備し，それに細菌浮遊液を滴下し，湿度を高くしたシャーレ内に保って発病させることが可能である．この場合，ナイフ等で浅い切り込みを入れたり，針で穿刺したりして病徴の発現を助長することができる．従って，病原力が弱い菌株などの場合，特に有効である．しかし，傷を加える場合，二次的な感染が起きる可能性が高くなるため，必ず再分離して，接種した細菌の増殖によるものであることを確認する必要がある．

③接種源

純粋培養を用いた人工接種では，接種源としては適温で 2 日培養程度の新鮮なコロニーを用いることが重要である．古い培養の場合，有効な菌数が少ないため接種効率が落ちることがある．

培養は寒天培地で試験管で斜面培養，シャーレで平板培養したものを適当な濃度に滅菌水で希釈するか，液体培養したものを滅菌水で希釈したものを用いる．通常，この細菌浮遊液に Tween 20 を少量加える．効率的な増殖が可能なため，液体培養法が用いられることもあるが，この場合は培養時間が問題で，注意が必要である．培養時間が長過ぎる場合，オートライシスにより生細菌数が激減するため，濃度のチェックが肝要である．

接種試験では接種源の濃度が極めて重要である．かつては 10^8 cfu/ml の濃度が標準濃度として用いられていたが，今日では 10^6 ないし 10^7 cfu/ml の濃度が標準となっている．しかし，このような濃度でも自然界ではありえない高濃度であることは確かで，品種抵抗性の検定などではより低濃度で再現されることが多い．

また，分離の手間を省いての簡易接種，あるいは自然状態での高い病原力を利用した接種では，罹病組織を鋏などで細かく裁断して滅菌水に浸し，罹病組織内から流出した細菌を直接接種源として接種を行うこともある．しかし，この場合，二次的に増殖した雑菌の影響を考慮する必要がある．

④接種後の管理

細菌病では接種後の温度及び湿度条件が感染の成否を左右する．従って，接種後は植物を1晩ないし2日程度，適温で多湿条件下に保ち，その後に通常の栽培条件に戻す．そして，接種植物に病徴が発現した後，原病徴と比較する．この接種した植物を多湿条件下に置き，組織表面の細菌液の小滴が乾燥しないように保つこと，これが接種植物の感染率を高める必須条件である．とくに気孔など自然開口部から侵入する病原細菌の場合，この湿度の管理が極めて重要である．

多湿条件に保つ方法としては加湿器を備えた湿室が理想的であるが，植物を置くスペースに応じて紙や脱脂綿に水を含ませて内壁に貼り付けたり，下に水を張ったりすれば十分である．また，ポリエチレン袋で被覆する方法もよく用いられる．

しかし，このような多湿条件は植物にも大きなストレスを与え，時間が長くなりすぎると葉の黄化などの障害が現れるので，注意を要する．細菌と植物の組み合わせによっては多湿条件下に長く置きすぎると，本来病原性を持っていない細菌でも病徴が現れることがある．

3）細菌の同定

分類学的所属が明らかでない細菌を各種性質を調査し，既知の細菌の性質と比較して，その分類学的所属を決定することを同定という．

細菌学的性質の調査，免疫学的試験，遺伝子解析などの手法を用いて行うが，近年 16S rRNA などが多用される．さらに，過去に分離・同定された菌株，できればタイプカルチャーや標準菌株と比較することが望ましい．

（1）細菌学的性質に基づく同定
①顕微鏡による形態観察

まず通常の光学顕微鏡を用いて，細菌の大まかな形態を把握する．すなわち，桿状か球状か，芽胞の有無，運動性などを観察する．位相差顕微鏡を用いれば観察はさらに容易である．さらに，鞭毛など詳細な観察のためには電子顕微鏡を用いる．

②染色性

菌体を各種染色剤を用いて観察する．染色法としては単純染色（普通染

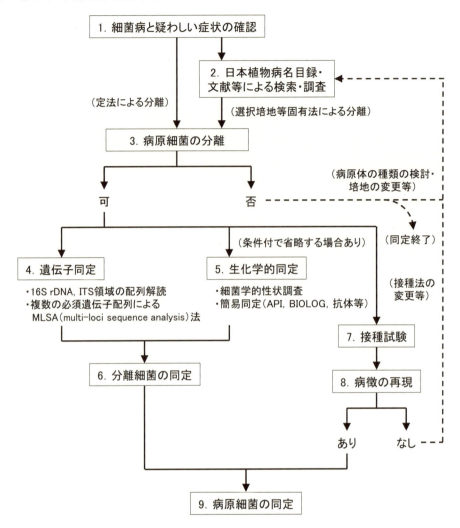

図 10-10　植物病原細菌の同定の手順

色），グラム染色，鞭毛染色，莢膜染色などがある．単純染色は石炭酸フクシンなどで細菌体を染色し，形状の観察や大きさの測定を行う．グラム染色は細菌学的性質として最も重要なもので，グラム陽性か陰性かを判定するための染色であるが，簡易法として染色せずに KOH を用いる方法もよく利用される．鞭毛染色では鞭毛の数と着生位置を調べる．莢膜染色では菌体外の莢膜（包のう）の存在を確認する．また，脂質粒染色では菌体内の貯蔵物質としての脂質（通常ポリ-β-ヒドロキシ酪酸）の顆粒の有無を調べる．

③集落の形状

集落の形状は通常の培地上に形成される集落の性状，すなわち色，全体の形，大きさ，周縁の形状，表面の状況，盛り上がり，透明度などを調べる．また，集落から培地中への水溶性色素の産生などについて観察を行う．ただし，このような性状は細菌の培養条件によって大きく変わるので，培

地の種類や組成，培養条件などについて詳細に記載することが重要である．

④ 生理・生化学的性質

生理・生化学的性質は形態的な変異に乏しい細菌にあって，古くから分類・同定のための指標として重要視されてきた．

生理的性質

生理的な性質としては通常，生育最適温度，生育最高温度，生育最低温度，生育最適 pH，耐塩性，酸素要求度などを調査する．

生化学的性質

生化学的性質として取り扱われているものは細菌の代謝経路に関連した酵素活性や代謝産物の検出を行うものであるが，有機化合物の利用能・代謝能も含むこともある．

イ）各種酵素活性

呼吸系に関連した酵素としてはオキダーゼとカタラーゼがある．前者は電子伝達系のチトクロームCに共存するもので，後者は酸化還元反応の産物であるが過酸化水素を分解解毒する酵素である．アミノ酸代謝に関連する酵素としてはデカルボキシラーゼ，アルギニンジヒドラーゼ，フェニルアラニンデアミナーゼ，チロシナーゼなどがある．これらの酵素はアミノ酸を加水分解，脱アミノ，脱炭酸などによって代謝する経路の有無を示すものである．高分子化合物を分解する酵素としてはペクチナーゼ，レシチナーゼ，リパーゼ，プロテアーゼ，デンプン加水分解酵素などがある．リパーゼ活性を調べる基質としては綿実油，Tween 80，プロテアーゼ活性を調べる基質としてはゼラチン，カゼインが用いられる．有機リン酸化合物のリン酸基を遊離させるホスファターゼ，尿素をアンモニアと二酸化炭素に加水分解するウレアーゼ，アルブチンやエスクリンなどの配糖体を加水分解する β-グルコシダーゼなども取り上げられることが多い．

ロ）糖類の利用能

糖質の代謝に関する試験項目としては OF テスト，3-ヒドロキシ-2-ブタン（アセトイン）産生，メチルレッド試験，グルコン酸の酸化，3-ケトラクトースの生成，スクロースからの還元物質の生成，レバンの産生などがある．これらの中で OF テストは最も基礎的な試験の一つで，これは糖の代謝が醗酵的か酸化的かを調べるものである．アセトインとメチルレッドの試験はグルコースの代謝に関する試験で，腸内細菌群の同定に重要である．グルコン酸は Entner-Doudoroff 経路を持つ細菌が 2-ケト-グルコン酸を生じることから，この経路を存在を調べるための試験である．3-ケトラクトース及びスクロースからの還元物質の生成試験ではそれぞれの非還元糖のラクトースやスクロースよりケト基を持った還元糖を生成する能力を有するかを調べる．

レバン産生はスクロースを利用して多糖質の一つであるレバンの生成能を調べる試験である．

ハ）窒素化合物の代謝系に関する試験

硝酸還元，硝酸呼吸，アンモニア生成，硫化水素産生，インドール産生などが主な項目である．硝酸還元は硝酸イオンを亜硝酸あるいはその先まで還元できるか否かを調べる試験である．硝酸呼吸は電子伝達系における電子の受容体としての酸素以外に硝酸イオンを利用できるかどうかを調べる試験である．アンモニア生成はアミノ酸の分解により生じたアンモニアを検出する試験である．硫化水素及びインドール産生はそれぞれシステインやメチオニンなどの含硫アミノ酸の代謝とトリプトファンの代謝の結果としての硫化水素やインドールを検出する試験である．

その他の試験

イ）ミルク培養

各種色素を含んだミルクの中で細菌を培養し，生育の状況や色の変化，さらにカゼインに対する反応などを観察する試験である．

ロ）色素産生

各種の色素検出用の培地上での集落の色と水溶性色素の産生を調べるものである．

ハ）抗生物質感受性

特定の抗生物質に対する感受性を検定するもので，菌種によっては判別の指標となる．

ニ）毒素産生

植物病原細菌には生理活性のある毒素を産生するものが多く，それらの毒素を産生する能力を生物検定法により調べるもので，対象となる毒素としてはコロナチン，タブトキシン，ファゼオロトキシン，シリンゴマイシン，シリンゴトキシンなどが挙げられる．

KCN耐性は電子伝達系がシアンによって阻害されるか否かを調べる試験である．

ホ）成長素要求性（栄養要求性）

細菌が自身で合成できず，外部から補わねばならない有機物，すなわち成長素が必要かどうかを調べる試験で，炭素源と窒素源を与えてもそれらが欠けると成長できないかをみる．このような成長素にはビタミン類やある種のアミノ酸などがある．

ヘ）有機化合物の利用能

各種の糖類，有機酸，アミノ酸からの酸あるいはアルカリの生成を調べる試験である．利用能の試験と類似してはいるが，細菌がその基質を炭素源あるいは窒素源として利用できない場合でもエネルギー源などとして代謝だけを行い，酸あるいはアルカリを生じることはよくあるので，結果は一致しない．とくに培地中に酵母エキスやペプトンなどの他の炭素源や窒素源が存在する場合，本来単独では利用できない基質を分解することはよくあるので，文献の記載と比較する時には注意が必要である．

以上のように細菌の同定には極めて多数の性質を調査する必要があり，多大な時間と労力を要する．しかしながら，上記のすべての項目を調査す

る必要はなく，どの程度調査するかは同定の目的による．すなわち，新病害であるとか，病原細菌が新種の可能性がある場合には詳細な調査が必要である．また，植物検疫上重要な細菌であるか否かを判定する場合にも同様に詳細な調査が必要である．中でも，新種が予想される場合には極めて詳細かつ多面的な試験を行う必要がある．しかしながら，既知の菌種を対象とした単なる同定，予備的な試験，あるいは多数の菌株を大まかに類別する場合には調査項目数は相当減らすことができる．このような場合，先に説明したような簡易キットを使用することも検討すべきである．

（2）分子生物学的手法による同定

先に述べたように，近年，16S rDNA の解析を主体とした分子生物学的手法を用いた同定が一般的になっている（**（5）遺伝子診断**を参照）．

参考文献

1) Burns, R. (2009). Plant Pathology -Techniques and Protocols-. Humana Press. New York.
2) De Boer, S. H. and Ward, L. J. (1995). PCR detection of *Erwinia carotovora* subsp. *atroseptica* associated with potato tissue. Phytopathology 85: 854-858.
3) Ezuka, A. and Kaku, H. (2000). A historical Review of Bacterial Blight of Rice. Bull. Natl. Inst. Agrobiological Resources 15: 1-207.
4) Fahy, D. C. and Persely, G. F., eds. (1983). "Plant Bacterial Diseases: A Diagnostic Guide" Academic Press, New York.
5) Goto, M. (1992). "Fundamentals of Bacterial Plant Pathology" Academic Press, San Diego.
6) Gross, D. C. and Vidaver (1979). A selective medium for isolation of *Corynebacterium nebraskense* from soil and plant parts. Phytopathology 69: 82-87
7) 伊阪実人（1970）．イネ白葉枯病菌検出のための噴出菌泥検鏡法（bacterial exudation method）．日植病報 36：313-318．
8) Kado, C. I. and Heskett (1970). Selective media for isolation of *Agrobacterium*, *Corynebacterium*, *Erwinia*, *Pseudomonas*, and *Xanthomonas*. Phytopathology 60: 969-976.
9) Kauffman, H. E., Reddy, A. P. K., Hsieh, S. P. Y. And Merca, S. D. (1973) An improved technique for evaluating resistance of rice varieties to *Xanthomonas oryzae*. Plant Dis. Reptr. 57: 537-541.
10) Klement, Z., Rudolph, K., and Sands, D. C. (1990). "Methods in Phytobacteriology" Akademiai Kiato, Budapest.
11) 菊本敏雄・坂本正幸（1968）．そ菜類軟腐病細菌の生態的研究 8．ニンジン円板法の検討．東北大農研報 20：37-56．
12) 五十川是治・加藤晋朗・上林 譲・加藤順久・天野 隆（1986）．イネもみ枯細菌病の発生環境解明と防除法の確立（第 1 報）愛知県農総試研報 18：55-66．
13) 木村 凡（2006）．これからの細菌のゲノムタイピングとしての MLST 法．モダンメディア 52（7）：209-216．
14) Nesmith, W. C. and Jenkins, Jr., S. F. (1979). A selective medium for the isolation and quantification of *Pseudomonas solanacearum* from soil. Phytopathology 69: 182-185.
15) 澤田宏之（2008）．植物病原細菌の同定・判別手法．植物防疫 62：217- 222．
16) Schaad, N. W. (1979). Selological identification of plant pathogenic bacteria. Annu. Rev. Phytopatholo. 17: 123-147.

17) Schaad, N. W. (2003). Advances in molecular-based diagnostics in meeting crop biosecurity and phytosanitary issues. Annu. Rev. Phytopathol 41: 305-324.
18) Schaad, N. W., Berthier-Schaad, Y., Sechler, A. and Knorr, D. (1999) Detection of *Clavibacter michiganensis* subsp. *sepedonicus* in potato tubers by BIO-PCR and an automated real-time fluorescence detection system. Plant Dis. 83: 1095-1100.
19) Seal, S. E., Jackson, L. A., Young, J. P. W. and Daniels, M. J. (1993). Detection of *Pseudomonas solanacearum*, *Pseudomonas syzygii*, *Pseudomonas pickettii* and blood disease bacterium by partial 16S rRNA sequencing: construction of oligonucleotide primers for sensitive detection by polymerase chain reaction. J. Gen. Microbiol. 139: 1587-1594.
20) Sigee, D. C. (1992). "Bacterial Plant Pathology: Cell and Molecular Aspects" Cambridge Univ. Press, New York.
21) Smid, E. J., Jansen, A. H. J. And Gorris, L. G. M. (1995). Detection of *Erwinia carotovora* subsp. *atroseptica* and *Erwinia chrysanthemi* in potato tubers using polymerase chain reaction. Plant Pathol. 44: 1058-1069.
22) 瀧川雄一（2002）．作物の細菌病-診断と病原体の同定．野菜果樹の細菌性病害．武田植物防疫叢書 第10巻．pp.21-28.
23) 瀧川雄一（2006）．細菌における系統分類の発展と植物病原細菌．植物防疫 60：81-85.
24) Vidaver, A. K. (1982). The plant pathogenic corynebacteria. Annu. Rev. Microbiol. 36: 495-517.
25) 田上義也・水上武幸（1962）．稲白葉枯病に関する総説．病害虫発生予察特別報告．p.112.
26) Weller, S. A., Elphinstone, J. G., Smith, N. C., Boonham, N. and Stead, D. E. (1999). Detection of *Ralstonia solanacearum* strains with a quantitative multiplex, Real-Time, flourogenic PCR(TaqMan) assay. Appl. Environ. Microbiol. 66: 2853-2858.

第 11 章　植物細菌病の防除

　植物の細菌病の大きな特徴の一つとして，防除の難しさが挙げられる．
　植物病原細菌は温度と湿度など好適な環境条件が整った場合，糸状菌のような形態形成を伴わない分，植物体表面や植物組織内部で対数的に急増殖し，このため病原菌は，我々の想像を超えたレベルで激発する．しかも，糸状菌とは異なり，胞子のような診断に有効な形質が少ないため，診断も難しく，初期発生が認められた段階で既に手遅れというような被害をもたらすことも多い．このような発生の仕方はイネ白葉枯病，タバコ野火病，野菜類軟腐病，ナス科植物青枯病など枚挙に暇がない．さらに，リンゴ火傷病のように国際植物防疫上，極めて重要な細菌病も含まれるが，これも診断や防除の難しさに起因している．
　上に述べた細菌病の防除の難しさは，糸状菌病の場合，有効な農薬が多数存在するのに対して，細菌病では適用農薬が少なく，さらにその効果が不足していることにも起因している．細菌は植物に傷口などの開口部がなければ侵入できないが，一旦侵入すれば急増殖することができる．それに対し，糸状菌の多くは，開口部がなくても植物細胞に自ら侵入できるものが多く，細菌よりも病原菌として優れた能力を持っている．一方で，その侵入の過程は防除剤の標的になりやすく，さらに，胞子の形成過程も防除剤の標的になりやすいという弱点も持っている．糸状菌の弱点を標的とした薬剤の開発の方が，対数的に増殖する細菌の生育を抑制する薬剤の開発よりも容易だったことも，細菌病の防除が難しいまま取り残された理由の一つと考えられる．ヒトの細菌病においては抗生物質が開発されて，結核などの重要な感染症が激減したのとは好対照である．注射や経口投与が可能なヒトと，圃場における散布が主体である植物との薬剤投与・処理法の違いも一因であると言える．しかし何よりも，有効な細菌病用の農薬がきわめて少ないことが根本的な問題である．植物病原細菌のゲノム情報を活用した「ゲノム創農薬」など新しい観点からの防除剤開発の展開が期待される．加えて，後述するように細菌病に有効な抵抗性誘導剤の探索・開発なども重要である．
　植物細菌病の防除は，診断と農薬の選択や施用などと深く関わっているが，ヒトの疾病と同様，予防が極めて重要である．この意味で，植物検疫や発生予察など，病原菌の侵入を警戒し，発生を予測することは病害防除の基本といえる．
　現時点では，健全な種苗の選択，宿主抵抗性の利用，生物的防除法，耕種的防除法などに発生予察と連携した効果的な農薬の利用などを組み合わせた，いわゆる IPM（後述）が最も有効な防除法であると考えられる．

1. 防除

1) 宿主の抵抗性を利用した防除

　宿主の病害抵抗性を利用した防除法としては抵抗性品種の栽培，抵抗性台木への接木，さらには遺伝子工学により新たに抵抗性を付与するといったアプローチがある．

　しかし，イネもみ枯細菌病やイネ苗立枯細菌病のように，品種抵抗性が存在しない細菌病や，スイカ果実汚斑細菌病やトマトかいよう病などのように抵抗性植物素材がなきに等しい細菌病も存在する．

　従って，宿主の抵抗性の利用はすべての細菌病に適用できる防除法ではない．しかし，もし品種抵抗性など宿主側の抵抗性を利用できるようになれば，最も経済的かつ効果的な防除法となり得る．

　イネでは品種抵抗性を利用した防除の歴史は古く，中でもイネ白葉枯病における抵抗性育種の歴史は大正時代にまで遡る．イネ白葉枯病菌はかつて西南暖地においては最も重要なイネの病害であり，とくに九州ではイネ白葉枯病による被害は甚大であった．これに対応するため，昭和30年代に高農35号に由来する抵抗性遺伝子を保有させた品種「アサカゼ」が福岡県に導入された．ところが，間もなく福岡県大川市の紅屋地区で栽培された同品種で，イネ白葉枯病が激発するという事態が起きた．病原細菌を分離した結果，この細菌はアサカゼのほか抵抗性品種といわれていた黄玉に対しても強い病原性を示す系統であることが明らかとなった．このような現象は，もともと「抵抗性品種」に感染できる細菌の系統が密度を高めて顕在化したか，突然変異によって感染可能な新たな系統が出現したかのどちらかによるものと考えられている．

　このような例を引き出すまでもなく，真性抵抗性を有する品種の栽培には，主要レースの交替や新しいレースの出現などによって抵抗性の崩壊（breakdown）が起こる危険性がある．従って，今日では真性抵抗性のほかにレースに非特異的な抵抗性が重視されるに至っている．

　一方，野菜においても病害抵抗性の利用は極めて重要であり，ナス科やウリ科などの野菜では抵抗性台木を用いた接木栽培が特に有効な防除法となっている．

（1）品種抵抗性の利用

　植物の病害に対する抵抗性は大別して，①明確な品種抵抗性を示す，②品種により若干の抵抗性の差異がある，③品種抵抗性を示さない，というカテゴリーに分類される．

　植物と病原の関係は共進化と考えられ，それを反映して栽培の歴史が古い作物では品種抵抗性が明確で，病原のレース分化が明瞭である．イネ白葉枯病やイネいもち病がその例である．対照的に，品種の更新が時間的に長いスパンで行われる果樹などの病害ではレース分化が不明瞭なことが多い．また，エマージング病を代表とする歴史の浅い病害の病原菌や，腐生菌から病原菌へとようやく進化した微生物，日和見感染菌などでは，品

種抵抗性が明瞭でなく，レースの分化もないのが一般的である．

品種特異的抵抗性がはっきりしている病害では，抵抗性品種の栽培により発病を抑制することが可能である．とくに，卓効を示す農薬が少ない細菌病では品種抵抗性の利用は期待される防除法となり得る．しかしながら，実際にはこれを利用した抵抗性品種の育種は簡単ではなく，得られた抵抗性品種は概して品質や収量の面で実用形質として十分でないものが多い．確実な病害抵抗性を有し，実用形質も優れた品種を作出するためには，長年月にわたって精力的な作業を続けることが求められる．これが抵抗性品種育種の実態である．

抵抗性に関する遺伝資源は，在来種の中から求めるのが基本である．しかし，近年は，高度な抵抗性を目標として外国の品種や近縁の野生種から導入されることが多くなってきている．

①真性抵抗性の利用

イネ白葉枯病は細菌病の中では品種抵抗性が最もよく研究され，抵抗性品種の育成の歴史も古い病害である．抵抗性の遺伝分析及び抵抗性育種はわが国及びフィリピンの IRRI（国際イネ研究所）を中心に行われてきたが，近年，中国における進展がめざましい．また，野生稲（*Oryza longistaminata*）に由来する抵抗性遺伝子 $Xa21$ の解析以降，野生稲を抵抗性遺伝子源とする研究が中心となっている．これまで世界で同定されたイネ白葉枯病抵抗性遺伝子の数は 30 個を越えている．

イネ白葉枯病における抵抗性品種の育成の歴史はわが国で始まった．すなわち，イネ白葉枯病では在来稲の中から品種抵抗性を見出し，それを利用した抵抗性品種の育成が行われてきた．その結果，多くの抵抗性品種が育成され，とくに本病が激発する九州地方にそれが導入された．その代表的な例が先に述べたアサカゼである．しかし，真性抵抗性は有効なレースに対して効果は高いが，抵抗性の崩壊（罹病化）が起こる危険性を有している．実際，アサカゼが栽培され始めてすぐに抵抗性の崩壊が起こっている．しかし，これは新しいレースが出現したのではなく，すでにその地域で抵抗性品種を侵すようなレースが潜在的に存在していたためのようである．

表 11-1 は，イネ品種群に対する反応の違いに基いた我が国におけるイネ白葉枯病菌のレースの判別体系である．

真性抵抗性は高度抵抗性であることに加えて，病原側のレースに対する特異性が高い．真性抵抗性遺伝子を持つ品種は，非親和性の関係にあるレースの感染をほぼ完全に抑制することができる．その反面，親和性の関係にあるレースの感染に対しては抵抗性を発揮することができず，親和性レースが優勢化するとあたかも抵抗性が崩壊してしまったかのような状態に陥るという弱点も持っている．従って，このような品種抵抗性を利用する場合には，その品種を栽培する予定の地域のレース分布を事前に調査しておく必要がある．幸い我が国におけるレース分布は，北陸農業試験場に

表 11-1　我が国におけるイネ白葉枯病菌のレース判別体系

品種群	代表品種	細菌群に対する反応[1]				
		I	II	III	IV	V
金南風[2]	金南風, 十石, 農林 37 号	S	S	S	S	S
黄玉[2]	黄玉	R	S	S	S	R
Rantai Emas[2]	Rantai Emas, Te-tep, Nigeria 5	R	R	S	S	R
早生愛国[2]	早生愛国 3 号, Koentoelan, 中国 45 号	R	R	R	S	S
Java[3]	Java 14, Amareriyo, Himekei 16	R	R	R	S	R
Elwee[4]	Elwee, IR 2071-636-5-5, Dickwee-1	S	R	R	S	R
Heen Dikwee[3]	Heen Dikwee-1, M 104, M304	S	R	R	S	S

1) S：感受性, R：抵抗性. 2) 高坂 (1969). 3) Yamamoto et al. (1977). 4) 山田ら (1978).

よって長期間にわたって全国的なレベルで調査され, 報告されている.

その報告によると, 我が国のイネ白葉枯病菌の優勢レースはⅠとⅡである. 近隣の国のレース分化と比較すると, 非常に特殊なレース分布である. 中国では我が国のレースⅢに相当するものが優勢かつ多様で, 一方, 地理的には我が国により近い韓国ではレース分布はやはり非常に多様である. 韓国では, 抵抗性遺伝子 *Xa3* のような幅広いスペクトラムの抵抗性を有する品種を侵すレースが出現している. 中国や韓国ではジャポニカ品種とインディカ品種の双方を栽培した歴史があり, とくに中国では南部ではインディカ品種が今も栽培されている. このようなインディカを含めた多様なイネ品種の栽培がレースの多様性を産んだものと考えられる.

②圃場抵抗性の利用

真性抵抗性は非親和性の関係にあるレースに対しては高度の抵抗性を発揮するが, 逆に親和性のレースの出現あるいは優勢化により抵抗性の崩壊が起こりやすい問題がある. そのため, レースに非特異的な圃場抵抗性, あるいは広域スペクトラムを有する抵抗性遺伝子が重視されるようになった. 圃場抵抗性のようにポリジーンに支配される抵抗性は育種的に取り扱いが難しい問題があったが, 近年, 分子生物学的手法の発展により QTL (量的形質遺伝子座) 解析が盛んに行われるようになり, 圃場抵抗性遺伝子をこれまでよりも容易に取り扱うことができるようになってきた. また, ポリジーン支配の抵抗性以外にも, 劣性遺伝子や不完全優性に支配される抵抗性は一般に広域スペクトラムを有しており, これらの利用も考慮されるべきであろう.

イネ白葉枯病に対して圃場抵抗性を有する品種としては「あそみのり」が特筆される. 本品種については, 圃場抵抗性遺伝子の効果や抵抗性の遺伝様式など広範にわたる研究が九州農業試験場で行われた. 研究成果に基づき, あそみのりは圃場抵抗性を有する品種として九州のイネ白葉枯病常発地に導入された. また, 抵抗性品種育種の交配親としても利用されている.

(2) 抵抗性台木の利用

野菜類，とくにナス科やウリ科野菜では接木栽培が広く普及している．これは主として野菜の土壌病害を対象として，それらの病害に対して高度抵抗性を有する台木に抵抗性を持たない栽培品種を穂木として接木する方法である．高度抵抗性を有する台木用品種としては同種植物（共台）のほか，近縁の栽培種や近縁の野生種（ナス用トルバムビガーなど），あるいはそれらをベースとした台木用品種が用いられる．

とくにトマト青枯病に対しては抵抗性を有するトマト品種が存在しないので，抵抗性台木を用いた接木栽培は青枯病の防除法として極めて有効である．

以上のように，抵抗性台木の利用は，市販品種に有効な抵抗性遺伝子が見出されていない場合には非常に有効な防除法であり，また，高品質や多収性など市販品種が持っている優れた特性を活かしたまま病害防除ができるため優れた栽培法でもある．

ただし，台木の高度抵抗性が品種特異的なものである場合，先に述べたイネ白葉枯病菌に対する抵抗性品種の場合と同様，新レースの出現などにより抵抗性の崩壊が起こる危険性をはらんでいる．

2. 薬剤による防除

薬剤による防除に関しては，先に述べたように糸状菌病と異なり細菌病では，抗細菌剤が市販されているものの，卓効を示し，安定した持続的効果を有する薬剤が少ないのが現状である．現在，細菌病防除用に登録されている化学薬剤は表 11-2 のとおりである．

この表から明らかなように，植物細菌病に対する防除剤の創製は極めて限られており，古典的な薬剤が多い．しかし，植物病原微生物の中では細菌はゲノムとその機能解析解析が最も進んでいるため，将来的にはゲノム創農薬など新しい切り口を取り入れることで，より的確に防除できる薬剤が開発される可能性がある．

細菌病に有効な薬剤は大別して無機殺菌剤，有機合成殺菌剤，抗生物質などに分けられる（表 11-2）．

1) 無機殺菌剤
①銅剤
ボルドー液

19 世紀末にブドウ病害防除用に開発された世界で最も古い農薬の一つで，広い殺菌スペクトラムを有している．主成分は塩基性硫酸銅カルシウムで，深青色を呈した強アルカリ性の液剤である．原則的に自家調製して使用する．使用時に，石灰乳を攪拌しながら，硫酸銅溶液を徐々に加え調製する．水 1L に加える硫酸銅と生石灰の量(g)によって呼び方が異なる．例えばカンキツかいよう病防除には，"6-6 式～4-4 式"ボルドー液が用い

表 11-2　細菌用化学薬剤の例

種類	商品名	適用病害	備考
ボルドー液		カンキツかいよう病	硫酸銅と生石灰を自家混合して調製
銅水和剤	ドイツボルドーA，Zボルドーなど	斑点性の細菌病，果樹のせん孔細菌病など	主成分は塩基性塩化銅，塩基性硫酸銅
石灰硫黄合剤	石灰硫黄合剤	カンキツかいよう病	生石灰と硫黄から調製
8-ヒドロキシキノリン銅剤	オキシンドーなど	野菜類軟腐病，ブロッコリー黒斑細菌病など	予防的使用
ノニルフェノールスルホン酸銅剤	ヨネポン	野菜類軟腐病，キュウリ斑点細菌病など	イネ細菌病には種子消毒剤として使用可
マンゼブ剤	ジマンダイセン，ペンコゼブなど	スイカ褐斑細菌病，メロン斑点細菌病など	耐性菌の発生確率低い
チウラム剤	アンレス，キヒゲンなど	モモ・ネクタリンせん孔細菌病など	種子消毒剤，廃液の取り扱いに注意
ジチアノン剤	デラン	モモせん孔細菌病	銅水和剤との混合剤もある
オキソリニック剤	スターナー	イネもみ枯細菌病，野菜類軟腐病など	DNA合成阻害
フルアジナム剤	フロンサイド	ハクサイ・レタスの軟腐病	土壌散布，土壌混和
抵抗性誘導剤	プロベナゾール，チアジニルなど	イネ白葉枯病，キュウリ斑点細菌病など	植物自身の病害抵抗性を誘導
ストレプトマイシン剤	アグレプト，ヒトマイシンなど	野菜類軟腐病など多くの細菌病	銅剤との混合剤もある
ノボビオシン剤	ノボビオシン	トマトかいよう病	採種用に限定
オキシテトラサイクリン剤	マイコシールド	キュウリ・モモなどの細菌病	ストレプトマイシンとの混合剤もある
バリダマイシン剤	バリダシン	キャベツ黒腐病，ハクサイ黒斑細菌病など	イネ紋枯病防除剤として開発
カスガマイシン剤	カスミン	イネ苗立枯細菌病，イネもみ枯細菌病など	イネいもち病防除剤として開発
クロルピクリン剤	クロールピクリン	ナス科青枯病，野菜類軟腐病など	土壌くん蒸剤
カーバム剤	キルパー，NCS	トマト青枯病，タバコ立枯病	土壌くん蒸剤
ダゾメット剤	ガスタード，バスアミドなど	ナス科・キク・イチゴなどの青枯病など	土壌くん蒸剤

られる．広範囲の果樹・野菜・畑作物の細菌病・糸状菌病用防除剤として適用登録がある．銅を含む薬剤は，多くの酵素タンパク質に存在する SH 基に結合してその機能を阻害する"多作用点殺菌剤"である．そのような薬剤は，一般に耐性菌が出現しにくいと言われている．

銅水和剤

ボルドー液は自家で調製するのが煩雑であるため，剤型を水和剤もしくは粉剤としてより簡便に使いやすくしたものである．ドイツボルドーAは塩基性塩化銅 $CuCl_2 \cdot 3Cu(OH)_2$ を，Zボルドーは塩基性硫酸銅 $CuSO_4 \cdot 3Cu(OH)_2$ を，コサイド剤は水酸化第二銅 $Cu(OH)_2$ を有効成分として含む水和剤である．これらはキュウリ斑点細菌病，カンキツかいよう病，トマト

斑点細菌病など斑点性の細菌病防除に広く用いられている．

②硫黄剤
石灰硫黄合剤

硫黄は反応性に富み殺菌効果を持つので，その性質を利用した薬剤である．生石灰1と硫黄2の割合で混合し，水とともに加圧釜に入れ，120〜130℃で約1時間加熱し反応させる．反応により，多硫化カルシウム（主にCaS_5，CaS_2O_3）を主要成分とする赤褐色透明の液体が生成する．カンキツかいよう病に対し，樹木の休眠期に散布剤として用いる．ハダニやカイガラムシの駆除にも用いることができる．作物の種類によって異なるが，高温で日射の強いときに薬害が生じやすいといわれているので注意が必要である．

2) 有機合成殺菌剤
8-ヒドロキシキノリン銅剤

主成分は8-ヒドロキシキノリンと銅がキレート結合した金属キレートで，"有機銅剤"として分類されている．適用病害はダイコン及びハクサイ軟腐病，ブロッコリー黒斑細菌病，レタス斑点細菌病，キュウリ斑点細菌病などである．予防的に使用する．ボルドー剤より薬害が少ない．

ノニルフェノールスルホン酸銅剤

直鎖アルキル基で置換されたベンゼンスルホン酸と銅が結合した有機銅系の化合物を有効成分とする殺菌剤で，商品名はヨネポンである．ジャガイモ・野菜類軟腐病，キュウリ斑点細菌病，キャベツ黒腐病・黒斑細菌病，クワ縮葉細菌病などに対して適用登録がある．また，イネ苗立枯細菌病・もみ枯細菌病に対して，種子消毒剤として用いることができる．

マンゼブ剤

マンガンと亜鉛を含むジチオカーバメート系の有機硫黄剤（商品名はジマンダイセン）で，農園芸用殺菌剤として広く菌類病の防除に用いられている．細菌病に対しても，スイカ褐斑細菌病，メロン斑点細菌病などに適用登録がある．1956年に登録された古い薬剤であるが，多くの酵素タンパク質に存在するSH基に結合してその機能を阻害する多作用点殺菌剤であるので，耐性菌の発生確率が低いと考えられている．本剤と化学構造が類似し広く菌類病の防除に用いられているマンネブ剤（マンネブダイセン）やアンバム剤（ダイセンステンレス）には，細菌病に対する登録がないので注意が必要である．また，ジネブ剤（ダイセン）は，2005年12月に登録失効となっている．

チウラム剤

ビス（ジメチルチオカルバモイル）ジスルフィドを有効成分とするジチオカーバメート系の有機硫黄剤である．酵素タンパク質に存在するSH基に結合してその機能を阻害する．モモやネクタリンのせん孔細菌病，タバコ立枯病防除に対する適用が登録されている．ダイアジノンとカスガマイ

シンとの3種混合剤がマメ類の細菌病に対して，ベノミルあるいはペフラゾエートとの混合剤がイネもみ枯細菌病に対して種子消毒剤として登録されている．魚類に対する毒性が強いので河川への流亡を防ぐことや種子消毒に用いた廃液の取り扱いに注意が必要である．

有機ニッケル剤

主成分はジチオカーバメートに属するジメチルジチオカルバミン酸ニッケルで，商品名はサンケルである．かつて，イネ白葉枯病の防除に用いられていたが2002年に登録失効となっている．

ジチアノン剤

主成分はジシアノジチアアントラキノン（一般名ジチアノン）で，デラン水和剤などとして知られている．酵素タンパク質に存在するSH基に結合してその機能を阻害する．ジチアノン水和剤はモモせん孔細菌病の防除剤として，ジチアノン・銅水和剤はキュウリ斑点細菌病，ハクサイ及びダイコン軟腐病，カンキツかいよう病の防除薬剤としてそれぞれ登録されている．

オキソリニック酸剤

キノロン系の化学構造を有し，DNAの合成を阻害する抗細菌剤である（商品名はスターナ）．イネもみ枯細菌病や各種野菜の軟腐病をはじめとする多くの細菌病に効果がある．他の抗生物質や銅剤と混合した製剤も登録されている．医薬分野では，化学構造中にフッ素を含む"ニューキノロン剤"が細菌感染症に対する化学療法剤として広く用いられている．

フルアジナム剤

広い抗菌スペクトラムを持ち土壌病害やハダニの防除にも使用される．商品名は，フロンサイドである．ハクサイ・レタスの軟腐病に対する適用登録があり，施用法は土壌散布，土壌混和である．ミトコンドリアの電子伝達系に脱共役剤として作用し，微生物の呼吸を阻害すると考えられている．また，細菌タンパク質のSH基に作用して抗菌活性を発現させる可能性も示唆されている．

フェナジンオキシド剤

イネ白葉枯病に有効であったが，現在は登録失効となっている．

3）抵抗性誘導剤

植物に投与しておくと，病原微生物が感染するときに病害抵抗性を誘導して植物を保護する薬剤で，プラントアクティベーター（plant activator）とも称される．プラントアクティベーターで処理された植物では，サリチル酸を介する全身獲得抵抗性（SAR）情報伝達系が活性化されている．この情報伝達系の下流に位置する複数の防御関連因子が誘導・活性化される結果，植物が抵抗性になるとされている．このように，プラントアクティベーターは，微生物による感染を植物の機能（自然免疫系防御システム）を利用して回避するというこれまでに例のない薬剤である．それゆえ，病

原微生物以外の生物に影響を与えず，環境に与える負荷も小さいと考えられている．この種の薬剤は，殺菌剤のように病原菌に直接作用することがないので，病原側の薬剤耐性が発現する可能性が低いという特徴がある．プラントアクティベーターは日本では40年の使用実績があるが，それに対する耐性菌の出現はまだ報告されていない．農薬登録されているプラントアクティベーターは，プロベナゾール，チアジニル，イソチアニルの3剤である．かつて登録されていたアシベンゾラルSメチルは，2006年に失効している．

プロベナゾール剤

世界に先駆けて日本で開発されたプラントアクティベーターである．植物に対して浸透移行性を有するので，根から吸収され容易に全身に行き渡る．この性質のため本剤は粒剤として用いられており，オリゼメート粒剤がその代表的な製剤である．本剤はイネいもち病防除剤として開発され，1974年に農薬登録されている．その後，イネの白葉枯病・もみ枯細菌病にも効果があることが明らかとなり，適用拡大の登録が行われた．これらの細菌病に対する防除法はイネいもち病に対する場合と同様に，粒剤の育苗箱処理あるいは本田水面施用である．さらに，現在ではキュウリ斑点細菌病，キャベツ黒腐病，ハクサイ軟腐病などにも適用が登録されている．野菜病害に対する本剤の使用は，主として粒剤の移植時植穴施用によって行われる．本物質はサリチル酸を介する情報伝達系の上流に作用することが明らかにされている．上述のように本物質は広範囲にわたる病害に有効であり，耐性菌が出現しないなどといった利点があることに加え，植物がもともと保有している機能を利用して効果を発現するものであることからその後の抵抗性誘導剤開発のきっかけとなった．その後に開発された抵抗性誘導剤であるチアジニル剤（2003年登録），イソチアニル剤（2010年登録）の細菌病害に対する適用病害及び施用法は，プロベナゾール剤とほぼ同様である．

4）抗生物質

ストレプトマイシン剤

最も古くから知られている抗生物質の一つで，土壌放線菌 *Streptomyces griseus* などにより生産されるアミノ配糖体である．細菌の70Sリボゾームの30Sサブユニットに結合し，タンパク質の合成を阻害すると言われている．商品名"アグレプト液剤""ヒトマイシン液剤"などとして市販されている．オキシテトラサイクリンなど他の抗生物質や銅剤との混合剤としても製造・販売されている．野菜類軟腐病をはじめ多くの細菌病に対する防除剤として登録されている．

ノボビオシン剤

Streptomyces niveus，*S. spheroids*，*S. griseoflavus* などにより生産され，クロモン骨格を有する一種の配糖体抗生物質である．主としてグラム陽性

細菌に強い抗菌力を示し，トマトかいよう病に対して適用登録があったが，現在の使用は採種用に限られている．

オキシテトラサイクリン剤

Streptomyces rimosus などにより生産される黄色の抗生物質で，キュウリ・モモなどの細菌病に適用が登録されている．また，ストレプトマイシンや銅剤との混合剤も製造・販売されている．細菌の 70S リボゾームの 30S サブユニットに結合して，リボゾーム上でアミノアシル tRNA が結合するのを妨げるタンパク質合成阻害剤である．

バリダマイシン剤

Streptomyces hygroscopicus により生産されるアミノ配糖体抗生物質である．もともとは糸状菌病であるイネ紋枯病の防除剤として開発された．しかし，1989 年に細菌病にも効果を発揮することが明らかにされ，キャベツ黒腐病，ハクサイ黒斑細菌病，ナス青枯病，モモせん孔細菌病などに適用が登録されている．イネ紋枯病菌に対する作用機作は貯蔵糖トレハロースをグルコースに分解する酵素トレハラーゼの活性阻害であるが，細菌の細胞外多糖質（EPS）産生阻害や植物のサリチル酸合成を伴う抵抗性誘導なども作用機作として挙げられている．

カスガマイシン剤

奈良県春日大社の土壌から分離された放線菌 *Streptomyces kasugaensis* によって生産されるアミノ配糖体抗生物質である．これももともとは糸状菌病であるイネいもち病の防除剤として開発された．現在も主にイネいもち病の防除に用いられているが，イネ苗立枯細菌病やイネもみ枯細菌病菌による苗腐敗症などに対しても適用登録がある．また，トリシクラゾールやフサライドとの混合剤が本田におけるイネもみ枯細菌病やイネ内穎褐変病に，銅剤との混合剤が多数の野菜・果樹の細菌病に適用登録されている．

5）土壌消毒剤

クロルピクリン剤

有効成分はトリクロロニトロメタン CCl_3NO_2 で，代表的な土壌くん蒸剤である．広範囲の生物に作用するため適用範囲が広く，殺菌剤としてだけでなく，殺虫剤，除草剤としても用いられる．細菌病に対しては，ナス科植物の青枯病やハクサイ軟腐病，カーネーション萎凋細菌病，タバコ立枯病など土壌伝染性細菌病の防除に適用される．土壌くん煙剤は，飛散を防いだり防除効果を高めるため処理後一定期間ポリエチレンシートなどでカバーして用いる．本剤に対し薬害を示す作物もあるのでガス抜きを十分に行う必要がある．また，本剤から発生するガスは刺激性が強く催涙性もあるので，処理作業の際は活性炭入り防護マスクを着用するなど被害防止に努めなければならない．それら加えて，近隣住宅地にガスが揮散・拡散しないように対策を完璧に講ずることが特に求められる．処理作業時のガスの拡散を少なくした錠剤も開発されている．

カーバム剤

N-メチルジチオカルバミン酸のアンモニウム塩（NCS）あるいはナトリウム塩（キルパー）を有効成分とする，土壌くん蒸剤である．土壌中で徐々に分解して，イソチオシアン酸メチルが発生し，それが土壌中に拡散する．イソチオシアン酸メチルは，ダイコンなどアブラナ科野菜の辛み成分イソチオシアン酸アリルと近似した化学構造を持ち，刺激の強い物質である．処理後一定期間ポリエチレンシートなどでカバーして用いる．殺センチュウ剤として開発されたが，クロルピクリン剤と同様に，広範囲の生物に作用するため適用範囲が広く，殺菌剤としてだけでなく，殺虫剤，除草剤としても用いられる．NCSには，トマト青枯病，タバコ立枯病に対する適用登録がある．

ダゾメット剤

3,5-ジメチルテトラヒドロ-1,3,5-チアジアジン-2-チオンを有効成分とする，土壌くん煙剤である．土壌と接触したときにチアジアジン環が開裂して刺激性のあるイソチオシアン酸メチルが発生し，それが土壌中に拡散する．イソチオシアン酸メチルについては，カーバム剤の項で詳述した．ナス科・食用キク・イチゴ・シソなどの青枯病，花卉の萎凋細菌病・根頭がんしゅ病，タバコ野火病などに対して適用登録があり，本剤の粉粒剤を土壌と混和して用いる．クロルピクリン剤と同様に，広範囲の生物に作用するため適用範囲が広く，殺菌剤としてだけでなく，殺センチュウ剤，除草剤としても用いられる．ガスタード，バスアミドなどの商品名の製剤が販売されている．

臭化メチル剤

倉庫や土壌のくん蒸剤として，世界中で広く使われた．土壌くん蒸剤としては，糸状菌病，細菌病，ウイルス病，センチュウ，害虫，雑草などの防除・駆除に有用であり多用された．細菌病に関しては，ナス科青枯病などの防除に用いられていた．しかし，モントリオール議定書締約国会合においてフロンなどと同様にオゾン層破壊物質として指定され，2005年までに一部の例外を除き全世界で全廃された．

6）生物防除剤

生物防除とは，自然界における生物と生物の相互作用を農業に活用したもので，微生物や天敵昆虫など生物の力を利用して病害虫・雑草を防除するものである．近年，「環境保全」や「食の安全」などの観点から世界的に「減農薬」の動きが高まり，それに伴って生物防除の研究やその実用化の機運が高まってきている．

わが国における植物の病害を対象とした微生物農薬の歴史は古く，1954年に開発されたトリコデルマ生菌（2004年登録失効）まで遡るが，その後は目立った動きは見られなかった．しかし，1980年代後半から研究開発が活発化し，その結果として2014年には13種の微生物を有効成分とする28

剤もの微生物農薬（殺菌剤）が登録されるまでになった．このように，環境保全型農業を支えるための微生物農薬の研究と開発は進展し，その利用と普及に期待が高まった．しかし，微生物農薬の実際の出荷額は化学農薬に比べはるかに少なく1%未満にとどまっており，その推移も，2006年で6.3億円，2008年で7.9億円，2012年には7.1億円と頭打ちの状態にある．一部の効果的で省力的な薬剤は確実に普及しているが，残りの大半の生物農薬は効果が不安定で継続的に使用される状況にはない．そのことが生物農薬のさらなる普及を妨げる一因となっていると考えられる．

　生物農薬は，作用が穏やかであり，哺乳動物に対する安全性が高く環境負荷が少ないものが多い，標的病害虫のみに有効で選択性が高い，有用生物に対しての悪影響が少ないなどの特徴を持っている．反面，このような性質が化学農薬と比較して，遅効的で効果が不安定，スペクトラムが狭く防除可能な病害虫が限定される，処理適期が狭いなどの短所を生み出している．また，生物農薬は一般的に，大量製造が難しく，製剤の長期保存も難しい．このような生物防除剤の一般的な特質と生物素材ごとの個別の性状を理解した上で，工夫しながら使用することが望ましい．生物農薬に関する研究は，民間企業や公的研究機関で活発に行われているので，防除効果や植物表面定着能が向上した微生物が見出されるとともに，使用技術のさらなる改良・普及が期待される．

　なお，農薬登録に際し化学農薬とは別に，微生物農薬についての安全性評価ガイドラインが作成・施行されている．化学農薬が安全性や環境影響などに関する膨大な評価資料の提出を求められているのに対し，微生物農薬は第一段階試験をクリアできた場合には次の段階の試験を免除されることがあるなど微生物の生物学的特性が考慮されている．このため，微生物農薬は，化学農薬よりはるかに短時間でしかも低コストで開発することが可能である．

　現在，細菌病用防除剤として下記のような生物農薬が登録されている（表11-3）．

アグロバクテリウム・ラディオバクター剤

　根頭がんしゅ病菌と同属の細菌 *Agrobacterium radiobacter* K84株を製剤化したもので，商品名はバクテローズである．現在農薬登録されている生物殺菌剤の中では最も古い（1989年に農薬登録）．本剤の防除作用は，*A. radiobacter* K84株がアグロシンというバクテリオシン（抗菌性タンパク質）を生産することと，根部で病原細菌と定着場所を奪い合うこと（競合）であると考えられている．適用病害はバラ，キク，果樹の根頭がんしゅ病である．苗の根部や挿し芽苗を，本剤の希釈液に浸漬して用いる．

非病原性エルビニア・カロトボーラ剤

　代表的な商品名はバイオキーパーである，1997年に農薬登録された．本剤は非病原性の *Erwinia carotovora* subsp. *carotovora* CGE234M403株を有効成分として含む．作用機構は，病原細菌と宿主上における栄養源や定着場

表 11-3　細菌用生物防除剤の例

種類	商品名	適用病害	備考
アグロバクテリウム・ラディオバクター剤	バクテローズ	果樹・花卉の根頭がんしゅ病	抗菌性タンパク質分泌など
非病原性エルビニア・カロトボーラ剤	バイオキーパー，エコメイトなど	野菜類軟腐病	抗菌性タンパク質分泌など
トリコデルマ・アトロビリデ剤	エコホープ	イネもみ枯細菌病・苗立枯細菌病	土壌生息糸状菌
シュードモナス・フルオレッセンス剤	ベジキーパー	野菜類黒腐病，レタス腐敗病など	レタス葉から分離
シュードモナス・ロデシア剤	マスタピース	野菜類軟腐病，カンキツかいよう病など	植物体上でバイオフィルム形成
タラロマイセス・フラバス剤	タフブロック	イネもみ枯細菌病菌・苗立枯細菌病菌など	種子消毒剤
バチルス・シンプレクス剤	モミホープ	イネもみ枯細菌病菌・苗立枯細菌病	種子消毒剤

所の競合とバクテリオシン生産と考えられている．対象病害はキャベツ，ハクサイ，ダイコン，ジャガイモなどの軟腐病である．

トリコデルマ・アトロビリデ剤

ノシバ根圏から分離された非病原性糸状菌 *Trichoderma atroviride* SKT-1 の胞子を製剤化したもので，商品名はエコホープである．本剤はイネの種子伝染性糸状菌病害であるばか苗病，いもち病，苗立枯病（リゾープス菌），ごま葉枯病に加え，もみ枯細菌病，苗立枯細菌病などの種子伝染性細菌病害にも適用される．種子処理剤であり，イネ種子を浸種前から催芽時にかけて，本剤希釈液に浸漬して用いる．本剤は病原菌に直接殺菌力を示すものではなく，催芽から出芽の過程で本菌株がイネ種子表面で大量に増殖し，病原菌と栄養源や定着場所を競合することにより，その生育，増殖を抑制し，発病を制御すると考えられている．さらに，ばか苗病菌などの糸状菌に対しては，菌糸や胞子を溶かす作用（溶菌作用）も確認されている．

シュードモナス・フルオレッセンス剤

レタス健全葉から分離した常在細菌 *Pseudomonas fluorescens* G7090 株を製剤化したもので，商品名はベジキーパーである．キャベツ・ハクサイ・ブロッコリー黒腐病，レタス腐敗病など野菜の細菌病の防除に用いられる．病原細菌と植物体上で競合することによって，防除効果が得られると考えられている．従って，病原菌が増殖する前に予防的に散布することが重要となる．かつて，*Pseudomonas fluorescens* の 2 菌株（FPH9601 及び FPT-9601）の混合剤が「セル苗元気」の商品名でナス科植物の青枯病などに対して登録されていたが，2001 年に失効している．また，イネ苗立枯細菌病，イネもみ枯細菌病などに対して有効であった *Pseudomonas* sp.CAB-02 の製剤「モミゲンキ」も 2001 年に失効している．

シュードモナス・ロデシア剤

　レタスから分離された細菌 *Pseudomonas rhodesiae* HAI-0804 を有効成分とする製剤で，商品名はマスタピースである．ジャガイモ・野菜類の軟腐病をはじめ，カンキツかいよう病，ウメかいよう病，モモ・ネクタリンのせん孔細菌病，マンゴーの枝枯細菌病の防除に用いることができる．病原細菌に対する抗菌作用はない．傷口や自然開口部を含む植物体上で細菌集団構造体バイオフィルムを形成するので，侵入部位をめぐり病原細菌と効果的に競合できると考えられている．この保護作用的な特徴のため，病原細菌が植物内に侵入する前の予防的散布が原則である．2013年4月に登録された，新しい微生物農薬である．

タラロマイセス・フラバス剤

　イチゴ圃場から分離された糸状菌 *Talaromyces flavus* SAY-Y-94-01 株の胞子を製剤化した種子消毒剤で，商品名はタフブロックである．本剤はイネの種子伝染性糸状菌病害であるばか苗病，いもち病，苗立枯病（リゾープス菌，トリコデルマ菌など）に加え，もみ枯細菌病菌，苗立枯細菌病，褐条病などの種子伝染性細菌病害に対しても適用が登録されている．イネ種子を，浸種前から催芽前にかけて本剤希釈液に浸漬するか，浸種前に湿粉衣して用いる．もみ表面に付着して大量増殖することによる「シールド効果」で，病原菌の侵入や増殖を予防すると考えられている．生育した苗の基部に残っているもみ殻表面では，増殖した本菌の黄色いコロニーを観察することができる．

バチルス・シンプレクス剤

　グラム陽性細菌 *Bacillus simplex* CGF2856 株の生芽胞を有効成分とする種子消毒剤で，商品名はモミホープである．芽胞は，菌体内で形成される耐久性のある半結晶の構造体で，好適環境に置かれると発芽して通常の増殖型菌体となる．本剤は，イネの種子伝染性細菌病害であるもみ枯細菌病，苗立枯細菌病に対して登録がある．イネ種子を，浸種前から催芽前にかけて本剤希釈液に浸漬するか，浸種前に湿粉衣して用いる．

7）薬剤耐性菌の発生と対策

　1970年代に入って各国で薬剤耐性菌の問題が報告されるようになった．その後，この薬剤耐性菌の問題はますます大きくなり，薬剤の防除効果が低下するという深刻な事態が続いている．

　我が国ではナシ黒斑病菌のポリオキシン耐性菌とイネいもち病菌のカスガマイシン耐性菌がともに1971年に問題となった．これを皮切りにいろいろな作物で各種薬剤に対する耐性菌お出現が報告されてきた．細菌病もその例外ではなく，表11-4のようにイネ，野菜及び果樹の細菌病で，抗生物質など各種薬剤に対する耐性菌が報告されている．

　この薬剤耐性菌に対する対策としては，菌類病では同一薬剤や同じ作用機構を持つ同系統の薬剤を連続して多用することはない．耐性菌のリスク

表 11-4　我が国における細菌病での薬剤耐性菌の発生事例

薬剤	耐性菌
カスガマイシン	イネ褐条病菌
ストレプトマイシン	モモせん孔細菌病菌，カンキツかいよう病菌，キュウリ斑点細菌病菌
オキソリニック酸	イネもみ枯細菌病菌，イネ褐条病菌

を考慮して，作用機構の異なる他系統の殺菌剤をローテーション散布したり，混用したりする．にもかかわらず，耐性菌が出現して被害を被ることが多い．まして，細菌病では使用できる薬剤の数が著しく少ないのが現状である．このため，耐病性品種の栽培や物理的防除・生物防除を取り入れたりして，総合的防除を図り，病原細菌の密度を下げ，化学薬剤の使用を最小限にする努力が必要である．

　また，プロベナゾールのような抵抗性誘導剤は植物の細胞壁におけるリグニンの蓄積やPRタンパク質をはじめとする防御応答機能の活性化を誘導したり，複雑な作用機構を有することから，これまでのところ耐性菌は報告されていない．

3．耕種的防除
1）健全種子の播種

　昔から「苗半作」と言い伝えられているように，良い苗を育てることはその後の本田における良好な生育や収量増につながると考えられている．健全な苗を育てるためには，病原菌に感染あるいは汚染されていない健全な種子を用意しそれを播種することが欠かせない．

　種子伝染される病害が育苗に及ぼす影響の重要性については，糸状菌病害を含め古くから強調されていた．細菌によるイネの種子伝染性病害としてはもみ枯細菌病，褐条病及び苗立枯細菌病がある．これらの種子伝染性の細菌病は苗の栽培法の変化，とくに苗移植の機械化による育苗箱栽培の導入に伴い，それまでの苗代や圃場で感染する白葉枯病に替わってイネの最も重要な細菌病となった．

　種子は健全な植物から採種すべきであるが，実際には植物と病原細菌は共進化する関係であるため，目視できる病徴がなくても植物に付着したり，潜在感染していることがある．従って，そのような場合を想定して播種前に，あるいは収穫直後に薬剤や熱による消毒が一般に行われている．

　もみ枯細菌病，褐条病及び苗立枯病に対する防除を目的として種子消毒を行う場合には，種子を塩水選・水洗・水切りの後，薬剤で浸漬処理あるいは粉衣・塗沫などの処理をする．これら細菌病の種子消毒剤としては，オキソリニック酸水和剤，銅剤との混合剤，トリコデルマ・アトロビリデ剤のような微生物製剤などがある．また，最近では，60℃前後のお湯に種子を10〜15分程度浸してばか苗病，いもち病に加え，苗立枯細菌病など

の発病を抑制する「温湯種子消毒」法が開発され，普及してきている．

2）育苗法の改善

一般に植物の病害に対する抵抗性は幼苗期には弱く，病気に感染しやすい．従って，育苗期における感染は時に致命的な被害を引き起こす．そのため，移植栽培が可能な作物では管理しやすい苗床で育苗し，幼苗期の感染を防ぐことも細菌病を防除する上で重要である．

水稲では機械移植用の箱育苗の普及に伴って，それまでの水苗代ではしばしば問題となっていたイネ白葉枯病菌による感染が回避されるようになり，本病は我が国では重要病害ではなくなった．しかし，一方で箱育苗では水苗代で問題とならなかったもみ枯細菌病，苗立枯細菌病，褐条病など汚染種子に由来する病害の発生が顕著となった．

これらの種子伝染性病害が多発する原因は，水苗代と異なり機械移植用箱育苗では，①苗床の表面が湛水状態とならない，②播種密度が高い，③高温・多湿条件下で出芽されることなどである．従って，箱育苗では通常の育苗管理に加え，可能な限り健全な種子を用いるとともに，温湯浸漬や薬剤によって初期の病害発生をできるだけ抑えることが重要である．

3）作期の変更

作期をある程度ずらすことによって，病害発生のピークを避ける防除法である．例えば，イネ白葉枯病は台風による強風雨で感染が助長されるので，早期栽培によって被害を軽減させることが可能である．近年，良食味米としてコシヒカリが全国的に栽培されているが，本品種は早期栽培されることから，収穫期は一般的に台風の季節より前にある．それに加えて本品種はもともと栽培期間が短いため，水孔や傷から葉組織内に侵入し増殖した細菌が，病徴発現の閾値数に達する前に刈り取られてしまうことが多い．このようなコシヒカリの栽培や品種特性に起因する要因が我が国における本病の発生の減少に大きく寄与していると考えられる．同様に，ハクサイの場合は，夏に収穫するように作付けると軟腐病に感染する可能性が高まるが，収穫が秋になるように作付けると感染を著しく減少させることができる．

4）越冬植物（中間宿主植物）の除去

イネ白葉枯病の伝染源としては罹病わら，越年した罹病刈り株，罹病種子など感染イネに由来するもののほか，サヤヌカグサやエゾサヤヌカグサなどの越冬宿主雑草に由来するものがあり，これらが本病の発生に大きく関わっている．

従って，このような伝染源を除去することは，イネ白葉枯病の発生を抑制させるために有効である．特に，越冬宿主雑草が生育する場である畦畔や用水路などを基盤整備により宿主雑草の生育に不適な環境に作り替え

ることは，結果的に宿主植物を除去することになり，イネ白葉枯病のような病害の場合には効果的な感染回避策となる．

5）栽培管理の改良
（1）播種・栽植密度
　一般的に，播種・栽植密度は三つの意味で植物の病害の発生に影響を与える．播種・栽植密度が高いと，光量や通風の不足によって作物が軟弱になり病害抵抗性が低下する，株間の湿度が高くなり病原菌の増殖が助長される，隣接する罹病株との接触により二次感染が起きる可能性が高くなるからである．細菌病においてもこのような傾向が見られる．栽植密度が高いほど発生が少なくなるウイルス病もあるが，それは例外である．
　一方，播種密度や栽植密度は，作物の収量や品質とも密接にかかわっている．上述のように，高播種密度・高栽植密度栽培では細菌病をはじめ各種病害の発生が助長されるため，低播種密度・低栽植密度栽培が望ましいが，過剰な対応は収量減少をもたらす．収量と病害発生とのバランスがとれた適正な種密度・栽植密度を見出すことが重要である．

（2）肥料管理
　病害の発生は土壌・肥料と密接な関係があるため，土壌の改良と施肥管理は最も基本的な防除法に属する．施肥も二つの面で病害の発生に影響を与える．一つは作物の病害抵抗性への影響であり，もう一つは作物の生育状況への影響である．例えば施肥管理が不適切で植物体が過繁茂となった状態では微気象の変化（例えば局所的な高湿度化）などにより病原菌が増殖・蔓延しやすくなり，軟弱化した植物体には病原菌が感染しやすくなる．
　病害の発生に最も大きな影響を与えるのは窒素肥料である．一般に，過剰な窒素肥料の施用は病害の発生を助長する．菌類病のイネいもち病ではそのことが昔から知られているが，細菌病も例外ではなく，イネ白葉枯病やキュウリ斑点細菌病などは窒素肥料の過剰な施用により発病が促進される．そのメカニズムは病害抵抗性の発現能力を低下させるとともに，上述のように植物体の過繁茂と軟弱化を引き起こすためである．
　また，逆に窒素肥料が欠乏すると発生が助長されるような病害もある．菌類病のイネのごま葉枯病がこの代表的な例である．一方，細菌病では，トマト斑点細菌病での例があるが，このような報告は少ない．
　肥料成分のバランスも重要で，特定の成分が過剰になったり，不足したりすると病害の発生は助長される．
　以上のように，適正な肥培管理を行うことは細菌病防除においても非常に重要である．

（3）輪作
　輪作は，圃場内における宿主植物の入れ替え効果をもたらすことができる．宿主範囲が狭い植物病原菌の場合は，種子あるいは苗が病原菌に汚染されていなければ，輪作は効果的な発病抑制策となる．しかし，多くの植

物病原細菌は，宿主植物の栽培が終了した後も土壌中など環境中で一定期間棲息することができるので，単に輪作を導入しただけでは病害の発生を十分に抑えることはできない．輪作によって病害発生を抑えるために重要なことは，次に栽培が回ってくるときまで病原菌を持ち越さないことである．そのためには，残存・棲息する病原細菌を徹底した圃場衛生管理により，可能な限り低水準にすることである．

(4) 水管理

土壌水分の多少と病害発生とが相関する例が知られており，そのような場合には，土壌中の水分管理が病害発生の軽減策につながる．

ジャガイモそうか病（病原は *Streptomyces scabies*）の発生は土壌水分との関係が明瞭で，湿度が高い土壌では発生が少なく，乾燥した土壌では逆に発生が多いことが知られている．この情報を利用して，塊茎形成の初期段階に一定期間灌水して土壌湿度を高く保つ防除法が提案された．そして，実際に，灌水処理による発病抑制効果は世界中で確認され，本病に対する有効な防除法の一つとして採用されている．

また，トマト青枯病菌は，乾燥土壌（土壌水分20%）中では10日間以上生きることはできないが，湿潤土壌中では1～数年生存するとされている．これは，土壌湿度が高いと土壌中で青枯病細菌の高菌密度状態が長く保たれ，青枯病の発生が助長されることを示している．このように，土壌水分が過剰になると発病が促進されるので，それを避けることが本病の発病抑制に重要である．

(5) 病原細菌の飛散の防止

一部の植物病原細菌が風媒伝播されることは発生生態の章で述べたとおりである．

例えば，カンキツかいよう病では，病原細菌が風によって広く飛散されるため風媒伝播の果たす役割はきわめて大きい．また，風などにより生じた傷は，病原細菌の有力な侵入口となる．カンキツ葉では瞬間的な風圧が強くなるにつれ，傷害の割合が高くなることが知られている．風速と発病の関係では，最大風速が5cm/秒では発病率はきわめて低く，5.5~6.5m/秒になると急激に高くなるとされている．これは，風が強くなると葉の傷害が多くなり，同時に病原細菌の飛散量や飛散距離も増すためと考えられる．

イネ白葉枯病の場合も，台風のような強風は，イネの葉に多数の傷口を生じさせ，さらに雨滴中に取り込まれた病原細菌を広範囲に飛散・伝播させることが古くから知られている．風による傷の発生と病原細菌塊の飛散は，キュウリ斑点細菌病，アブラナ科野菜の黒腐病及び黒斑細菌病などでもみられる現象である．これらの細菌病は，施設栽培では大型換気扇周辺で発生する付傷株で，露地栽培では台風や強風により発生する付傷株で多発することが観察されている．

従って，これらの細菌病の発病を低減させる手段として，防風林，防風垣，寒冷紗を配置・設置するなどの方策は効果がある．

4. 総合防除

　世界で化学農薬の開発が本格化したのは，第二次世界大戦後以降である．当初は，競って効果の高い農薬の開発が進められた．我が国でも第二次世界大戦後，食料不足の問題を解決するため，効果の高い化学農薬が次ぎつぎと海外から輸入され，また国内でも後れ馳せながらも開発されるようになった．しかし，効果を重要視しすぎた開発や使い方をしたため，間もなくその弊害が顕在化することとなり，1960年代には化学農薬の毒性や残留性が指摘されて社会的批判が高まった．1970年代に入ると，批判を受けて農薬取締法が改定され，農薬は「消費者の安全（食の安全）」「農薬使用者の安全」「環境の安全（環境保全）」「非標的生物の安全」の基準を満たすことが義務付けられた．さらに，圃場における使用面から農薬の安全性を担保する「農薬の使用基準」も定められた．最近は，「安全」だけでなく消費者の「安心」も実現させるべく，農薬企業と農薬行政が一体となった努力が続けられている．

　このような流れの中で，防除における農薬の位置づけや農薬の使い方についても議論がなされ，「環境保全」や「食の安全」を重視する総合的な防除が求められることになった．総合的病害虫管理（Integrated Pest Management：IPM）は総合防除とも称されるが，もともとは持続可能な農業を実現するためにカナダやアメリカで天敵を積極的に導入するなど害虫の総合的管理法として始められた手法である．病害における総合防除・管理の概念は基本的に害虫の場合と同一である．すなわち，化学的防除，物理的防除，生物的防除，耕種的防除など様々な防除法を農家の経済性を考慮しながら，化学農薬に偏重することなく合理的に組み合わせて，調和のとれた総合的な防除を行い，自然生態系の持つ病害虫抑制メカニズムを再生・持続させることを目的とするものである．病害防除に関しては，病原微生物の生態を解明し，的確な発生予察を行い，要防除基準を定め，それに基づいて必要な時期に合理的な防除を行うことが重要である．そのことによって，化学農薬や生物防除剤の防除効率を高めることができるとともに，防除労力や防除コスト，環境負荷の低減も可能となる．その目指すところは，徹底的に病原菌を殺滅するのではなく経済的許容水準（EIL）以下に被害を減少させ，農家の実質的な経済的被害を軽減させ，それを通じて持続可能な農業を実現させることにある．

　作物の細菌病に関しては，卓効を示す薬剤が極めて少なく確実に防除できる手法もないことから，宿主の抵抗性の利用や，耕種的防除法，生物的防除法などを重視した総合防除がなおさら重要である．

5. 植物検疫と植物防疫

　植物保護の立場から見れば，基本的な方策は植物の病害が発生した場合，発生地から未発生地への病原体の移動を阻止することである．植物の病原体は研究や保存を目的としてそれ自体を純粋培養の形で国際間あるいは

地域間を人為的に移動させる場合もあるが，植物体，種子，土壌，昆虫などとともに，あるいは飼料用乾燥物に付着して他の地域に侵入する場合がほとんどである．植物体や種子の移動は即，病原菌の移動と考慮すべきで，しかも環境条件によってはすぐに定着したり，増殖して深刻な被害を引き起こす可能性がある．そこで，法的な規制により，病害虫の国内への侵入や国内の他地域への移動，さらに発生の拡大を阻止し，植物を病害虫から保護しようとするのが植物検疫である．

今日のようにあらゆる面でグローバル化が進んだ時代にあってはヒトや物資の国際間あるいは地域間移動が激化し，それに伴って上記したように病害虫の国際間あるいは国内での移動のリスクはますます高まっている．実際，外国から日本へ侵入した病害としては1909年のスギ赤枯病，1936年のサツマイモ黒斑病，1966年のキュウリ緑斑モザイク病などがあるが，中でも1947年のジャガイモ輪腐病，1957年のキュウリ斑点細菌病，1958年のトマトかいよう病など細菌病が目立つ．

このような状況下では，外国からの病原体の侵入を未然に防ぐとともに，すでに病害が発生した場合には他の地域，あるいはその病原体の海外への移動を阻止する必要がある．

日本を含め各国は，国際植物防疫条約に基づき，病害虫が侵入，まん延することを防止するため，植物検疫を行っている．我が国では，農林水産省の植物防疫所が中心となって，病原体の移動を国境措置の一つとして常時監視する体制をとっている．

1）国際植物検疫
（1）国際植物検疫の歴史

海外から国内へ，国内のある地域から他の地域へそれまで未発生の病害虫が侵入した場合，気候条件が好適で，天敵が存在しないなどの条件が加わると，その病害虫が大発生し，大きな被害を蒙ることとなる．このため，法的な規制によって，病害虫から植物を保護しようというのが植物検疫である．

植物検疫の発端は，19世紀後半にまで遡る．米国ロッキー山脈で野生ブドウに寄生していたフィロキセラがフランスに侵入し，同国のワイン産業に大きな大打撃を与えた．これに脅威を感じたドイツが「ブドウ害虫予防令」を1872年に制定し，ブドウ苗の輸入を禁止した．これが世界で最初の植物検疫制度の発足である．

植物細菌病においても，このようにある国で発生していた病害が他の国に広がって，大きな問題となった例は少なくない．例えば，リンゴ火傷病は米国東部のローカルな病害であったが，1950年代にイギリスに広がり，現在では日本とオーストラリアを除くリンゴ生産国で大きな問題となっている．また，カンキツかいよう病は1900年代初期に，アジアから本病感染苗によって米国に侵入し，とくにフロリダ州においてオレンジやグレ

ープフルーツに大きな被害を与えた．このため，フロリダ州など南部諸州は米国政府の協力のもと，本病の大規模な撲滅事業を敢行した．罹病樹の徹底的な伐採焼却を行った結果，米国政府は1952年に本病の撲滅を宣言した．

その後，国際間の交流が盛んになるにつれて，各国がそれぞれの検疫を行っても病害虫の移動を防ぐことは困難となってきた．このような状況を背景に，1951年国際植物防疫条約が諸国間で締結され，我が国もこれに加盟した．この国際植物防疫条約では，各国は植物に対する有害動植物の侵入・蔓延を防止し，有害動植物の防除のための適切な措置を協調して講ずることを謳っている．

我が国の植物検疫体制は1950年（昭和25年）に制定された植物防疫法に基づいて整備・拡充されたものである．

（2）国際植物検疫の現状

近年，植物検疫が国際貿易摩擦の一因として取り扱われることも多く，世界貿易機構（WTO）では各国の気象条件や農業の特色は認めながらも，原則として国際的なガイドラインから外れないような措置を加盟国に求めるようになった．このため，1996年に我が国の植物防疫法の一部が改正され，検疫対象となる病害虫（検疫有害動植物）の範囲が明確となった．

植物検疫事業にはいろいろな役割があるが，輸出入検疫はそれらの中で最も重要な部門である．

輸入検疫における対象植物等は危険度の大きさによって，①輸入禁止品，②輸入検査品，及び③検査不要品，の三つの区分に分けられている．

"輸入禁止品"は我が国に未発生で，侵入すると甚大な被害をもたらすと考えられる病害虫及びその宿主植物，ならびに土である．

輸入植物の検疫で最も侵入が警戒されているジャガイモがん腫病菌，タバコべと病菌，リンゴ等の火傷病菌などでは，その病害の分布地域からの宿主植物の輸入は禁止されている．有害動植物等は植物防疫所のホームページで確認することができる．このような輸入禁止対象病害とともに，重要度の高い病害は特定重要病害として法律で定められ（表11-5），侵入が厳重に警戒されている．なお，1996年の植物防疫法の改正によって，国内でその存在が明らかになっている病原体のうち，危険度が低いものは"非検疫有害動植物"として検疫対象からはずされるようになった．

"輸入検査品"とは輸入禁止品に該当しない穀物，マメ類，野菜，果実，種子，球根，苗木，木材，切花，香辛料や漢方薬の原料などである．検査は対象の全量，もしくは一部について実施される．例えば輸入種子では一部を抜き取って，特定の病原虫が感染・付着していないか検査を行う．果樹の苗木やイモ類などでは，すべての個体を1年間隔離圃場で栽培し，病原の検定を行う．これを隔離検疫という．

"検査不要品"は植物ではあっても製材や製茶などのように高度に加工され病害虫の付着のおそれのないものである．

表 11-5　細菌性の特定重要病害

病原細菌	病害名
Xanthomonas oryzae pv. *oryzicola*	Bacterial leaf streak（イネ条斑細菌病）
Spiroplasma citri	Cirus stuborn disease
Candidatus Liberibacter asiaticus	Citrus greening disease（カンキツグリーニング病）
Candidatus Liberibacter americanus	
Candidatus Liberibacter africanus	
Xyllella fastidiosa	Peach phony disease

　実際の検疫現場は，我々が海外から日本に帰国した際，空港や港での携行植物の検疫などでなじみ深い（図11-1）．このような個人ベースではなく，商業的に航空機や船で大量に運び込まれる植物については，検疫も大がかりなものになり，多大な労力と時間が費やされている．例えば，大量の種子，穀物，青果物などが輸入されると，本船やコンテナヤードで検査が行われ，そこで検疫有害動植物が発見されると，消毒などの処理が実施されないと輸入は許可されない．果樹の苗木などではさらに厳重な検査が行われ，植物防疫所の隔離圃場などで検疫有害動植物に侵されていないことが証明されない限り，輸入は認められない．一方，輸出検疫は相手国の検疫要求に基づいて行われる．従って，輸出入申請から検査合格証発行まで何段階もの検査を受ける可能性もある（図11-2, 3）．

図 11-1　空港における植物検疫

　検査の結果，検疫有害動植物が見つかると，消毒や廃棄などが命ぜられる．

　以上が国際植物検疫の概要であるが，輸入が禁止されている植物でも，農林水産大臣が定める基準に合格していることを条件に輸入が認められているというものもある．その基準としては，該当する植物の種類，品種，生産地，消毒法，輸送法などが盛り込まれており，それらすべての基準を満足させる必要がある．

　対象国の輸出時期になると植物防疫官が派遣され，輸出国政府が行う消毒や輸出検疫などが基準どおり実施されていることは厳重に確認されている．

　一方，輸出検疫では，果実，種子，盆栽などについて，相手国の要求に適合していることについて検査を行い，植物検疫証明書を発給している．また，種子や苗木などでは，輸出時の検査のほか，栽培中に行う栽培地検査が相手国から要求されている場合がある．

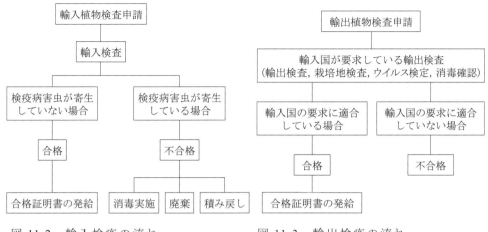

図 11-2　輸入検疫の流れ
　　　　　農林水産省資料.

図 11-3　輸出検疫の流れ
　　　　　農林水産省資料.

　我が国から米国に温州ミカン，リンゴ，二十世紀ナシなどを輸出する場合には米国側の検査官が来日し，日本側の防疫官と合同で栽培地検査や輸出検査を実施している．

　近年，とくに種子や苗木については栽培地検査を要求する国が増加している．

　以上のように，病原体の国際間移動には厳重な注意が払われているが，今後も種子，苗木，遺伝資源などの国際間移動の激化に伴い，病原体の国際間移動のリスクはますます高まると予想される．それに伴って国際検疫の重要性は高まることは明らかである．

2）国内植物検疫

　輸出入検疫と並んで，国内植物検疫も検疫事業の大きな柱である．

　国内に侵入した病害虫や国内の一部の地域に発生している重要病害虫の国内での伝播や移動による蔓延を防ごうとするのが国内植物検疫である．

（1）種苗検疫

　健全な種苗を供給するために実施される指定種苗検査では，ジャガイモの種イモ生産が厳重に管理されている．

　そのジャガイモの検疫事業の概要を示したのが図 11-4 である．中でも細菌病である輪腐病はとくに警戒されている病害である．本病はもともとドイツの地方病であったが，1931 年にカナダに，翌 1932 年には米国に拡がり，問題となり始めた．

　本病は 1947 年には我が国にも侵入し，北海道で発生，さらに種イモとともに全国的な発生をみるに至った．この対策として農林省（現在，農林水産省）は無病種イモを生産するため，原々種農場（現在，種苗管理センター）を設置し，罹病イモの流通を徹底的に阻止し，本病害の撲滅を図り，

現在ではほとんど発生をみないまでに抑圧している．現在，種イモの検査はウイルス病なども対象として実施されており，合格証明書なしで種イモを販売（譲渡）することは禁じられている．

上記の原々種が道・県のほ場で，原種，採種として増殖され種イモとして一般農家に販売される．上述したように販売・譲渡される種イモは植物防疫官による検査を受け，合格証明書の添付が必要である．

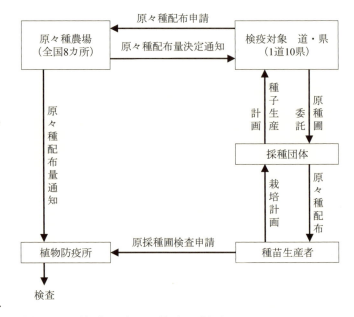

図 11-4　種ジャガイモ検疫の概要

（2）植物等の移動の制限及び禁止

国内のある地域に分布している病害虫が未発生地域に侵入するのを防ぐため，その病害虫の宿主植物を他の地域へ移動することを制限，もしくは禁止する事業である．

細菌病ではカンキツグリーニング病が対象となっている．本病は1988年に西表島で初めて発生が確認され，その後，沖縄県全域で発生が認められた．このため，農林水産省は平成9年に沖縄県全域を対象として，植物防疫法（昭和25年法律第151条）に基づき，本病の宿主植物であるカンキツの苗木など，さらに媒介虫であるミカンキジラミの移動規制措置を実施した．その後，鹿児島県においても与論島，沖永良部島，徳之島及び喜界島で本病の発生が確認されたことから，農林水産省は平成19年4月に上記鹿児島県与論島，沖永良部島及び徳之島を対象に上記の移動規制措置を実施するとともに，喜界島においては植物防疫法に基づく緊急防除を行った．その結果，喜界島における本病の根絶を確認し，平成24年3月19日を以って緊急防除を終了した．

3）発生予察

植物防疫のもう一つの重要な事業は，発生予察である．発生予察とは，病害虫の今後の発生を科学的に解析して予測することをいう．

先に述べたように，ヒトの病気と同様に植物の病害においても予防はきわめて重要である．農作物栽培の現場では，病原の増殖状況や病害の発生状況の情報を予め持っていれば，病害の予防措置を施すことが容易となる．

我が国では植物防疫法に基づいて，各都道府県の病害虫防除所が，国が定めた指定有害動植物及びその地域における他の重要病害虫について，常にそれらの発生状況を調査し，毎月，定期的に調査結果を農林水産省に報告している．細菌病に関しては，カンキツかいよう病菌，キャベツ黒腐病菌，モモせん孔細菌病菌の3種が指定されている．さらに，病害虫防除所では各病害の発生状況や気象データを参考にして，地域の重要病害虫の発生を予察する事業を行っている．

　近年，気象庁の地域気象観測システム（アメダス）から送信される気象データ（気温，降水量，日照度及び風速）を基にコンピュータ上で解析し，特定地域を対象とした病害虫発生予察が行えるようになっている．病害虫防除所は予測した結果を，警報，注意報，特殊報，発生予報の形で，市町村を通じたりホームページや報道機関などを利用して農家に情報提供している．警報は，重要な病害虫の大発生が予測され，すぐにも防除する必要があるときに発表されるものである．また，注意報は，警報を発するほどではないが，早めに防除した方がよい場合に発表されるものである．

参考文献

1) 百町満朗・対馬誠也（2009）微生物と植物の相互作用－病害と生物防除－．ソフトサイエンス社，東京．
2) 岸　国平編（1998）日本植物病害大事典．p.1276．全国農村教育協会，東京．
3) 日本植物防疫協会（2014）農薬要覧 2014．日本植物防疫協会，東京．
4) 日本植物病理学会編（1995）植物病理学大事典．p.1,260．養賢堂，東京．
5) 日本植物病理学会・農業生物資源研究所編（2012）日本植物病名目録（第2版，CD-ROM 版）．日本植物病理学会，東京．
6) 大畑貫一（1989）イネの病害－診断・生態・防除－．p.565．全国農村教育協会，東京．
7) 西山幸司・高橋幸吉・高梨和夫編（2004）作物の細菌病（追補3版，CD-ROM 版）．日本植物防疫協会，東京（CD-ROM 版）．
8) 日本植物防疫協会編（2014）生物農薬・フェロモンガイドブック 2014．p.281．日本植物防疫協会，東京．
9) 日本植物防疫協会編（2011）農薬ハンドブック 2011年版．p.720．日本植物防疫協会，東京．

第12章　植物病原細菌の保存と利用

　植物細菌病の研究や診断において，タイプカルチャー（type culture）やreference strain（標準菌株）の入手は極めて重要である．かつては国内のみならず，海外からの植物病原細菌の菌株の入手も比較的容易であった．しかし，近年，植物防疫法に加え，生物多様性条約など知的財産権の問題のため，菌株の国際的な移動は難しくなっている．さらにイネ白葉枯病菌などに至ってはイネいもち病菌と並んで，バイオテロリズムにおける生物兵器としての位置づけから，現在は国際的な移動が禁止されている．

　植物病原細菌の最も重要な特性は植物に対する病原性であるが，そのようなヒトにとって有害な性質とは反対に，産生する物質が産業的に有用なものであったり，他の植物病原微生物の防除に利用されたり，諸刃の刃的な特性を有する場合もある．従って，そのような有用な特性のスクリーニングに，保存した菌株をリソースとして利用することも重要である．

　現在，アジアにおいても，我が国，韓国及び中国で植物病原細菌のゲノム解析が進んでいるが，その先陣を切ったのは菌株保存機関である．ゲノムは生物情報の宝庫であり，菌株の特性情報としては最大級のものである．ゲノム解析は植物病原細菌の分類に大きな貢献をする可能性があり，病原性関連遺伝子の網羅的機能解析によって植物との相互作用の解明にも大きく寄与するに違いない．また，難防除病害が多い細菌病にあって，ゲノム創農薬の開発が期待されている．

1. 植物病原細菌の保存
1）植物病原細菌の保存の意義

　菌株の保存は極めて重要である．それも単に長期保存という意味だけでなく，植物病原細菌の場合，病原性はじめ様々な特性をいかに維持したまま保存するかということが重要である．

　また，菌株保存における評価は保存菌株数の数といった量的なものも重要ではあるが，最も大事なのは病原細菌名のラベルの信頼性である．即ち，上記の特性がきちんと保存されているかによって評価は決まる．

　一般に細菌の保存は分離者が取り扱っている間は集落型や病原性などチェックされているので，ほとんど問題はない．ところが，その分離者の手を離れると，植え継ぎや保存が機械的となり，病原性など植物病原細菌としての重要な特性はもとより，極端な場合は純粋性まで疑われるようなトラブルが起きる．

　この典型的な例が，アメリカ標準 菌株保存機関 ATCC に保存されていた *X. citri* pv. *citri* のケースで，ATCC15923 株が，本来，1本の極毛を有するはずが周毛菌となっていたことである．また，アブラナ科野菜黒腐病菌

である *Xanthomonas campestris* pv. *campestris* のゲノム解析に ATCC 保存のタイプ・ストレインが供試されたが，非常に古い菌株であったため，病原性はじめ各種特性が維持されていたか疑問であるというような問題も起きている．

2）菌株の保存法

微生物の保存については細菌，糸状菌，ウイルス，酵母など，それぞれの微生物についての多岐にわたる保存技術開発の歴史があり，種々の条件を考慮して，最適な保存方法を選択することが重要である．

保存にあたって考慮すべきこととして，最も重要なのは保存中の微生物の生存性及び各種特性の維持である．さらに，雑菌によるコンタミネーションの回避，装置や労力のコスト，保存のためのスペース，保存菌株の重要性と利用頻度などを考慮する必要がある．

ルーティンの実験で菌株を長期的に保存する場合，菌株の変異を最小限に食い止めることが可能な方法を選択する．また，いずれの方法でも，単コロニー培養で野生株であることを確認して培養を開始する．コロニーの形態は細菌の変異性状の一つではあるが，細菌の形態や細胞外層の微妙な変化を端的に反映し，性状の変化をとりあえずチェックするのに適している．従って，植物病原細菌の保存にあっては，継代培養の都度，少なくとも集落型に変異がないことを確認する必要がある．

植物病原細菌の保存法としては，下記のような方法があり，状況に応じて最適な方法を選択する．

①真空凍結乾燥法

細菌の保存法としては最も確実で安全な方法であり，植物病原細菌でも最も普遍的に用いられている方法である（図 12-1）．但し，かなり高価な真空凍結乾燥機が必要なのと，前培養，凍結，乾燥の際の各種条件，乾燥後の保存条件，さらには復水の条件などは対象とする細菌によって異なるため，それぞれの菌株について適正条件を把握する必要がある．

分散媒（保護剤）としては1％グルタミン酸ナトリウム含有の10％スキムミルクを使用し，真空凍結乾燥機を用いて真空下で乾燥する．この場合，菌体と分散媒を混合し，アンプルに分注して予備凍結後，乾燥に移るが，アンプルは品質的に信頼性のあるものを選択する必要がある．また，分散媒としては，肉汁ペプトン水，ジャガイモ煎汁（200g のジャガイモと水

図 12-1　真空凍結乾燥

1000ml）などを用いる場合もある．

②凍結保存法

1.5％グルタミン酸ナトリウム含有の 10％スキムミルクを小試験管に分注，滅菌し，対象とする植物病原細菌を懸濁してフリーザーで保存する．短期保存ややむをえない場合，-20℃でも保存は可能であるが，安定的に保存するためには-40℃以下が望ましい．

本法は凍結，融解を繰り返しても細菌は生存するため，一連の実験を一定期間行うのに適した方法である．また，真空凍結乾燥機を必要とせず，フリーザーやディープ・フリーザーで保存することが可能である．

③継代培養法

本法は最も簡便な方法であり，広く用いられている．しかし，植物病原細菌においては継代的な培養を重ねることにより，細菌学的性質等に変異が起きやすく，とくに病原性の低下や喪失が起こることがあり，注意が必要である．継代培養を行うに際しては，栄養分の豊富な培地よりも，貧栄養培地で継代培養を行うほうが変異する率が低く，保存に適する．

④流動パラフィン重層法

本法による保存では Clavibacter 属，Pectobacterium carotovorum（旧 Erwinia carotovora）グループ，及び Xanthomonas 属に属する多くの植物病原細菌が5年以上生存するとされているが，細菌の種と系統によって保存性には大きな差がある．細菌の高層培養には普通寒天培地，2％ブドウ糖加用普通寒天培地，酵母エキス・ブドウ糖・チョーク寒天培地などを用いて2～3日培養後，流動パラフィンを重層した後，室温で保存する．培地の選択は対象とする菌種に応じて行う．

⑤土壌保存法

本法は植物病原細菌の保存の中で，とくに病原性の維持に良好な方法といわれている．Clavibacter 属細菌，Pseudomonas syringae グループ，Xanthhomonas 属細菌などで5年以上の保存が可能であるが，Pectobacterium 属細菌では菌種によって生存期間に差があると報告されている．

⑥水保存法

水保存法は Ralstonia solanacearum, Burkholderia cepacia などで実際に用いられている．R. solanacearum では21℃の温度条件下での保存の方が5℃での保存よりも生残率が高く，21℃保存での非病原性変異株の出現率は1％以下である．

本法は Agrobacterium tumefaciens 等でも有効な保存法であることが報告されているが，適用は細菌の種類によって異なっており，Xanthomonas 属細菌の中には水中での生存率が激減するものもある．

⑦超低温保存法（液体窒素保存法）

斜面培養した細菌の菌体を，凍結防止剤を1mlずつ分注した2ml用クライオチューブに入れ，超低温フリーザー（-80℃前後）で予備凍結した後，液体窒素層に入れて保存する．

⑧グリセロール保存法

本法は細菌を簡便かつ半永久的に保存できる方法なので，研究室など広く利用されている．細菌を培養し，その懸濁液をエッペンドルフチューブなど小型のチューブに移し，グリセロールの最終濃度が5～50%(通常10%)となるように加え，液体窒素やドライアイスなど急速冷凍し，-80℃のフリーザーで保存する．使用する時は凍結したまま，少量を削り取って培地に播いて再生する．

以上のほか，植物病原細菌の簡便な保存方法としてはシリカゲル法，カーボランダム法，ガラスビーズ法などの保存法がある．

2. 植物病原細菌の保存機関
1) 我が国における植物病原細菌の保存機関
①農業・食品産業技術総合研究機構　遺伝資源センター (Genetic Resources Center, National Agriculture and Food Research Organization)

MAFFジーンバンクは農林水産省の遺伝資源保存の中核機関であり，植物が中心ではあるが微生物や動物も含まれ，とくに微生物は植物病原微生物を中心に共生微生物や動物病原微生物など多様な微生物遺伝資源の収集・保存を行っている．

植物病原細菌もそれらの中で重要な位置を占め，国内で発生した細菌病の病原細菌はほとんどがリストに含まれている．これは農林省の旧農業技術研究所の植物病原細菌の収集・保存，菌株の配布の伝統を受け継いだためである．また，国内での研究の副産物としての微生物資源だけでなく，微生物資源としての重要性を鑑み，遺伝資源事業として積極的な探索・収集も行われてきた．従って，海外での微生物遺伝資源の探索・収集によって集められた菌株もリストに含まれている．さらに，特性が確認され，寄託者の認可が下りた菌株は配布を対象としたアクティブ・コレクションとして登録されている．

農業生物資源研究所のジーンバンクは，各国の植物病原微生物の保存機関と比較した場合，イネの病原細菌の収集において最も充実していると言える．旧農技研での収集に加え，我が国とIRRI（国際イネ研究所）との共同研究の病理部門の成果として，アジア各国からのイネ白葉枯病菌の多数のレースが収集・保存されている．さらに，同細菌をはじめ我が国で最初に発生が報告され，病原細菌が同定されたイネもみ枯細菌病，苗立枯細菌病，かさ枯細菌病，葉鞘褐変病など我が国の細菌病研究の成果を端的に示すコレクションである．また，基準株や標準株だけでなく，菌株の最も重要な特性評価については，さらに近年ゲノム解析の急激な進展から，重要な生物種については続々とゲノムのシークエンス解析が行われてきたが，MAFFジーンバンクの保存菌株の中から，イネ白葉枯病菌（*Xanthomonas oryzae* pv. *oryzae* MAFF311018株）及びミヤコグサ根粒菌（*Mesorhizobium loti* MAFF303099株）の2菌株でゲノム解析が完了している．

2) 海外における農業関連微生物の保存機関

従来微生物の国際的な移動は他の生物遺伝資源に比べて非常にスムースに行われていた．しかしながら，現在では生物多様性条約に法った移動しか不可能となり，さらにリスクを伴う微生物についてはアクセスが非常に難しくなっている．しかも，イネ白葉枯病菌はイネいもち病菌などと共に生物テロリズムの対象微生物として取り扱われているため，事実上国際間の移動は不可能となっている．ここでは各国の代表的な菌株保存機関を紹介する．

①ATCC（Amrican Type Culture Collection）

1925年に米国に設立された世界最大の生物資源バンクである．細胞株は3,400種以上，微生物株（酵母，カビ，原虫含む）は約72,000種類，遺伝子株は約800万種類を保存・分譲している．なお，米国は生物多様性条約を批准していないので，この面の問題はないが，菌株のオリジンによってはこの限りでない．

②NCPPB（National Collection of Plant Pathogenic Bacteria）

英国最古で最大の植物病原細菌の菌株保存機関である．

現在，約3,500株が真空凍結乾燥して保存されており，ほとんどの植物病原細菌のタイプ・ストレイン（Type strain）を保有している．英国は長い間，アジア及びアフリカの多数の国の宗主国として君臨してきた歴史から，熱帯性の植物病原細菌のコレクションも豊富である．

③BCCM-LMG（Belgian Cordinated Collections of Microoganisms）

BCCMの起源は1983年に遡るが，コンソーシアムを形成しているのが特徴で，BCCM/LMGは現在，22,000株を保有する．その内訳は380属2,700種にまたがり，植物関連細菌及び植物病原細菌，医学・獣医学分野の細菌，海洋細菌，さらにバイテク関連細菌が主たる対象となっている．LMGの拠点はゲント大学で，同大学ではアグロバクテリウムの病原性発現機構の解明と，その応用としての植物遺伝子工学の立ち上げが有名である．

④CFBP（French Collection of Plant Accociated Bacteria）

フランスのINRA傘下の菌株保存機関である．フランスでは他の国と異なり細菌が主体となって，農業関連微生物の菌株保存機関が設立された．公式には1973年創立であるが，当初はアンジェ及びベルサイユのINRAの研究室が関わっていたが，現在はフランス全体，さらにスイス，シリア，アルジェリアなど多数の国からの収集菌株が保存されている．

主たる収集微生物は植物病原細菌で，現在，約5,400株のコレクションがあり，*Burkholderia*，*Clavibacter*，*Curtobacterium*，*Dickeya*，*Erwinia*，*Pantoea*，*Streptomyces*，*Pseudomonas*，*Xanthomonas* 属などに属する細菌を保有している．

⑤ACCC（Agricultural Culture Collection of China）

中国では近年，微生物遺伝資源の確保や微生物遺伝資源研究に力を入れている．中国における農業関連微生物の保存機関は Agricultural Culture

Collection of China（ACCC）で，元々ダイズなどの根粒菌が主たる対象微生物であり，中国農業科学院・土壌肥料研究所に属していた．しかし，現在は対象微生物の幅も拡がり，改組によって農業科学院・農業資源及び地域農業振興計画研究所（Institute of Agricultural and Regional Planning）に組み込まれており，植物病原細菌や生物防除用微生物などの収集・保存も行われている．

　農業科学院以外にも，微生物保存機関あるいは微生物研究機関も大学はじめ多数存在し，その代表的機関である微生物研究所では農業関連微生物として，植物病原細菌であるアブラナ科野菜黒腐病菌（*Xantomonas campestris* pv. *campestris*）やイネ白葉枯病菌（*Xanthomonas oryzae* pv. *oryzae*）のゲノム解析を行っている．

⑥KACC（Korean Agriculture Culture Collection）

　韓国における農業関連微生物の保存機関は Korean Agricultural Culture Collection（KACC）である．KACC は比較的新しい機関で 1995 年創立である．しかしながら，韓国も近年，植物遺伝資源をはじめ遺伝資源の探索・収集と保存を国策として推進しており，KACC においても保存菌株数は既に 4,900 に上っており，農業環境における多様な微生物の収集・保存を行っている．また，CBS や DSMZ とも協力関係を持っており，国際的な活動も活発である．また，1999 年に特許寄託機関として認められた．保存菌株数は細菌 1,700 以上（うち放線菌 300），糸状菌 3,200（うち酵母 300 及びきのこ 200 含む）で，細菌では *Bacillus*, *Erwinia*, *Pseudomonas* 及び *Rhizobium* が，が主たる属である．最近のトピックとしてはイネ白葉枯病菌のゲノム解析があり，その後，ポストゲノム研究が行われている．

⑦TISTR

　タイの代表的な微生物保存機関は科学技術環境省に属するタイ科学技術国立研（TISTR）の微生物研究センター（MIRCEN）である．研究開発部門には「農業技術部門」も含まれている．

　微生物研究センター（MIRCEN）の主要なミッションの一つとして農業上有用な微生物の収集がある．収集対象微生物は細菌，酵母，糸状菌，微細藻類及びキノコである．農業関連微生物としては東南アジアの根粒菌が有名で各国との国際共同研究も盛んである．タイでは MIRCEN 以外にもいろいろな研究機関が独自に農業関連微生物の保存が行われている．例えば植物病原微生物や生物防除用微生物などはタイ農業局の菌株保存施設で保存されており，有償で分譲も行われている．さらに，カセサート大学においても，タイの植物病原菌，土壌菌，ランの菌根菌，エンドファイトなどに関する研究が行われており，それらの菌株の重要なものについてはのカルチャーコレクションにおいて保存されている．

⑧BIOTECH（National Institute of Biotechnology & Applied Microbiology）

　BIOTECH はフィリピン大学ロス＝バニョス校に属し，バイオテクノロジー及び応用微生物学に関する総合研究所である．また，同時に，充実し

た研究設備を持つフィリピン第一の微生物保存機関でもあり，植物病原細菌の収集も行われている．現在，特許寄託機関として認められるように準備中である．また，イネの病害については国際イネ研究所（IRRI）で幅広い研究が行われており，イネの病原微生物の収集・保存は充実している．

3．植物病原細菌の産業的利用
1）食品添加物としての利用
①ザンサンガム（キサンタンガム）

ザンサンガムは一般的には *Xanthomonas* 属細菌が産生する多糖類であるが，代表的な植物病原細菌であるアブラナ科野菜黒腐病菌 *Xanthomonas campestris* pv. *campestris*（*Xcc*）が産生する細胞外多糖質（EPS, exocellular polysaccharide）が最も有名で，工業的にも広く利用されている．

ザンサンガムは最初 *Xcc* NRRL-B-1459 株から抽出され，その後，その他の *Xanthomonas* 属細菌も細胞外多糖質としてザンサンを産生することが明らかとなった．しかしながら，*Xcc* が産生するザンサンガムが量的にも質的にも優れている．

製法としては，*Xantomonas campestris* pv. *campestris* をグルコース，窒素源，リン酸 2 水素カリウムとその他の微量成分を組成とする培地で，好気的条件下で培養する．工業的にはこの多糖類を精製し，粉末にして天然ガム質として用いる．

ザンサンガムは図 12-2 に示すようにグルコースが β-1,4 結合で連結されたものを主鎖とし（これはセルロースと同じ構造である），これにマンノース 2 個とグルクロン酸 1 個からなる 3 糖類の側鎖が付いた線状の高分子電解質である．分子量は約 $2\times10^6 \sim 12\times10^{12}$ である．側鎖末端のマンノースに付いたピルビン酸の置換度は培養条件によって異なる．

ザンサンガムの特性として，水溶液は低濃度でも降伏応力を示し，その粘度は塩添加により増加し，pH，温度の変化に対して安定という特異な性質を有する．

利用面では増粘，乳化，分散，保水などの機能特性があるため，食品の加工・製造において広汎に用いられている．とくに低濃度で

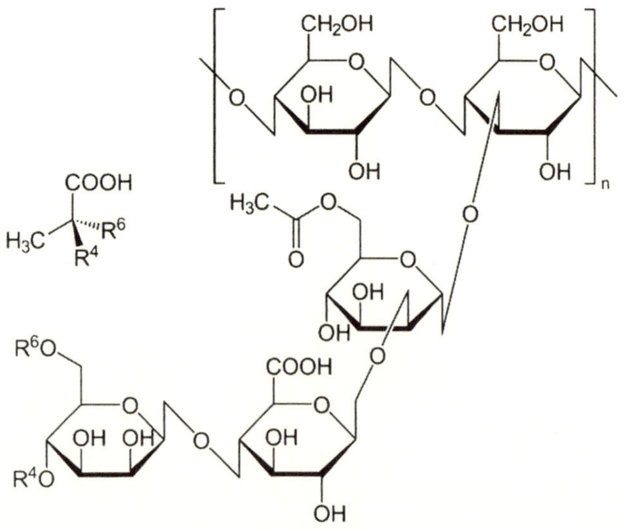

図 12-2 ザンサンの化学構造

も高い粘性を示し，酸，塩，その他の化学物質や酵素，熱に対して安定であり，ローカストビーンガムやグァーガムと併用することにより相乗効果が得られ，単独使用の場合に比べて粘度やゲル強度が著しく増加する．このような機能特性を利用して，果実飲料の懸濁安定化，ドレッシング，ソース類のテクスチャーの改善，冷凍食品の冷凍・解凍に対する安定性の向上，製パンなどへの多数の特許が出願されている．

2）微生物農薬

微生物農薬は農薬による環境汚染問題や有機農業の発達に伴い，21世紀における栽培植物の病害虫・雑草の防除手段として大きな注目を浴びている．微生物農薬については，多くの研究がなされ，多くの企業が製品化に向けて開発につとめているが，一般にはまだまだ理解されていない状況にある．しかし，近年，農薬登録まで完了した微生物農薬は徐々に増えており，実用化が進んでいる．

①微生物除草剤

ゴルフ場など芝生で問題となる雑草スズメノカタビラのための微生物除草剤として開発された．スズメノカタビラは旺盛な生命力を持ち，芝地の雑草としてはもっとも防除が困難な雑草であるが，とくにベントグラスグリーンでは薬害の恐れから除草剤が使えず，本雑草を選択的に枯らす除草剤の開発が期待されていた．そこで，JT がスズメノカタビラに特異的に病原性を持つ微生物の探索を行った結果，同雑草から *Xanthomonas campestris* pv. *poae* を分離し，微生物除草剤を開発した．室内及び野外において同細菌の効果を確認し，安全性や毒性試験をクリアし，農薬登録を受けるに至った．本細菌は感染後，導管内で増殖して宿主を萎凋枯死させる．

②微生物殺菌剤

植物病原細菌を含めた細菌の微生物殺菌剤としての歴史は古く，*Agrobacterium radiobacter* によるバラなどの根頭がんしゅ病の防除が有名である．また *Bacillus subtilis*，*Erwinia herbicola*，*Enterobacter aerogenes*，*Pseudomonas putida*，*P. fluorescens*，*Serratia liquefaciens* など多様な細菌が生物防除として報告されてきた．一方，純粋な植物病原細菌もとくに非病原性株を用いた生物防除剤としての利用が試みられてきた．非病原性 *Pectobacterium carotovorum* subsp. *carotovorum*（旧 *Erwinia carotovora* subsp. *carotovora*）はわが国で農薬登録されており，難防除病害であるナス科野菜青枯病菌 *Ralstonia solanacearum* の非病原性変異株も，研究段階であるが防除効果が認められている．

3）氷核活性剤

通常の微水滴の凍結温度は-20℃付近であるが，微生物の機能として-2℃付近で凍らせる細菌が樹表面から発見された．このような氷核活性を有す

る細菌は植物に広く分布しており，結霜の氷核の有力な原因とみなされている．最初，氷核活性は細菌で発見され，現在まで *Pseudomonas* 属，*Pamtoea* 属，*Xanthomonas* 属など Proteobacteria に属する細菌で氷核活性が報告されている．当初その多くは植物病原細菌であったが，現在ではそのような植物寄生性に関係なく，多くの氷核活性を有する細菌が分布することが明らかにされている．細菌の氷核部分はタンパク質で，脂質，糖も含む．それら応用面としては，これらの微生物の防除による霜害の軽減，逆に氷核機能の基礎的・応用的研究が急速に発展し，人工降雨剤，造雪促進剤，効率的凍結促進剤としての利用，さらに蓄冷剤の改良，凍結濃縮，微生物の生態解明のための標識として，耐凍性植物の育成，害虫の生態防除などを目的とした利用が試みられており，一部では実用化されている．

4）植物遺伝子工学への利用

微生物の特性は両刃の刃であることが多い．植物病原細菌で植物のガンを引き起こす病原として有名な *Agrobacterium tumefaciens* は一方で植物バイテクにおける遺伝子ベクターとして広く用いられている（図 12-3）．

植物遺伝子工学への植物病原微生物の利用として最も重要なのは遺伝子を導入するためのベクターとしての利用である．これは植物病原細菌である根頭がん腫病菌（*Agrobacterium tumefaciens*）や毛根病菌（*A. rhizogenes*）はそれぞれ Ti プラスミド（腫瘍誘導プラスミド，tumor-inducing plasmid）及び Ri プラスミドを保有している．これらのプラスミドは植物への感染に際し，植物細胞へ移行する領域（transferred DNA，T-DNA）を有し，植物の染色体 DNA に組み込まれる．そこで，この性質を利用して植物に外来遺伝子を組み込むことができる．この Ti プラスミドは植物の遺伝子組み換えに最も適したベクターの一つとされている．したがって，遺伝子は後代に遺伝する．

これらのベクターの特徴は利点としてプロトプラストでなくとも遺伝子を送り込めること，20kb の巨大な DNA も安定して組み込めること，などが挙げられ，一方で，単子葉植物では形質転換がうまくゆかず主要な形質転換系が双子葉植物に限られること，遺伝子が組み込まれる染色体の位置がランダムである点，さらに組み込まれるコピー数は 1～5 コピー程度であること，などが挙げられる．しかしながら，単子葉植物，とくにイネについてはアセトシリンゴン処理により形質転換系が確立している．

4. 今後の展望

植物病原細菌の遺伝資源としての利用は大きく二つに大別される．

一つは病原として，それらが起こす病害に関連した利用である．分類・同定の基準株や診断のための血清調製材料，防除のための農薬開発のスクリーニング，生物防除剤としての利用などである．とくに産業化の例としては，農薬による環境汚染などの問題，有機農業の展開などから，環境に

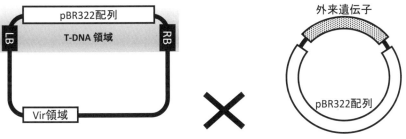

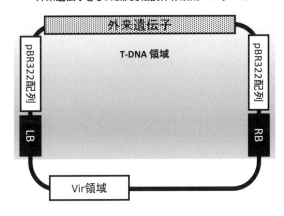

図 12-3　Ti プラスミドのベクターとしての利用

優しい農薬として生物防除剤の開発が注目を集め，農薬登録されたものも増えつつあり，実用化が進んでいる．また，植物病原細菌を利用した生物除草剤も実用化されている．さらに，病原微生物の有用遺伝子を植物に付加する研究も進展している．その代表的なものはタバコ野火病菌など植物病原細菌の細菌毒素不活化酵素の遺伝子や，植物の抵抗性遺伝子と相互作用する avr 遺伝子の植物への導入などによる耐病性作物の育成である．この他，植物ウイルスや微生物の各種遺伝子を導入した耐病性組換え植物，虫害抵抗性植物，除草剤耐性植物などの例が報告されている．

　今一つは有用物質生産など産業的利用のための遺伝資源としての利用である．食品添加物としての利用はじめ，石油安定剤や氷核活性剤としての利用は実用段階に入っているが，環境修復，氷核活性を利用した人工製氷剤，その他幅広い利用の可能性が考えられる．実際には遺伝資源としてはまだ未利用の状態で，今後植物病原細菌のゲノム解析の急速な進展から，有用遺伝子のマイニングはじめスクリーニングの効率化が期待される．

参考文献

1) 藤森　嶺（1993）．微生物源農薬による雑草防除．農業技術 48：18-21．
2) 今泉誠子（2000）．微生物除草剤「キャンペリコ」の開発．微生物農薬（山田昌雄編著）．pp.63-76，全国農村教育協会．
3) 百町満朗・對馬誠也（2009）．微生物と植物の相互作用－病害と生物防除－．p.404．ソフトサイエンス社．東京．
4) 加来久敏（2009）．「植物病原細菌」．pp.187-194．微生物資源国際戦略ガイドブック．Science Forum．東京．
5) Kennedy, J. F. and Bradshoaw, L. J. (1984). Production and applications of xanthan. In Bushell, M. E. (eds). Progress in Industrial Microbiology Vol. 19: 320-371. Elsevier. Amsterdam.
6) 松本省吾・町田恭則（1990）．Ti プラスミドベクターによる植物への遺伝子導入．蛋白質核酸酵素 35：2476-2489．
7) 高橋幸吉（1995）．氷核活性細菌．植物病理学事典（日本植物病理学会編）．pp.891-892．
8) 山田昌雄（1995）．微生物除草剤．植物病理学事典（日本植物病理学会編）．pp.895-897．
9) 矢野正夫・久芳啓資（1987）．微生物多糖類キサンタンガムの開発．フードケミカル 1987（10）：63-71．
10) 行本峰子（1990）．微生物利用による雑草制御研究の現状．農業有用微生物－その利用と展望－（梅谷献二，加藤肇編）．pp.367-378．養賢堂．
11) 陶山一雄（2008）．ザンサンガム．微生物の事典（渡邊・西村・内山・奥田・加来・広木編）．p.213．朝倉書店．

第 13 章　各論

1. 食用作物の細菌病
1) イネ白葉枯病　　英名：Bacterial blight of rice

本病は世界の稲作地帯で広く発生するイネの最も重要な病害の一つである．糸状菌による病害いもち病が温帯を中心に発生するのに対して，イネ白葉枯病は熱帯，とくにアジアのモンスーン地帯で甚大な被害をもたらす病害である．

本病はわが国でも西南暖地でのイネの最重要病害として長く位置づけられていたが，田植での機械移植の普及とともに発生は減少の一途をたどっている．しかしながら，平成5年には九州や四国中国地域を中心に多発生し，気象条件等の変動によっては再び重要病害として浮上する可能性がある．とくに地球温暖化が進んでいる今日，警戒が必要であると考えられる．

世界的には中国のハイブリッドライスがアジア全体に普及しているが，これがイネ白葉枯病に対する抵抗性を欠き，ベトナム，インドネシア，ミャンマーなどで大きな問題となっている（図 13-1）．また，韓国でも激発が続いており，抵抗性の崩壊もあって，大きな問題となっている．タイでは新しく育種された高品質米で本病が激発するなど世界的には依然として最も重要な細菌病である．

研究面では本病の病害としての最初の報告，病原細菌の同定，越冬植物であるサヤヌカグサの発見など発生生態，品種抵抗性やレースをはじめとする防除，防除薬剤の開発などあらゆる面でわが国が先導的役割を果たしてきた．しかし，1980年代から米国において分子生物学的研究が興隆し，我が国の研究グループはこの面で追随する形となった．これは，米国でロックフェラー財団によるイネのバイオテクノロジー研究プロジェクトが立ち上がり，病害ではいもち病とともに本病が研究対象とされたためである．その結果，病原細菌の遺伝的多様性や病原性関連遺伝子の解析，イネとの相互作用の分子生物学的研

図 13-1　ハイブリッドライスにおけるイネ白葉枯病の激発

究が急速な勢いで進展した．さらに 2005 年に至り，我が国と韓国で病原細菌のゲノム解析がほぼ同時に完了した．その後も米国や中国で異なる菌株での解析が行われ，植物病原細菌としては最も研究が進んでいる細菌である．

病原細菌

Xanthomonas oryzae pv. *oryzae* (Ishiyama 1922) Swings, Van den Mooter, Vauterin, Hoste, Gillis, Mew and Kersters 1990

　本細菌は短桿状で一本の極性鞭毛を有し，運動性である．グラム陰性で好気性であり，芽胞は形成しない．菌体表面には粘ちょう性の細胞外多糖質を産生する．大きさは 1～2×0.5～0.8μm である．

　ジャガイモ寒天培地上での集落は淡黄色，円形，全縁・中高で湿光を帯び，粘ちょう性である．本細菌の生理的性質は菌株によってある程度の変動がある．一般的にはゼラチンを分解するが，カゼインやデンプンを加水分解しない．硫化水素，アンモニアを生成し，硝酸塩を還元しない．アラビノース，キシロース，ガラクトース，グルコース，フラクトース，マンノース及びセロビオースから酸を生成するが，ラクトース，マルトース及びデキストリンからは酸を生成しない．リパーゼを産生する．カタラーゼ活性はあるが，オキシダーゼ活性はない．エスクリンを加水分解し，尿酸を利用する．セルラーゼ活性及びペクチン分解活性がある．MR 試験及び VP 試験は陰性である．本細菌は pH 4.0～8.8 の間で生育可能であるが，最適 pH は 6.2～6.4 である．生育最低温度は 5～10℃，最高生育温度は 40℃ であるが，最適生育温度は 26～30℃ である．死滅温度は 53℃，10 分である．

宿主範囲

　イネ，サヤヌカグサ，エゾサヤヌカグサ，マコモに寄生性を有する．人工接種によってはクサヨシ，ヨシ，チゴザサ，アシカキ等に病原性を示す．

病徴

　本病は典型的な導管病であり，病原細菌は水孔からの侵入が最も多いため，最初期の病徴は葉縁にある排水腺の水浸状病斑である．この部分はさらに褐変が起こったりするが，この部分から黄色病斑が伸展し，後期には葉縁が波状に灰白化する（図 13-2）．激発の場合，葉全体が灰白色となって枯死する．茎基部や茎が感染すると株全体が枯死する．また，早朝や湿度が高い条件下では，感染葉の葉縁で黄色ないし黄褐色，円形の小塊が形成されることがある．これは細菌塊が水孔

図 13-2　イネ白葉枯病の病徴

から溢出したもので，本病の標徴の代表的なものである．

わが国ではまれであるが，東南アジアではクレセックという移植後の萎凋症が知られている．

発生生態

本病の病原細菌は被害稲わら，越冬植物であるサヤヌカグサやエゾサヤヌカグサの罹病植物及びその根圏で越年する．暖地では罹病刈株でも越年すると言われている．越年した病原細菌は灌漑水により苗代あるいは本田に運ばれ，イネの水孔や傷口から侵入し，感染する．それらの感染イネが発病すると，隣接株への接触あるいは風雨によって周囲に広がってゆく．台風などの風雨を伴う強風により，この周囲への感染は大規模化し激発状態となる．

本病は河川が氾濫しやすい低湿地で発生しやすく，とくに冠水状態になると激発することが多い．また，窒素肥料の多用は本病の発生を助長する．品種抵抗性がはっきりしており，品種により発病が異なる．

防除

世界的には抵抗性品種の栽培が最も重要である．国によって分布しているレースが異なるため，国際判別品種あるいはそれぞれの国で構築された判別システムによって，レース分布の調査を行い，それらに対応した抵抗性品種を選択し栽培する．しかしながら，抵抗性品種も長期的に安定した効果を発揮するわけではなく，通常それらを侵すレースによる抵抗性の崩壊が起こる．したがって，高度抵抗性ではあるが抵抗性の崩壊が起こりやすい質的抵抗性だけでなく，非特異的な品種抵抗性も重要である．

耕種的防除法としては，苗代感染を防ぐことと，病原細菌の越冬植物であるサヤヌカグサ及びエゾサヤヌカグサの除去が重要である．すなわち，本病の第一次感染は苗代での感染であり，苗代は浸冠水しないような場所を選ぶことが重要である．稚苗移植でも中・成苗では育苗箱を水田に並べ，後半に湛水するが，この際，降雨による浸冠水を避ける．また，灌漑水中に病原細菌が入らないように，苗代付近のサヤヌカグサやエゾサヤヌカグサを除去する．

薬剤としては抵抗性誘導剤であるプロベナゾールやチアジニル剤などが有効で，前者は水面施用も行われている．

2) イネ条斑細菌病　　英名：Bacterial leaf streak of rice

アジアの熱帯から亜熱帯地域にかけて広く発生する細菌病であるが，わが国や韓国における発生は認められていない．中国南部，例えば福建省や浙江省では発生が普通にみられるが，福建省とほぼ同じ緯度に位置する台湾では本病は発生が報告されていない．一方，アジア以外ではアフリカや中南米で発生が報告されている．このように興味深い分布を示す細菌病であるが，実際の被害は明らかではない．近年，イネ白葉枯病菌と同一種，しかしイネ白葉枯病菌とは異なる感染様式をとる細菌という点でモデル

微生物として注目されており，米国でゲノム解析が完了している．

我が国への侵入が最も警戒されている病害の一つである．

病原細菌

Xanthomonas oryzae pv. *oryzicola* (Fang et al. 1957) Swings, Van den Mooter, Vauterin, Hoste, Gillis, Mew and Kersters 1990

従来は *Xanthomonas transluscens* f. sp. *orizicola*，その後，*Xanthomonas campestris* pv. *orizicola* として分類されてきたが，ベルギーのグループの *Xanthomonas* 属細菌の再分類の結果，イネ白葉枯病菌と同様，*X. oryzae* の1病原型（pathovar）として分類されている．イネ白葉枯病菌とは対照的に主に柔組織に寄生する細菌であり，イネ白葉枯病菌との対比で植物病原細菌の進化を考えた場合，極めて興味深い細菌である．

図 13-3　イネ条斑細菌病

病徴

イネの葉に現れる細長い黄色病斑が典型的病徴である（図 13-3）．イネ白葉枯病の病徴が葉縁から広がるのに対し，本病では葉身全体で病斑が観察される．初期病徴は水浸状病斑で，やがて黄化し，さらには透明斑となる．湿度が高くなると，病斑上に黄色の菌泥が観察される．

発生生態

本病の発生生態に関する詳細な報告はない．種子伝染するようである．

防除

品種抵抗性がはっきりしており，抵抗性品種の選択により防除は可能である．IRRI における試験結果では，CNA4206 が本病に対して高度抵抗性を示し，インドでは BJ1 が本病に抵抗性を有するという報告がある．しかしながら，イネ白葉枯病のようにレース判別体系の確立まで至っていない．一般にインディカは本病に対して弱く，ジャポニカは強いと言われてきた．しかしながら，中国の浙江省や福建省のようにインディカ（仙）とジャポニカ（稲）が同一地区で栽培されている地区での発生を調査した結果ではジャポニカが必ずしも強いとは言えず，さらに詳細な検定が必要である．

3) イネもみ枯細菌病　英名：Bacterial grain rot of rice

最初，西南暖地のもみの病害として報告されたが，東北地方で苗腐敗を起こし問題となり，現在では全国的に苗腐敗と穂枯れで問題となっている．

もみ枯細菌病は近年，機械移植のための箱育苗の普及とともに，苗立枯細菌病と並んで大きな問題となっている病害である．さらに近年，米国で

大きな問題となっている細菌病である．
病原細菌
Burkholderia glumae (Kurita and Tabei 1967) Urakami, Ito-Yoshida, Araki, Kijima, Suzuki and Komagata 1994

グラム陰性細菌で，短桿状，2～4本の鞭毛を有する．大きさは 1.5～2.5×0.5～0.7μm である．好気性で，培地上では淡黄色を帯びた乳白色を呈し，円形，中高，湿光を帯びたコロニーを形成する．培地に水溶性の黄緑色色素を産生するが，緑色蛍光色素は産生しない．生育適温は30℃前後であるが，38℃の高温下でも生育する．

図 13-4　イネもみ枯細菌病

病徴
もみ枯れ症状は出穂後，突発的に発症する．出穂期以前にこの症状が出ることはない．重症の場合，穂は直立穂となる（図 13-4）．発病はもみに限られ，感染もみはやや淡紅色を帯びる．もみは不稔となるが，枝梗やその他の組織は健全な外観を呈する．軽症の穂では淡紅色の罹病もみが散在する．症状の軽重にかかわらず，罹病穂は坪状に発生する．

一方，育苗期における本病の病徴としては腐敗枯死が一般的である．すなわち，発芽後の芽が飴色～褐色となり，腐敗枯死する．また，発芽できずに終わることも多い．多くの場合，腐敗枯死苗が坪状に発生する．腐敗症発病苗では，最上位葉を引っ張ると容易に抜けるのが本病の特徴である．

発生生態
典型的な種子伝染性病害である．罹病もみで病原細菌はもみの内部鱗皮の表面や頴の組織内に存在し，また玄米ではその表面に多く存在する．育苗時に感染した保菌苗では下位の葉鞘の内側に病原細菌が潜在しており，移植後も葉鞘部などに移行し，穂ばらみ期に止葉葉鞘に侵入する．ここで若い穂に病原細菌が付着し，出穂した後に高温や降雨などの条件が揃うと病原細菌がもみ内腔へ侵入する．病原細菌はもみの内外頴へ気孔侵入する．

育苗のための催芽時に健全もみに汚染もみが混在すると，健全もみの病原細菌による汚染が起こる．とくにはと胸催芽器を用いると汚染が助長される．これらの汚染種子が育苗箱へ播種されると苗腐敗が発症する．この催芽時のみでなく，催芽から緑化期のどの時期でも保菌種子から健全種子へ，保菌苗から健全苗への伝染が起きる．本病の発生は汚染もみを中心として坪状となるが，その発病程度は坪の周辺になるほど軽い．

防除法
耕種的防除として，健全種子を播種することが最も重要である．病原細菌は極めて高温を好むため，夏期出穂期に高温にならないような地域で採

種することが肝要である．また，発病の経歴があった圃場では採種しない．栽培では窒素が過剰になるのを避ける．種子消毒剤としては生物農薬の登録がある．温湯消毒と組み合わせると効果が上がる．育苗箱ではカスガマイシン・メタスルホカルブ粉剤の播種前覆土または床土混和，カスガマイシン粒剤の培土混和及び播種面散粒，カスガマイシン液剤の播種前灌注などの効果が認められている．

4）イネ褐条病　　英名：Bacterial brown stripe of rice

イネ褐条病はもみ枯細菌病や苗立枯細菌病と同じように，機械移植の普及に伴って発生が著しく増加し，健全苗の育成に大きな障害となっている病害である．本病の主な第一次伝染源は保菌種子である．本病の病原細菌はトウモロコシなど各種イネ科植物に褐条病を引き起こすが，各系統は特定の植物を犯す宿主特異性がある．

病原細菌

Acidovorax avenae subsp. *avenae* (Manns 1909) Willems, Goor, Thielemans, Gillis, Kersters and De Ley 1992

グラム陰性の細菌である．短桿状で，2〜4本の鞭毛を有する．大きさは $2.1×0.9\mu m$ である．好気性で，培地上では乳白色，円形，全縁，中高，湿光を帯びたコロニーを形成する．緑色蛍光色素は産生しない．生育適温は28〜30℃前後である．

病徴

イネでは幼苗でのみ発生し，本田移植後には発生しない．典型的な病徴は葉鞘から葉身にかけて見られる褐色の条斑である．本病徴はまず葉鞘の暗緑色の水浸状病斑として現われ，その後上位葉へと進展する．褐色の条斑以外の病徴としては葉鞘の湾曲や中胚軸の伸長及び冠根の発達がある．もみ枯細菌病などと異なり，「坪枯れ」は起こらない．

感染様式

褐色の条斑は通気腔に沿って形成され，病原細菌は通気腔とその周囲の細胞間隙で増殖する．

発生生態

育苗箱での本病発生の主たる伝染源は保菌種子である．催芽のために保菌種子が浸漬されると種子の代謝産物が浸漬水へ溶出し，これを利用して病原細菌が急増殖し，発芽時に感染する．さらに催芽時に増殖した病原細菌が付着した種子が育苗箱に分散され，発芽条件（32℃，暗黒条件）がさらに病原細菌の増殖を促進し，健全な発芽苗にも感染が拡大する．他の種子伝染性のイネの細菌病と同様，開花期前後に種子での感染が起こる．

防除法

本病は薬剤による防除が非常に難しい病害である．本病の主たる伝染源は保菌種子であるので，健全種子を用いることが最も重要な防除法である．しかし，保菌種子は病徴を伴わないため，外観や塩水選などで保菌種子を

見分けることができない．従って，健全種子を栽培した本田から採種した籾を用いることが肝要である．

5）イネ苗立枯細菌病　　英名：Bacterial seedling blight of rice

本病は育苗箱で発生する種子伝染性の病害である．現在では全国的に発生し，育苗がビニールハウスなどの中で行われる場合，大きな被害をもたらすこともある．

病原細菌

Burkholderia plantarii (Azegami, Nishiyama, Watanabe, Kadota, Ohuchi and Fukazawa 1987) Urakami, Ito-Yoshida, Araki, Kijima, Suzuki and Komagata 1994

グラム陰性の細菌である．短桿状で1～3本の極性鞭毛を有する．大きさは1.2～1.5×0.5～0.6μmである．好気性で，培地上でやや黄色味を帯びた乳白色，円形，中高，湿光を帯びたコロニーを形成する．緑色蛍光色素は産生しない．生育適温は32～35℃であるが，最高生育温度は38℃である．本細菌はトロポロンを産生し，この物質によって根の生育抑制，苗の褐変・枯死を引き起こす．

病徴

育苗初期に感染した苗は緑化に移される時に水浸状に褐変しており，すべて枯死する．育苗中期・後期に発病した苗では葉身基部に顕著なクロロシスが見られることが多い．この症状が出た葉身はその後，萎凋し始め，やがて発病苗は枯死に至る．

これらの症状はもみ枯細菌病菌による苗腐敗症状と似ており，区別は困難である．しかし，本病では発病苗全体が赤褐色を呈し，腐敗が顕著ではないという違いがある．

発生生態

典型的な種子伝染性病害である．イネもみの内外頴の内側には柔組織が存在し，本病原細菌は主に下表皮直下の柔組織の細胞間隙で観察される．内・外頴の下表皮の気孔から病原細菌は侵入し，気孔の多い部分を中心として柔組織の細胞間隙で増殖する．本病原細菌は苗では葉鞘の柔組織の細胞間隙や組織内の空腔部で増殖する．

本病は育苗期に発生し，本田移植後は急減する．しかし，株元で生存し続け，もみに感染する．もみにおける感染では，まず葯において病原細菌は急激に増殖する．そして，内外頴表皮の気孔から頴に入り，柔組織の細胞間隙で増殖する．

本病原細菌はイネ以外の多くの単子葉植物，双子葉植物の葯，死んだ植物組織上で容易に増殖する．また，野外のコウヤワラビなどの植物，さらに貯水池の水などからも検出されており，イネ以外の多くの植物にも定着していると推定される．

防除

本病は典型的な種子伝染性病害であるため，採種圃産種子などの健全種子を播種し，塩水選と薬剤防除を徹底することが重要である．また，高温下での育苗管理を避け給水にも注意する．

種子消毒剤としては，銅剤やスターナおよびそれを含む混合剤が登録されている．また，エコホープやタフブロック等の生物農薬も有効である．育苗箱で防除を行う場合は，カスミンなどの育苗箱施用が有効である．

6) イネ葉鞘褐変病　英名：Sheath brown rot of rice

本病は我が国では北日本，とくに北海道で冷害年に多発する．当初，我が国にのみ発生する病害と考えられていたが，その後南米やアフリカ，さらにオーストラリアなどでも発生が報告されている．

病原細菌

Pseudomonas fuscovaginae Miyajima, Tanii and Akita 1983

グラム陰性細菌である．短棹状で，1～4本の極性鞭毛を有する．大きさは 2.0～3.5×0.5～0.8μm である．好気性で培地上では灰白色を呈し，コロニーは円形，中高，全縁，湿光である．生育適温は28℃で，人工接種によって数種のイネ科植物に病原性を示す．

病徴

本病は穂ばらみ期以降に発生する．最初，止葉の葉鞘に暗褐色水浸状で周縁が明瞭でない斑紋を生じ，これが拡大して暗褐色不整形の大型病斑となる．中心部は発病後期に灰褐色となる．下位葉鞘にも病斑が現れることがある．罹病穂は出すくみ，もみは一部もしくは全面が暗褐色ないし黒褐色に変色する．このようなもみは不稔になるか，不完全米や茶米となることもある．

発生生態

本細菌は種子伝染性であるが，種子以外にも被害わらや水辺雑草上で越年する．風雨によって，本田のイネに伝搬するが，その後，イネ体上で腐生生活を続け，穂ばらみ期に条件が整うと葉鞘内側の気孔や傷から侵入する．その後，出穂期にかけて低温が続くと発病する．また，本田に移植後，低温により活着が悪い場合，苗腐敗を起こす．

防除法

種子消毒を行う．常発地や幼穂形成期以降に低温が続く場合には薬剤散布を行う．

7) ムギ類黒節病　英名：Bacterial black node of barley and wheat

本病は北海道を除き全国的に発生する．本病の発生は年次変動が顕著で，近年，九州，四国，近畿，関東地域でのオオムギ栽培で問題となっている．

病原細菌

Pseudomonas syringae pv. *japonica* (Mukoo 1955) Dye, Bradbury, Goto, Heyward, Lelliot and Shroth 1980

グラム陰性の細菌である．形態は棹状で，両端は丸みを帯び，大きさは1.0～2.5×0.4～1.0μm である．1～2 本の極性鞭毛を有する．好気性で，寒天培地上では白色，円形，中高，全縁のコロニーを形成する．生育適温は22～24℃で，1～35℃の範囲で生育する．死滅温度は 50℃, 15 分である．

病徴

本菌での病徴は葉，葉鞘，稈（かん）における黒褐色の水浸状条斑と節の黒変，穂の穂焼症状である．発病穂は白穂となり稔実が悪くなる．生育初期に発病すると株全体が黄化し，やがて枯死に至る．

発生生態

病原細菌は種子の表面及び種子内部の柔組織の細胞間隙に存在する．

病原細菌の種子伝染の頻度は高いと考えられるが，発病圃場から採種した種子からの発病は汚染率が高い種子を播種しても全く発病がみられないこともあり，発病のばらつきがある．従って，発病には種子における病原細菌の存在部位だけでなく，環境条件など諸々の要素が関係しているようである．とくに気象要因の影響は大きく，暖冬で軟弱に生育した苗が氷点下の低温に遭遇した場合に発病が顕著である．

防除法

健全種子を用いることが最も重要である．従って，発生圃場や発生地域からの採種は避ける．

種子消毒法としては冷水温湯浸法や薬剤として抗生物質や銅剤，オキソリニック酸，ポリカーバメートなどの登録がある．これらの薬剤の浸漬法や粉衣処理で，ある程度の効果が認められているが，安定した効果を示す薬剤はない．

耕種的防除法としては，被害麦わらの処理が重要であり，圃場からの持ち出しや焼却などを行う必要がある．また，水田化によって病原細菌の密度を低下させることが可能で，夏期の湛水や水稲栽培の効果は期待できる．

8) インゲンかさ枯病　英名：Halo blight of bean

インゲンの世界的に重要な細菌病である．低温性の病害で，我が国では北海道でインゲンの栽培上，大きな問題となった経緯があるが，近年発生は少ない．

病原細菌

Pseudomonas syringae pv. *phaseolocola* (Burkholder 1926) Young, Dye and Wilkie 1978

1 ないし数本の単極性鞭毛を有する桿菌である．グラム陰性で大きさは1.2～2.2×0.4～0.6μm である．好気性で，汚白色，円形，中高のコロニーを形成する．水溶性の緑色蛍光色素を産生する．

病徴

発芽後まもなく初生葉に発生する．初め葉の表面のピンスポットの微細な赤褐色斑点が現れる．このような病斑は葉縁に出現することが多い．病

斑の周縁には黄緑色の不鮮明なかさを生じる．このような病徴が進展すると葉は病斑を中心に歪み，病勢が著しい時には萎縮し，枯死する．生育中期での発病では，黄色のハローを伴う水浸状，角型の病斑が現れ，病斑はやがて赤褐色を呈する．莢では初め水浸状の濃緑色の円形病斑を生じ，周縁は赤褐色を呈することが多い．

発生生態

種子伝染性の細菌病である．汚染種子を播種すると低率ではあるが，初生葉で第一次感染が起こる．その病斑上に溢出した病原細菌は風雨や農作業などによって周辺の株へ蔓延する．

防除法

無菌種子を播種することが最も重要である．健全種子を用いる場合でも，念のため種子消毒は必ず行う．発生した場合は病株の早期抜き取りにつとめ，薬剤（銅水和剤など）を散布する．また，採種圃場では病株の早期抜き取りと薬剤散布を行い，さらに農作業機械や脱穀機などによる汚染を避ける．

9) エンドウつる枯細菌病　Bacterial blight of pea

エンドウの代表的な細菌病で，我が国では静岡，和歌山，鹿児島などで発生が報告されている．

病原細菌

Pseudomonas syringae pv. *pisi* (Sackett 1916) Young, Dye and Wilkie 1978

グラム陰性の細菌で，1～3本の極性鞭毛を有する．短桿状もしくは長楕円形，大きさは 1.2～1.7×0.7～0.8μm である．好気性で，ジャガイモ寒天培地上で円形，中高で白色のコロニーを形成する．また，水溶性の緑色蛍光色素を産生する．生育適温は 22～25℃，生育最低温度は 0℃，生育最高温度は 37℃である．エンドウのほか，スイートピー，ソラマメにも病原性を有する．

発生生態

本病は種子伝染するが，伝染源は被害茎葉の可能性もある．過繁茂などにより軟弱に生育したエンドウが，冬期に寒害を受けると発生しやすい．環境条件として多湿は発病を助長する．気温が 15℃以下の低温時に発生しやすい．

防除法

健全種子を用いることが重要である．栽培的には連作を避け，圃場は排水をよくし，軟弱徒長しないように気をつける．風ずれなど傷ができないように留意する．

10) ダイズ葉焼病　英名：Bacterial pustulet of soybean

ダイズの重要病害の一つで，比較的温暖な地域で発生する．我が国では西南暖地を中心に，着莢後の生育後期に多発する．汚染した導入種子が原

因で世界各国で多大な被害を与えている．

病原細菌

Xanthomonas campestris pv. *glycines* (Nakaho 1919) Dye 1978

グラム陰性の桿菌で，単極性鞭毛を有する．好気性で，非水溶性黄色色素を産生する．このため，コロニーは黄色を呈し，円形，中高で湿光を帯び，粘ちょう性である．

病徴

主に葉に発生する．はじめ淡緑色〜淡褐色のきわめて小さな斑点が現れ，その後進展し 1〜2mm の大きさになり，色は褐色〜黒褐色になる．発病が激しいときは，葉全体が淡黄色になり，枯死して落葉する．外観は健全な種子でも汚染している可能性があり，注意を要する．

発生生態

葉焼病は温暖な気候を好み，主に西南暖地に発生するが，関東地方・東北地方でも発生する．種子及び被害茎葉が第一次発生源となる．病原細菌は被害株の病斑や種子に付いて冬を越し，翌年これによって発病する．病原細菌は風や雨で運ばれてダイズに侵入し，数日間潜伏した後に発病する．病原細菌は 30℃で最もよく発育し，50℃で死滅する．

葉焼病に対する品種抵抗性には違いがあることが知られている．

防除法

抵抗性品種を選択すること，輪作することが重要である．また，健全種子の生産が重要である．散布農薬としてはボルドー剤他が登録されている．

11) ダイズ斑点細菌病　　英名：Bacterial blight of soybean

本病は冷涼な気候条件下で発生する．従って，我が国では主として関東以北で発生が多く，発生した場合には被害が大きく，ダイズの重要病害の一つである．

病原細菌

Pseudomonas syringae pv. *glycinea* (Coerper 1919) Young, Dye and Wilkie 1978

本細菌は，グラム陰性の好気性桿菌で，1〜4 本の単極鞭毛を有して運動性がある．大きさは 1.6〜3.0×0.6〜0.8μm である．培地上での本細菌の生育適温は 25℃，最高 37℃，最低 0〜1℃である．

病徴

最初期の病徴は葉での淡黄褐色の水浸状の微小斑点である．後に角型の黒褐色で 2〜4mm の病斑となり，病斑の周縁には黄色のハローが生じる．このハローが本病の病徴の特徴である．感染に好適な条件下では病斑は融合して大型の病斑を生じ，ときに病斑は破れ，落葉する．莢では最初，暗緑色で水浸状の小斑点を生じ，病斑部からは菌泥が溢出する．後に病斑は黒褐色となり，周縁にはハローを伴う．病斑は融合して大型の斑紋となり，やがて枯死脱落する．子葉，葉柄，茎などにもほぼ同様な病斑ができ，病

斑部は若干凹む．斑点細菌病かどうか診断がつきにくい場合は，病斑部を切断し，実体顕微鏡下で菌泥を確認する．

発生生態

本病は寒地型の病害と言われており，わが国では関東地方以北で多発するが，福岡県で分離された記録もある．病原細菌は汚染種子や被害茎葉で越冬して翌年の第一次伝染源となる．また，第一次伝染源により感染した子葉などに病斑が生じ，そこから風雨により隣接株に拡がる．罹病残さや農機具などが汚染されていて，本病が広がる場合もある．

本病のレースについては最初ヨーロッパで研究が開始され，その後，米国でも研究が始まって現在ではレース判別体系が出来上がっているが，我が国でのレースに関する報告はない．

防除法

健全な種子を用いる．レース分化が知られており，抵抗性品種を選び，感受性が高い品種の作付けを避ける．輪作が効果的である．周囲への蔓延を防ぐため，発病圃場では葉に露が付いている時間帯には農作業は行わない．

12) トウモロコシ倒伏細菌病　　英名：Bacterial stalk rot of corn

病原細菌

Erwinia chrysanthemi pv. *zeae* (Sabet 1954) Victoria, Arboleda and Munoz 1975

グラム陰性，短桿状で周性鞭毛を有する．通性嫌気性であり，グルコースからガスを発生する．培地上では灰白色，円形，中央部が目玉焼き状に膨らんだコロニーを形成する．ジャガイモ寒天培地では，古くなると暗褐色の色素を生成する．

病徴

時期としては晩春から発生し始める．とくに梅雨に入ると発生が顕著となる．主として葉鞘と雌穂に発生するが，雄穂が侵されることもある．病徴としては葉鞘の裏面に淡褐色で，水浸状の不整形病斑が現れ，発病後期には茶褐色に腐敗する．雌穂では同様に茶褐色の水浸状腐敗が起こる．雄穂も褐変腐敗する．また，葉では褐色水浸状の斑点や条斑を生じ，後にそれらの中心部は腐敗消失する．

発生生態

トウモロコシなど各種被害植物が翌年の伝染源となる．種子伝染性であることも確認されている．降雨や湿度が高い環境下では発生が顕著となる．

防除法

健全種子を選ぶ．種子消毒済みの種子を播種する．連作を避け，圃場の排水を図る．幼苗期に施設内で育苗し定植するか，トンネル栽培する．発生が認められたら，被害株を除去し，圃場外で処分する．登録防除薬剤はない．

2. 特用作物の細菌病

1) クワ縮葉細菌病　英名：Bacterial blight of mulberry

クワ縮葉細菌病は我が国のみならず，中国やパキスタンなどのアジア諸国，米国，ヨーロッパ，アフリカ，オーストラリア，ニュージーランドなど広い範囲で発生する．本病は我が国では主に梅雨期に激発し，時には稚蚕用の桑葉の収穫が皆無となることもあり，夏秋蚕の飼育に甚大な被害を与える重要病害の一つである．

病原細菌

Pseudomonas syringae pv. *mori* (Boyer et Lambert 1893) Young, Dye and Wilkie 1978

グラム陰性細菌で，形態的には短桿状で1～10本の単極性の鞭毛を有し，大きさは 0.7～1.3×1.6～4.4μm である．普通寒天培地上で白色・円形で光沢のあるコロニーを形成する．まれに，ラフ型コロニー株が存在する．生育適温は 28～32℃である．

病徴

梅雨期に新梢に壊疽や収縮などの症状を引き起こし，激発の場合は落葉する．また，梢の末端部に黒枯れ症状を引き起こし，腋芽を早発させる．罹病枝では黒い条斑となる．また，病原細菌には葉の感染部に黄色のかさを伴うハロー系統もある．

発生生態

越冬枝の病斑が第一次伝染源となる．気温の上昇に伴う樹液の流動とともに細菌液が溢出する．また，病原細菌は冬芽の表面でも越冬し，新梢の気孔や水孔などの自然開口部や傷口から侵入する．また，病原細菌は落葉や土壌中でも生息して，伝染源となる．病勢は冷湿な気象条件下で盛んとなり，逆に高温乾燥条件下では減衰する．

防除法

抵抗性品種を栽培する．被害枝葉は伝染源となるので，切除し適切に処理する．廃条を畦間に放置しない．薬剤防除は困難である．

2) タバコ立枯病　英名：Bacterial wilt (Granville wilt) of tobacco

本病はナス科青枯病菌 *Rastonia solanacearum* による萎凋性の病害であるが，我が国では青枯病ではなく，立枯病と命名されている．

病原細菌

Ralstonia solanacearum (Smith 1986) Yabuuchi, Kosako, Yano, Hotta and Nishiuchi 1996

グラム陰性細菌で，形態的には両端が丸く，大きさは 0.9～2.0×0.5～0.8μm である．1～4本の単極性，ときに両極性の鞭毛を有する．肉汁寒天培地上では汚白色，暗褐色，さらに黒色に変化する円形もしくは不整形で，流動性の大型コロニーを作る．ゼラチンを液化し，リトマス牛乳を青変するが，凝固せずに消化する．生育適温は 34～38℃と高温性で，生育最高温

度は 41℃である．

病徴
　最初に根が侵されて，下位葉が萎凋黄化する．発病初期には片側の葉のみが萎凋黄化することが多い．病勢が進むと，萎れが起きている側の茎が縦に黄色く退色し，やがて縦長の黒褐色条斑が部分的に現れる．罹病茎の髄は腐敗するものの，消失はしない．髄及び茎葉部の維管束からは乳白色の細菌液が溢出する．

発生生態
　病原細菌は土壌細菌で，土壌中の細菌は主として根の傷口から侵入し，気温が約 20℃以上となる時期から発生する．降雨時には雨水による二次感染が起こることもあり，梅雨期後の高温が連日続く時期に，激発や発生の蔓延が起こる．一般に排水不良な畑やネコブセンチュウの生息密度が高い圃場で発生が多い傾向がある．連作重汚染圃場においては，本細菌は地表から 80cm までの土層中に生息し，4・5 年以上生存する．

防除法
　高度抵抗性品種を選んで，栽培する．苗床や圃場はクロルピクリンなどの薬剤や蒸気で消毒する．本病の発病時期に収穫が終わるように栽培期間を調整する．

3）タバコ野火病　　英名：Wild fire of tobacco
　世界的に分布しているタバコの重要病害である．地域によっては常発し，壊滅的な被害を与える．病原細菌はタバコのほかダイズにも感染する．病原細菌は毒素タブトキシンを産生することで有名である．

病原細菌
　Pseudomonas syraingae pv. *tabaci* (Wolf and Foster 1917) Young, Dye and Wilkie 1978
　グラム陰性で短桿状，大きさは 1.4～3.5×0.6～0.8μm である．1～6 本の鞭毛を有し，好気性で，ジャガイモ寒天培地上で灰白色の円形のコロニーを形成する．生育適温は 29～30℃ で，最高生育温度は 34℃ である．本細菌は毒素タブトキシンを産生する．また，本細菌では，野外におけるストレプトマイシン耐性株の出現が報告されており，その出現頻度は本剤の散布回数が多い場合に高い傾向がある．我が国では本細菌による病害として，タバコ野火病と角斑病（Angular spot of tobacco）の 2 病害が報告されている．これらの 2 病害は同一細菌の，異なる系統による病徴の差によるものである．後者は西南暖地の一部で発生が認められる．

病徴
　最初，下位葉に淡黄色，水浸状の小斑点が現れる．やがて，この小斑点の周囲には黄色の暈（ハロー）が現れる．病斑は次第に拡大してゆくが，古くなると乾いて破れ抜ける．

発生生態

本病原細菌は種子伝染するが，育苗用資材などに付着して，伝染源となる．また，罹病乾燥葉の組織中で長く生存し，苗床の苗に感染を起こす．感染苗の本畑への持ち込みによって，本病が早期から発生し，激発を引き起こすこともある．

防除法
本病抵抗性品種の選択が重要である．無病種子を栽培する．苗床の土壌消毒を行い，本病の発病をみた場合，薬剤散布を行う．肥料，とくに窒素肥料の過剰施肥を避ける．

4) タバコ空洞病　英名：Hollow stalk rot of tobacco, Black leg of tobacco
タバコの軟腐性の難防除病害である．

病原細菌
Pectobacterium carotovorum subsp. *carotovorum* (Jones 1901) Hauben, Moore, Vauterin, Steenackers, Mergaert, Verdonck, Swings 1998

本細菌はグラム陰性で，短桿状，大きさは $0.3〜1.2×0.5〜1.0μm$ である．2〜8本の周性鞭毛を有する．ジャガイモ寒天培地上では灰白色，円形もしくはアメーバ状のコロニーを形成する．本細菌はペクチン酸分解酵素を分泌し，宿主植物の柔組織を軟化腐敗させる．生育温度は $9〜41℃$，生育適温は $35℃$ である．

病徴
茎をはじめ，根，葉などに発生する．初期の病徴は茎及び葉の中肋に現れる暗褐色の水浸状病斑である．後に病斑が拡大し，それらの部位が軟化腐敗する．罹病した茎では髄が軟化腐敗して消失するとともに，異臭を発する．また，罹病葉は葉柄部分が軟化腐敗し，そこが折れて落葉する．

発生生態
病原細菌は土壌細菌であり，土壌中で長期間腐生生活を行う．また，スベリヒユなど雑草の根圏中で生息する．本細菌は土壌との接触部位である根を中心に，土壌と接触した葉などの傷口から侵入し，増殖移行する．また摘心などの農作業によって生じた罹病株の傷から健全株に，細菌により汚染された用具を介して伝染が起こる．

防除法
本病の防除は耕種的防除法が主体となる．被害植物の残渣を排除し，それらが付着している可能性がある農機具や施設は薬剤によって消毒を行う．通気がよい状態に保つため，株間を大きめに取る．穀物やトウモロコシなどで輪作を行う．圃場での薬剤散布は有効ではない．

5) コンニャク葉枯病　英名：Bacterial leaf blight of konjak
本病は全国各地のコンニャク栽培地域で発生し，コンニャクの重要病害の一つである．

病原細菌

Acidovorax konjaci (Goto 1983) Willems, Goor, Thielemans, Gillis, Kersters and De Ley 1992

グラム陰性の細菌で，桿状，単極性の鞭毛を有し，運動性である．大きさは 0.5×1.8～2.3μm である．ジャガイモ寒天培地上では白色，平滑でわずかに中高のコロニーを形成する．生育は比較的遅い．本細菌はウレアーゼ活性が高く，水溶性の褐色色素を産生する．コンニャク以外の植物に対する病原性は報告されていない．

図 13-5　コンニャク葉枯病

病徴

葉のみに発生する．最初，葉の表面に黄色の斑点が生じ，それが拡大するとともに，葉の裏面では葉脈に囲まれた水浸状病斑となる．病斑は後に癒合して大型の黒色斑点となる（図 13-5）．激発の場合は圃場全体のコンニャクが焼け爛れたようになる．

発生生態

病原細菌は罹病植物の残骸とともに土表面で越冬し，第一次伝染源となる．越冬した後，本細菌は雨水によって飛散し，葉面に付着する．それらの細菌は葉の気孔，水孔もしくは傷から侵入し，増殖する．さらに罹病葉上の病原細菌は風雨によって飛散し，発病株から隣接した株へと二次感染する．

防除法

健全な無病種いもを使用する．栽培は風当たりの少ないところを選び，また農作業で葉に傷をつけないようにする．連作を避ける．薬剤は銅剤を 10 日おきに数回葉の表裏に十分散布する．

6）**チャ赤焼病**　英名：Bacterial shoot blight of tea

チャ赤焼病は古くから発生の報告がある病害で，1914 年に静岡，京都，三重及び奈良の 1 府 3 県で大発生している．かつては散発的に発生する病害であったが，近年，全国のチャの栽培地で発生し，常発的な病害となっている．本病は晩秋期から初春の低温期に発生する病害で，茶で最も収益性が高い一番茶への影響が大きいことから，チャの重要病害の一つとなっている．

病原細菌

Pseudomonas syringae pv. *theae* (Hori 1915) Young, Dye and Wilkie 1978

グラム陰性，桿状の細菌で，1～7 本の極毛を有する．大きさは 1.1～2.7×0.5～0.7μm である．生育適温は 25～28℃，生育最高温度は 32 度前後で

ある．円形，乳白色，凸面状，光沢，全縁のコロニーを形成する．

発生生態

病原細菌はチャ樹の組織内で越冬する．春先に葉表面の細菌が雨水によって飛散して感染を起こす．病原細菌は葉の気孔及び傷からチャ組織内に侵入するが，主たる侵入口は傷である．従って，強風を伴う降雨は本病の伝染に大きな役割を果たす．主な発病時期は春季（3～4月）の一番茶期前後であるが，秋季に発病することもある．

防除法

低温による寒害や少雨による干害などで，茶に障害を受けている場合多発する傾向があるため，早めに薬剤による防除を行う．発生が広がる場合はさらに追加散布を行う．窒素肥料の過用を避ける．銅剤の予防散布で十分に発生を防ぐことができるので，冬期から春先にかけての銅剤の予防散布が重要である．

3. 野菜の細菌病

1) ナス科野菜青枯病　　英名：Bacterial wilt of solanaceae

我が国だけでなく温帯から熱帯にかけてのナス科野菜の最も重要かつ防除が困難な細菌病である．本病に関する最初の報告は Burrill (1890) によるジャガイモ塊茎の腐敗に関する記載であると言われている．我が国では 1904 年のタバコでの報告が最初である．

病原細菌

Ralstonia solanacearum (Smith 1896) Yabuuchi, Kosako, Hotta and Nishiuchi 1996

グラム陰性，単極性 1～4 本のべん毛を有する．培地上に白ないし灰白色の流動性のコロニーを形成する．発病因子として菌体外多糖質（EPS），ポリガラクトロナーゼ（PG），エンドグルカナーゼ（EGL）などを産生する．本細菌は継代培養中に変異し，非流動性の小型の集落を生ずる．このタイプの変異株は大部分が病原性を低下させたもの，あるいは喪失したものである．本病は世界的に重要な病原細菌であるため，*Xyllela fastidiosa* に続いて，フランスの研究グループによって GMI1000 株の全ゲノム解析が完了し，2002 年にその全貌が Nature 誌に発表された．現在では複数の菌株で解析が完了している．

分布

図 13-6　トマト青枯病

熱帯，亜熱帯，温帯にかけて広く分布し，トマト，ナス，ピーマン，タバコ，ジャガイモなどナス科を中心に50科以上数百種の植物を侵す．双子葉植物だけでなく，バナナ，ショウガ，ミョウガ，バショウなど単子葉植物を侵す系統も存在し，さらに中国ではクワなど木本に寄生する系統も知られている．このような植物に対する寄生性により5つのレースに，また二糖類や糖アルコールの利用の違いによって5つの生理型（biovar）に分類される．また，ナス科植物に対する病原性から5つの菌群に分類されることから，圃場に存在する菌群に対応した台木の選択が可能である．

病徴

病原細菌は土壌生息菌であり，主として根の傷口から侵入する．侵入後，維管束導管に達した細菌は導管内で旺盛に増殖移行し，植物全体を急速に萎凋せしめる．萎凋した植物の茎を切断すると維管束から白色ないし灰白色の菌泥が溢出する．これによって菌類病による萎凋症状との区別が可能である．タバコでは本病に感染した場合，葉が黄化・萎凋するため，とくに立枯病と称する．

発生生態

本病は典型的な土壌伝染性の病害であり，病原細菌は土壌中のかなり深い層まで分布し，土壌中で長期にわたり生存する．また，罹病植物の残渣や非宿主植物の根圏などで生存・増殖し，根の傷や根組織の破壊溝（根が発生する際できる傷）から植物体に侵入し，主として維管束の導管で増殖する．

防除法

抵抗性台木への接木が最も確実な防除法である．抵抗性台木としてはトマトではBF興津101号，LS89号，アンカーT，Bバリアなど，ナスではヒラナス（アカナス），台太郎，カレヘン，トルバムビガーなどがある．しかし，これらの抵抗性台木は大半が質的抵抗性ではないため，高温など病原細菌側に有利な条件や圃場の汚染度が高い場合は，無病徴感染した台木から穂木に病原細菌が移行し，発病する．

耕種的防除法としては土壌消毒を行うとともに，病原細菌と親和性が低いイネ科やウリ科を主体に3～5年の輪作体系を組んで，土壌中の病原細菌の密度を下げる．また，線虫などの害を防ぐとともに根を傷つけないようにする．

有効な化学農薬はほとんどないが，根部内生細菌（シュードモナス・フルオレッセンス剤）を用いた生物農薬が開発され，効果が認められている．本病のような難防除病害の場合，総合的な防除体系を組むことが肝要であり，その中で抵抗性を利用することが重要である．

2) トマトかいよう病　英名：Bacterial canker of tomato

本病は1890年に米国ミシガン州で最初に発見された細菌病で，その後1920年代にかけてヨーロッパ大陸，オーストラリア，中南米，アフリカ及

びアジアでの発生が認められている．種子伝染性であることから，現在でも植物検疫で最重要な病害の一つとして扱われている．

我が国では1958年に北海道で最初に発見された．さらに，1962年には長野及び熊本県で，その後各地で発生が確認され，現在ではほぼ全国的に発生している．本病の発生は突発的で，しばしば壊滅的な被害を起こす．グラム陽性細菌による病害の代表的なものである．

図13-7　トマトかいよう病

病原細菌

Clavibacter michiganensis subsp. *michiganensis* (Smith 1910) Davis, Gillespie, Vidaver and Harris 1984

短かん状のグラム陽性細菌で，大きさは 0.7〜1.2×0.6〜0.7μm である．鞭毛を欠く．生育適温は25〜27℃，最低生育温度は1℃，最高生育温度は33℃である．

病徴

病徴は多様で，診断が困難な病害の代表に挙げられる．基本的に葉では褐色の壊死部と黄化部から成ることが多い．また，初期には葉，葉柄，茎，果柄及び果実に白色のやや隆起したかいよう病斑が現れることが多い．さらに進展した段階では褐色の壊死斑となる．また，茎，葉柄，果柄などでは褐色の亀裂を生じる場合がある．病原細菌は維管束も侵すため，萎凋症状が現れることもある．維管束では褐変することが多いが，青枯病と比較すると淡い褐色を呈する．

発生生態

本病に感染したトマトから採った汚染種子が第一次伝染源となることが多い．種子の種皮内あるいは種子表面の潜在菌はいったん子葉，胚軸あるいは幼芽に移行し，気孔や傷から侵入し，感染が起こる．罹病した植物体の残骸でも病原細菌は生存し，第一次伝染源となる．また，支柱などトマト栽培用の農業資材の表面でも長く生存することが報告されている．病斑が形成された後には降雨によって二次感染が起こる．育苗の場面でも，潅水などにより，また移植作業等によっても二次感染が起こる．

防除法

健全種子を用いることが最も重要である．また，汚染の可能性がある種子は種子消毒を行う．土壌消毒が可能な場所ではクロルピクリンなどにより土壌消毒を行う．支柱などの農業資材及び刃物など摘心のための道具類はアルコールや次亜塩素酸ソーダ液で消毒する．

3) トマト斑葉細菌病　英名：Bacterial speck of tomato

病原細菌

Pseudomonas syringae pv. *tomato* (Okabe 1933) Young, Dye and Wilkie 1978

グラム陰性,短かん状,極毛を有し,好気性である．大きさは 0.8〜2.2×0.5〜0.7µm である．寄生性ははっきりしており，トマトのみを侵す．

病徴

トマトの葉や葉柄のみならず果実や果柄にも発生する．葉では葉脈に沿った微小な褐色斑点，あるいはハローを伴った円形病斑を形成する．感染が進行すると斑点は融合して大型病斑となり，著しい場合は葉が枯死する．果実，果柄及び葉柄ではかいよう状の斑点か小型のしみ状の小斑点となる．

発生生態

冷涼・多湿条件下で発生しやすい病害であるため，露地栽培で 6〜7 月頃，施設栽培では 2〜3 月頃発生する．第一次伝染源は明らかにされていないが，種子伝染の可能性が高い．発病株からの感染の拡大は多湿条件下で感染葉との接触や病原細菌を含んだ水滴の飛散などによる．

防除法

健全種子を用いる．抵抗性品種を選び，無病苗を栽培する．耕種的的防除法としては輪作が有効である．

4) トウガラシ・ピーマン・トマト斑点細菌病　英名：Bacterial leaf spot of pepper

世界的に分布する重要病害である．系統によりトウガラシ類とトマト，トウガラシ類のみ，あるいはトマトのみを侵す系統がある．研究面でのモデル系としても取り上げられ，ドイツで病原細菌の全ゲノム解析が完了している．

病原細菌

Xanthomonas campestris pv. *vesicatoria* (Doidge 1970) Dye 1978

短かん状，1 本の極性鞭毛を有するグラム陰性細菌である．大きさは 1.0〜1.5×0.6〜0.7µm である．最適生育適温は 27〜30℃，最高生育温度は 40℃，最低生育温度は 5℃で，50℃10 分で死滅する．本細菌はトウガラシ・ピーマンだけでなく，トマトにも寄生し，類似した病斑を形成する．

病徴

葉，葉柄及び茎に発生する．葉では裏面にやや隆起した小型の斑点を生じる．それらは拡大・融合して径が数 mm，円形ないし不整形の，周辺が暗黒色でやや隆起し，中央部は褐色でやや凹んだ病斑を形成する．葉の表面は最初黄色を呈するが，後に褐色に変わり，盛夏時は病斑中央部は白変しやすい．展開中の若い葉では葉脈に沿って不整形の病斑を生じる．そのような場合，葉はしばしば奇形を呈する．葉柄や茎では最初水浸状，後に表面が破れてかさぶた状の褐色病斑を生じる．

発生生態

種子伝染し，また土壌伝染性である．病原細菌は気孔及び傷から侵入し，気温が20～25℃で，雨などで多湿条件が続くと多発するが，30℃以上の高温条件下や15℃以下の低温条件下ではほとんど発生しない．病原細菌は種子および土壌中で生存し伝染源となる．本病細菌はピーマンやトウガラシも侵す．窒素肥料の効き過ぎや密植で通風が悪く，多湿条件で発病しやすい．

防除法

無病の種子を用いる．種子消毒を行う．低温多湿条件で多発するので，ハウス内湿度が高くならないようマルチ栽培をし，加温を行う．また，密植を避け，通風採光をよくし，多湿にならないようにする．被害茎葉は除去する．窒素過多にならないようにし，草勢を健全に育てる．発病初期に防除を徹底する．発病後の防除は難しいので，2週間に1回位の予防散布を行う．発病が見られたら7～10日間隔で2～3回薬剤散布を行う．

5) アブラナ科野菜黒腐病　　英名：Black rot of crucifaraes

本病は我が国においては全国的に発生し，年によって多発し，生育後期に激発することから特に秋期に被害が大きい．キャベツを中心として，ブロッコリー，カリフラワーなど多くのアブラナ科野菜で発生する．本病が最初に報告されたのは米国で，1890年代にウィスコンシン及びアイオワ州でほぼ同時に発見された．我が国では1909年に北海道で発生が認められている．種子，土壌，土の中に埋もれた被害残渣でも伝染するが，とりわけ種子による伝搬が重要で，野菜の種子伝染の代表的な存在として知られている．

本病は世界的に発生し，重要病害であり，アブラナ科種子の国際的な流通において大きな障壁となっている．

病原細菌

Xanthomonas campestris pv. *campestris* (Pammel 1895) Dowson 1939

グラム陰性細菌で，短桿状，一本の極性鞭毛を有する．大きさは0.7～3.0×0.4～0.5μmである．好気性で培地上で淡黄色の円形もしくは不整形の，全縁，やや丘状，湿光を帯びた粘質の集落を形成する．培地上での生育可能温度は5～39℃，生育適温は30～32℃，死滅温度は51℃，10分である．細胞外多糖質（EPS）であるザンサンガム（キサンタンガム）を産生し，食品添加物などとして産業的に利用されている．乾燥にきわめて強い．従来，レース分化はないとされていたが，近年，存在する報告も多い．

病徴

最も典型的な病徴は葉縁に生じるV字型の黄斑，黄褐色斑もしくは暗褐色斑である．これは病原細菌が葉縁の水孔から侵入して，感染が起こるためである．時に病勢が急激に進展する場合は葉縁の病斑は白緑色ないし灰褐色の脱水状病斑となる．病勢がさらに進むと，葉脈が暗黒色を呈し，網目状病斑となる．時に傷感染によって，病斑が葉の中央部に生じることも

ある．種子伝染性であることから，重汚染種子では発芽抑制が起こり，発芽した場合でも生育が不斉一となる．激しい場合には，子葉と胚軸が腐敗し，黄色を呈する．

発生生態

本病は典型的な種子伝染性病害で，第一次伝染源は汚染種子であることが多い．病原細菌はまた土中に埋まった被害残渣でも長く生存し，伝染源となる．病原細菌は降雨の雨滴や露とともに葉に付着し，水孔もしくは傷から導管に侵入し，維管束を通じて増殖移行する．さらに，本細菌は種子にも移行し，種子伝搬する．

図 13-8　キャベツ黒腐病

防除法

健全種子を用いることが最も重要である．このため，採種圃として，降雨の少ない，水はけのよい圃場を選択する．種子が汚染されている可能性がある場合は種子消毒を薬剤や乾熱で行う．薬剤としてはボルドーAが効果的である．また，栽培に当ってはアブラナ科作物の連作を避ける．育苗の段階では病原菌に汚染されていない育苗土で育苗する．品種により抵抗性の差が大きいので，抵抗性の品種を選択する．発生が予想される圃場では，抵抗性品種を使うことが肝要である．台風や大雨の後には感染の頻度が高まるので薬剤散布を行う．また，キスジノミハムシ，コオロギ，鱗翅目害虫などの食害は病原細菌の侵入孔となるので，それらの食葉性害虫を駆除する．薬剤散布に当っては，効果の高い薬剤を選び，展着剤を加用するとともに，下葉にもよくかかるよう散布する．アブラナ科雑草も重要な感染源となるので除草に努める．

6) アブラナ科野菜黒斑細菌病　　英名：Bacterial leaf spot cruciferae

種子伝染性の重要病害であり，葉と根頭に発生することが多い．我が国ではダイコンでの被害が大きい．

病原細菌

①*Pseudomonas syringae* pv. *macurlicola* (McCulloch 1911) Young, Dye and Wilkie 1978

②*Pseudomonas cannabiana* pv. *alisalensis* Cintas, Koike and Bull, 2000

グラム陰性，桿状細菌で1～3本の単極性鞭毛を有する．大きさは2.4～3.1×0.7～0.8μmである．好気性細菌で生育温度は0～30℃，生育適温は25

～27℃で，48～49℃10分で死滅する．寄生性はアブラナ科植物に広く及んでおり，ほとんどのアブラナ科野菜を侵す．

病徴

病原細菌は主として葉と根頭部を侵す．また，花柄や莢にも発生する．葉では初め水浸状の小斑点を生じ，後に黒褐色に変わる．この黒褐色病斑は拡大して周囲が黒く縁どられた灰色～褐色の病斑となる．これらの病斑が進行すると葉脈に区切られた不整形斑となり，べと病や炭そ病の病斑との区別が難しくなる．本病に侵された葉は奇形となることもある．根頭部では始め小型の灰色の病斑を生じ，やがて黒色の不整形の病斑となり，根頭部の表皮下に薄黒色の入れ墨症状のような変色が現れることもある．根の内部組織が黒色～褐色に変色することがあるが，黒腐病や軟腐病のように内部が軟化腐敗して空洞となったり，悪臭を放ったりすることはない．病勢が進むと葉の黄化が激しくなり，離脱しやすくなると同時に根部の肥大も悪くなる．

発生生態

種子伝染性とされ，病原細菌は種子，土壌中，被害残渣で生存し，伝染を繰り返す．土壌中では1年間以上生存するので，これも第一次伝染源となりえる．病原細菌は風雨によって飛散し，気孔，水孔などの自然開口部及び害虫の喰痕や風雨による傷などの付傷部から侵入し，感染する．

防除法

病原細菌は種子伝染するので，無病種子を使用することが重要である．育苗や栽培に当たっては密植を避けて，過繁茂にならないよう留意する．虫による喰害は病原細菌の侵入孔となるので，葉や根部に傷をつける害虫の防除に努める．生育中期以後は肥料切れにならないように注意する．本病が発生した場合は罹病株は取り除き，圃場衛生に努める．

7）アブラナ科野菜斑点細菌病　　英名：Bacterial spot of cruciferae

黒腐病に続く重要度を有する，アブラナ科野菜の *Xanthomonas* 属細菌による病害である．病原細菌はほとんどのアブラナ科野菜に寄生性を有する．

病原細菌

Xanthomonas campestris pv. *raphani* (White 1930) Dye 1978

グラム陰性，桿状の好気性細菌で，単極毛を有する．大きさは 2.0×3.1～0.7×1.2μm，寒天培地上で淡黄色の円形集落を形成する．生育温度は5～39℃，生育適温は30～32℃，死滅温度は50～52℃10分間である．ダイコン以外にもほとんどのアブラナ科野菜を侵す．またアブラナ科野菜以外にもトマト，ホオズキ，キュウリ及びカボチャに病原性を示す．

病徴

葉及び葉柄に発生する．初め微小な暗緑色の水浸状病斑として現れ，病斑は拡大するとともに径2～3mmの円形，もしくは不定形の灰褐色壊死病斑となる．さらに多数の病斑が近接すると互いに融合し，葉は奇形を呈す

る．これらの病徴は黒斑細菌病（*P. syringae* pv. *maculicola*）のそれと酷似しているので，診断には注意が必要である．

発生生態

本病の伝染環についてはほとんど知られていない．他の細菌病と同様，雨や灌漑による細菌の飛散による伝染の比重が大きい．本病の伝染源として，感染植物体の残渣や汚染種子，アブラナ科雑草などにも注意が必要である．土壌中での生存は低率であると考えられている．植物に露がある時間帯には畑に入ることを避ける．

防除法

他のアブラナ科野菜を含めて，連作を避けることが重要である．種子伝染する可能性が高いので，健全種子を選び，播種前に種子消毒を行う．消毒した床土に播種して育苗する．登録防除薬剤はない．降雨の後などに黒腐病を対象に薬剤防除を行えば，本病の発生も減少する．

8) キュウリ斑点細菌病　英名：Angular leaf spot, Bacterial spot of cucumber

1913年に米国で最初に発見されたキュウリの重要病害である．本来低温性の病害であるが，我が国では1957年に高知県で初めて発見され，キュウリのハウス栽培の普及とともに全国に拡大し，大きな被害を与えている．

病原細菌

Pseudomonas syringae pv. *lachrymans* (Smith and Bryan 1915) Young, Dye and Wilkie 1978

病徴

葉，葉柄，茎，巻きつる及び果実に発生する．葉での初期の病斑は小型の水浸状病斑で，これはやがて淡黄色の角型病斑となり，病斑の中央部は淡褐色となる．さらに病勢が進むと灰褐色病斑となり，破れ穴を生じる．多湿条件下では病斑表面に白色の菌泥を生じる．葉柄や巻きつるでは水浸状，あめ色の病徴が現れる．これはさらに軟化することが多い．茎にもあめ色の水浸状病徴を生じ，しばしば菌泥が生じる．激発時には株が立枯を起こすこともある．果実では円形の小型・水浸状病斑を生じ，この場合も菌泥を漏出することが多い．果実の病斑はやがて褐色となり，硬化する．また，果実の内部は軟化する．幼果が侵されると奇形を生じる．

発生生態

やや低温の20～25℃の多湿条件下で激しく発生することが多い．第一次伝染源は汚染種子である．病原細菌に汚染した種子が発芽すると子葉が発病し，次いで，上位葉で次々に感染が起こる．子葉では葉縁に病斑が現れることが多く，また上位葉では角斑が次々に現れる．このようにして発病した株は土壌中に鋤きこまれた後も長期間生存し，第一次伝染源となる．マルチなど汚染農業資材に付着した細菌も伝染源となる．乾燥条件下では発病が抑えられ，相対湿度が85％以下では微細な病斑しか形成しない．

防除法

健全種子の播種が最も基本的な防除法である．汚染の可能性がある場合には，次亜塩素酸ナトリウム液などの薬液で種子消毒する．罹病植物の残骸は焼却する．苗床やハウスの土壌は熱やクロールピクリンなどの薬剤で消毒する．ハウスは可能な限り通風をよくし，ハウス内の湿度を下げて，乾燥を図る．発病が認められたら早めにカスガマイシン，無機銅剤・有機銅剤，ポリカーバメート剤などを散布する．

9）スイカ果実汚斑細菌病　　英名：Bacterial fruit blotch of watermelon

スイカ果実汚斑細菌病は 1960 年代より米国等で発生している病害であるが，わが国では平成 10 年に山形県で初めて発生が確認され，その後，長野県，茨城県，鳥取県，北海道などで発生し，大きな問題となった．しかし，水際作戦が成功し，その後の定着は報告されていない．世界的には 1989 年から 1995 年にかけて米国で大発生し，甚大な被害をもたらした．本病の病原細菌は植物防疫法施行規則第 5 条 2 項による「輸出国での栽培検査が必要な有害動植物」に指定されている．本病の病原細菌は種子伝染性で，発生の第一の原因はほとんどの場合，汚染種子である．

病原細菌

Acidovorax avenae subsp. *citrulli* (Schaad, Sowell, Goth, Colwell and Webb 1978) Willems, Goor, Thielemans, Gillis, Kersters and De Ley 1992

1 本の単極毛を有する桿菌で，大きさは 0.8〜4.0×0.5〜0.9μm である．YPA，NBYA など酵母エキスを含む培地で生育がよい．高温性の細菌で，最高生育温度は 41℃，最適生育温度は 31℃である．寄生性は広範囲のウリ科植物に及ぶと考えられており，海外ではスイカの他，メロン，カボチャ，シトロンメロン（ウリ科雑草）などで発生が確認されており，我が国ではスイカ，キュウリ，カボチャ，ユウガオ，トウガン，メロンで発生の報告がある．

病徴

スイカでの病徴は最初に葉の小型の水浸状斑点である．胚軸の境界がは

図 13-9　スイカ果実汚斑細菌病（左：葉の病徴，右：果実の腐敗）

っきりしない褐色病斑，果実の割れ目型（クラック型）病斑や果肉の軟化腐敗などがある．メロンでは子葉では小型の水浸状病斑から拡大して褐色の病斑となり，枯死する．本葉では葉脈に沿って褐色ないし暗褐色の波型病斑を生じ，あるいは葉縁から褐色病斑がV字状に拡がる．茎では水浸状の病斑が現れ，やがて褐色の不整形病斑となる．果実では表面に暗緑色の水浸状病斑が現れ，これらの病斑はやがてネット状に亀裂を作る．いずれの病徴においても病斑部から乳白色のウーズが溢出することがある．

発生生態

主として種子で伝染する．我が国では接木の後，苗の養生中に発生が多い．これは養生の条件が病原細菌の増殖に適しているためであるが，この接木栽培が我が国での被害を拡大している可能性が高い．病原細菌は侵入後，柔組織でも増殖するが，主として植物体上と維管束を通じて広く増殖移行する．

防除

健全種子を使うことが最も重要である．種子消毒は有機銅剤としてボルドーAが有効である．

10）野菜類軟腐病　英名：Soft rot

世界的に分布し，アブラナ科，ナス科，ユリ科など，多種多様な野菜類を犯し，腐敗させる重要な病害である．野菜類の栽培においても，さらに収穫後，輸送中あるいは保存中などポストハーベストの段階においても発生する．我が国ではとくにアブラナ科，中でもハクサイで大きな被害をもたらす．また，抵抗性品種が少なく，有効な薬剤もほとんどない．従って，難防除病害の代表的な細菌病である．

病原細菌

Pectobacterium carotovorum subsp. *carotovorum* (Jones 1901) Hauben, Moore, Vauterin, Steenackers, Mergaert, Verdonck, Swings 1998

グラム陰性細菌．桿状で，4～5本の周毛を有し，大きさは0.9～1.5×0.5～0.6μmである．普通寒天培地に白色の集落を形成する．周毛性で菌体の周りに多数のべん毛を有する．通性嫌気性菌（facultative anaerobic）である．寒天培地上で灰白色，円形あるいはアメーバ状のコロニーを形成する．発病因子として強いペクチン質分解酵素，すなわちペクチン酸リアーゼ（PL），ポリガラクトロナーゼ（PG），エンドグルカナーゼ（EGL）などを産生し，病原性を示す．生育温度は0～40℃，生育適温は30～33℃で，死滅温度は50～51℃10分間である．pH 5.3～9.2で生育し，最適pHは7.2である．

病徴

病原細菌は植物体の傷や昆虫の喰痕などから侵入し，組織内で増殖し，水浸状の斑点を形成する．この病斑はしだいに褐色ないし淡褐色となって拡大する．その後，罹病部は軟化腐敗する．病勢の進展は極めて早く，短

期間で株全体に及ぶ．腐敗組織は独特の悪臭を放つ．葉菜類では結球期以降，地表に接する葉柄基部から上方に腐敗が進展するパターンとなる．

発生生態

本病は青枯病などと同じく土壌伝染性の病害である．病原細菌は宿主や雑草を含む各種植物の根圏土壌や罹病植物の残渣中で越冬する．土壌中では5年以上生存し，また被害植物体内では7ヶ月以上生存する．植物が植え付けられると，主に植物の根や地際部の傷口から侵入し，さらに発病株の根から排出された菌から二次感染が起こる．害虫による食痕からも病原細菌は侵入する．本病は高温・多湿条件下で発生しやすい．

防除

ハクサイ及びダイコンでは抵抗性品種を栽培する．本病に対する抵抗性品種は平塚1号などの抵抗性遺伝子を導入した品種が多い．耕種的防除法としてはイネ科植物やマメ科植物で輪作体系を組む．喰害をつくる昆虫であるヨトウムシやキスジノミハムシなど土壌害虫の防除の徹底，罹病残渣の処分も有効である．また，薬剤散布も効果があり，薬剤としては無機・有機銅剤，ストレプトマイシンなどの抗生物質，オキソリニック酸の有効性が認められている．本病用に登録された微生物農薬として非病原性エルビニア・カロトボラ水和剤がある．本剤を散布して植物の葉上に定着させると本細菌による病斑形成が著しく抑制される．

4．果樹・樹木の細菌病

1）カンキツかいよう病　　英名：Citrus canker

我が国では1899年の福岡県での発生が最初の報告である．我が国には激発型のA型（アジア型）の系統が分布しており，この型はアジア及び南米諸国に広く分布している．その他南米3カ国に分布するB型など世界的に5つの型が知られている．世界的に重要な細菌病であるので，病原細菌の全ゲノム解析がすでにブラジルにおいて完了している．

病原細菌

Xanthomonas citri subsp. *citri* (Hasse 1915) Gabriel, Kingsley, Hunter & Gottwald 1989

短桿状のグラム陰性細菌で，一本の極性鞭毛を有する．大きさは1.5～2.0×0.5～0.75μmである．好気性で肉汁寒天培地上に淡黄色の円形，全縁，やや丘状，湿光を帯びた粘質の集落を形成する．培地上での生育可能温度は5～39℃，生育適温は28～30℃，死滅温度は52℃である．我が国ではこれまで2種類のビルーレントファージが報告されている．Cp1は形態的には精子型，頭部は直径68nm，尾部は15×160nmの大きさで大型の溶菌斑を形成する．Cp2は形態は直径70nmの多面体で小型の溶菌斑を形成する．これらのファージの増殖適温は28～30℃である．これらの他，テンペレートファージも報告されている．寄生性は多くのカンキツに及ぶが，抵抗性の差は顕著で，レモン，ナツミカン，イヨカンは罹病性，ウンシュウミカ

ン，ポンカン，ハッサクは耐病性であり，ユズとキンカンは抵抗性である．

病徴

本病は葉，枝及び果実に発生する．春季における葉の病徴は最初円形，淡黄色，水浸状の病斑であるが，後に表面がやや盛り上がり，進展すると中央部がコルク化する．その周囲約0.5mm幅が油浸状，さらにその周囲にかなり広いハロー（暈）を生じる．夏

図13-10　カンキツかいよう病

季及び秋季には葉は昆虫の喰害や風ずれなどで生じた傷口からも病原細菌が侵入するので，一般に傷口に沿った形の病斑となる．葉柄も侵されやすく，その場合は激しい落葉が起こる．果実での感染では葉の場合と同様にコルク化する．この場合，黄色ハローは現れない．

発生生態

本病の病原細菌は葉，枝及び果実の病斑で越冬する．しかし，発病葉は落葉するので，枝の病斑が伝染源として最も重要で，一般に夏秋枝の病斑で生存率が高い．また秋期に感染した場合，比較的低温のため潜伏感染し，外観的に健全様のまま越冬する．これらは翌年早春に発病し，潜在越冬病斑となるため，病原細菌の溢出量は夏秋梢の病斑よりもさらに大きい．

防除

傷からの病原細菌の侵入と，感染葉からの病原細菌の飛散を防止するため，防風対策が必要である．このため，防風垣，防風ネットなどを設置する．発病枝はできるだけ剪定，除去する．とくに，夏秋梢の発病枝は除去する．春先の感染を防ぐため，発芽前に薬剤散布を行う．強風を伴う風雨や台風の襲来が予想される場合は，事前に薬剤散布を行う．感受性品種栽培園あるいは既発園での薬剤防除は，発芽前防除に加え，5月下旬（花弁落下直後）に1回，6月下旬（梅雨期）に1回，8月中旬〜9月下旬（秋霖期）に1〜2回行う．なお，多発園では，開花前防除（5月上旬）など適宜防除回数を増やす．ミカンハモグリガの防除を行う．強剪定による夏秋梢の多発生を避ける．

2) カンキツグリーニング病　　英名：Citrus greening

カンキツグリーニング病は黄龍病（Huanglongbing：HLB）とも呼ばれる．本病は東南アジアやアフリカなどで発生し，大きな被害を与えてきたが，1988年以降，我が国の南西諸島の一部でも発生している．沖縄県の西表島で最初の発生が認められ，現在では鹿児島県の徳之島まで分布が広がって

いる．このように，南西諸島を北上しつつあり，国内での植物検疫の大きな問題となっている．本病が発生すると，発生園が廃園になるほどの被害を及ぼす．植物検疫法でも重要な病害として取り扱われていて，発生地域である沖縄県全域及び鹿児島県の奄美大島以南の島々からのかんきつ類の苗木（果実は除く）の県外への持ち出しは規制されている．

病原細菌

Candidatus Liberibacter asiaticus (*Ca. L. asiaticus*), *Candidatus Liberibacter americanus*, *Candidatus Liberibacter africanus*

本細菌は，カンキツ類の樹の篩部に寄生し，アジア型，アメリカ型，アフリカ型の3種が存在する．このうち，カンキツグリーニング病が問題となっているアジア及び南北アメリカの熱帯・亜熱帯に広く分布するのはアジア型である．南米にはアジア型とアメリカ型が存在する．

病徴

本病にカンキツ類が罹病すると，葉がまだら状に黄化し，変形する．侵された枝が黄色い龍のように見えることから，中国では黄龍病という名が付けられた．果実では成熟が悪く，黄色にならず，まだら状に緑色となる．また，果実内部の種子の形成も悪くなる．グリーニングという名はこの果実の病徴に由来する．

発生生態

本細菌のアジア型は30℃以上の高温条件下でも感染力を有し，アジアを中心にアフリカ，アメリカ，オセオニアなどで分布が確認されている．アジア型はミカンキジラミによって媒介される．一方，アフリカ型は高温条件に弱く，22〜25℃の温度条件下で感染が起こる．本系統はアフリカ諸国に分布する．

我が国では1988年に西表島で初めて存在が確認され，以後，徳之島以南の南西諸島で発生が確認され，拡大が危惧されている．

防除法

罹病樹を見つけ出して，伐採して除去する．媒介虫であるミカンキジラミを防除する．苗木を植える時は，健全苗を植え，取り木や接木の際は健全樹を選ぶ．

図13-11 カンキツグリーニング病

3) カンキツスタボーン病　英名：Citrus stubborn disease

本病はカリフォルニアでのワシントンネーブルオレンジの収量調査の折に発見された．1930年代から始まった研究で接木伝染が確認され，当初はウイルス病と考えられていた．ところが，1969年に罹病標本の電顕観察でスイートオレンジの師管部にスピロプラズマが

発見され，1973 年にはその培養に成功している．我が国ではまだ発生は認められていない．

病原細菌

Spiroplasma citri Saglio, L'hospital, Lafleche, Dupont, Bove, Trully and Freund 1973

病徴

病徴は一般に植物体全体が矮化し，枝の節間がつまり，葉が黄化する．葉にはしばしば斑紋を生じる．葉，花及び果実は著しく小型となり，季節はずれの開花が起こることもある．生長点では小枝が叢生し，部分的には奇形を示す．

図 13-12　リンゴ火傷病

発生生態

本病の発生は高温乾燥地帯で多くみられる．病原のスピロプラズマ *S. citri* はこれまで師管以外からは分離されていない．第一次伝染源は感染した野生植物で，ここから媒介虫によって二次感染が起こる．*S. citri* は媒介虫を経由することで生活環が活性化されるという特徴を持っている．媒介虫は 3 属 6 種のヨコバイ類が知られており，それらの保菌昆虫内でも越冬する．

防除

媒介虫の防除では本病の防除は不可能である．スピロプラズマは抗生物質に感受性であるが，果樹園での抗生物質の散布は実用性がない．さらに，スピロプラズマに対する抵抗性品種もない．従って，罹病樹や罹病植物の抜き取りと焼却及び雑草防除が現在のところ唯一の実用的な防除法である．

4）リンゴ火傷病　英名：Fire blight of apple

米国では古くから発生の記載があるが，当初は病害とは考えられていなかった．しかしながら，T. J. Burril が精力的な研究を行い，本病が細菌による病害であることを実証し，1882 年に病原を *Micrococcus amylovora* と命名した．その後，ヨーロッパで英国（1958 年）を皮切りに，1966 年以降ヨーロッパ大陸への上陸が報告され，各国に拡がっている．現在はトルコやスペイン，ニュージーランドなどでも発生が報告されている．日本では発生していない．2015 年になって韓国のナシでの本病の発生が報告されている．

病原細菌

Erwinia amylovora (Burril 1882) Winslow, Broadhurst, Buchanan, Krumwiede, Rogers and Smith 1920

病徴

病徴としては枝枯れ及び葉焼け，花腐れ，実腐れ，かいようなどが挙げられる．感染した花は水浸状となって，しぼみ，色は黒褐色となり落下す

る．同じ枝の葉では中肋に沿って黒褐色の斑点が生じる．また，枝でも淡褐色から暗褐色の病徴が現れる．とくに新梢では病徴が激しい．実では通常，未熟果で発生するが，リンゴでは赤色水浸状の，ナシでは暗緑色水浸状の症状が現れ，果実表面に細菌粘塊を漏出する．さらに，病勢が進展すると，新梢から主枝，さらに主幹にまで感染が及ぶ．病徴としてはかいようが一般的である．このかいようはわずかに陥没し，周囲に亀裂を生じる．さらに，表面には細菌粘塊を生じる．

発生生態

Erwinia amylovora は広範なバラ科植物に対して病原性を有し，その宿主範囲は4属約200種に及ぶ．これらのうち，最も感受性が高いのはナシ科植物である．主な宿主植物を列記すると，カリン，セイヨウカリン，ビワ，マルメロ，シデザクラ等，アロニア属植物，カナメモチ属植物，ザイフリボク属，サンザシ属植物，シャリントウ属植物，シャリンバイ属植物，テンノウメ属植物，トキワサンザシ属植物，ナシ属植物，ナナカマド属植物，ボケ属植物，リンゴ属植物など多数の植物が報告されている．第一次伝染源は無病徴植物の芽に生息している病原細菌及びかいよう病斑から漏出する細菌粘液である．とくに前者は花腐れの主要な原因とされている．

防除

植物検疫対象病害で，最も侵入が警戒されている果樹の病害である．農林水産省は火傷病が発見された際の関係機関の役割分担と行動計画を定め，万一に備えている．

5）根頭がんしゅ病　英名：Crown gall

19世紀後半からヨーロッパや米国で本病の存在が知られていたが，20世紀初頭にSmithとTownsendは本病が細菌によることを明らかにした．我が国には1890年に米国から輸入されたオウトウの苗木とともに侵入したと考えられている．

病原細菌

Agrobacterium tumefaciens (Smith and Townsend 1907) Conn 1942

現在の正式な学名は *Rhizobium radiobacter* である．

グラム陰性細菌．白ないし灰白色の集落を形成する．数本の周毛性の鞭毛を有する．本細菌はTiプラスミドを有し，そのT-DNAの部分が植物細胞に移動し，核の染色体に組み込まれる．座乗する遺伝子が発現して植物ホルモン（オーキシン，サイトカイニン）や本細菌のみが栄養源として利用できるオパインと呼ばれるアミノ酸が産生されるため，植物は異常増殖し，こぶ（がん腫）を形成する．本細菌と近縁な *A. rhizogenes* は毛根を形成するプラスミドpRiを有し，各種植物に毛根病を引き起こす．両細菌のプラスミドから病原性遺伝子を除去したものは植物の遺伝子工学用のベクターとして利用されている．*A. tumefaciens* の宿主範囲は93科643種にも及ぶが，わずかの例外を除き双子葉植物である．

病徴

　一般に植物の茎の地際部や根に腫瘍を形成する．腫瘍の大きさはさまざまである．腫瘍の形質は植物の種類で異なり，木本植物では腫瘍は木質化し，宿主植物の生長とともに肥大し続ける．一方，草本植物では肉質で生育期の終わりには腐敗脱落する．腫瘍の形態は球形もしくは半球形で，最初淡色であるが，後に表面は粗，内部は褐色となることが多い．果樹では幼木ほど本病の影響が大きいが，これは腫瘍による茎の通道組織の養分や水分の移行の阻害の影響が大きいためである．一方，成木では主幹の組織における腫瘍が占める割合が比較的小さくなるため，その影響は少なくなる．

発生生態

　典型的な土壌細菌で土壌表面近くで棲息するため，植物の根頭や根系の上部に腫瘍を形成する．いったん土壌中に本病原細菌が棲息すると，宿主植物の有無にかかわらず土壌中で長期間生存する．本細菌は典型的な傷感染菌で，宿主植物に傷ができない限り感染は起こらない．したがって，苗木の移植時や定植時に生じる傷が生じないようにし，さらには剪定や接木の際に植物体に傷をつけないようにすることが大切である．また，昆虫の食痕なども本細菌の侵入部位となる．潜伏期間は宿主植物の種類や生育度，感染部位，環境条件などによって異なるが，一般に5日ないし数週間である．

防除法

　病原細菌は典型的な土壌生息細菌であるので，本病が発生した汚染圃場に新たに植物を植え付けない．発病株は抜き取って焼却する．汚染の可能性がある場合は土壌消毒を行い，3ないし5年の単子葉植物の輪作体系を組む．水耕栽培で発生した場合は，使用中の資材を廃棄し，新しいものと交換する．または，湯温処理を行う．育苗圃や仮植え圃における本病感染が圧倒的に多いので，苗を移植あるいは定植のたびに生物防除剤に浸漬する．生物防除剤の希釈液に苗の根部を浸漬処理し，根部が乾燥しないように速やかに植え付ける．

6) モモ穿孔細菌病　　英名：Bacterial shot hole (Bacterial leaf spot) of peach

　モモの重要病害であり，主に *Xanthomonas campestris* pv. *pruni* によるが，このほか *Pseudomona syringae* pv. *syringae*，*Brenneria nigrifluens* も本病の病原細菌として登録されている．

病原細菌

Xanthomonas arboricola pv. *pruni* (Smith) Dye 1978

　グラム陰性の短桿状細菌で，大きさは $1.0×1.5〜0.5×0.8μm$ である．単極の1ないし数本の鞭毛を有する．包のうを形成するが，芽胞は作らない．好気性で，培地上に湿光ある淡黄色，円形，平滑，中高，全縁で粘質の集落を形成する．ペクチン質分解能は持たず，生育適温は24〜29℃である．

我が国には3種のファージが存在するが，そのうちPP1がモモとスモモ由来の菌を宿主としている．

病徴

葉，枝及び果実に発生する．葉では最初葉脈に区切られた不整形の白色病斑が生じ，それらは徐々に黄色から黒褐色の病斑へと変わってゆく．最終的には濃色の壊死斑となるが，病斑の周辺には黄色の中毒部を生じるとともに，病斑部と健全部の境界には離層が形成され，病斑部が脱落し，穿孔する．罹病葉は早期脱落する．果実では水浸状の小斑点が現れ，後に黒褐色の斑点となる．枝では新梢に水浸状から淡褐色で，周辺が紫紅色の縦長の病斑を生じ，これは裂け目を生じることが多い．このようなタイプを夏型病斑と称する．また，秋期に当年生育枝の落葉痕や皮目から病原細菌が侵入し，潜伏状態で越年し，翌春に樹液の流動とともに細菌が増殖を始め，紫赤色ないし紫黒色の水浸状病斑を生じる．落葉痕病斑は進展することは少ないが，皮目の感染では水浸状病斑はそのまま拡大し，やや膨らんだ大きな縦型病斑となる．このような感染部位はやがて裂け目を持つかいよう状病斑となる．このような感染部位から先は枯れ込むことが多い．これを春型病斑あるいは潜伏越冬病斑と称する．

発生生態

第一次伝染源は越冬した感染枝である．感染枝の病斑部から増殖した病原細菌は雨によって若葉，枝及び果実に伝染する．葉では主として気孔，枝や果実では皮目から侵入する．いずれの部位でも傷は格好の侵入門戸となる．秋期の枝への感染は台風などによって飛散した病原細菌による．この時期の感染が遅くまで継続するほど，翌年の強力な第一次伝染源となる．風当たりの強いところや湿度の高いところで発生が多い．5月の風雨により発生が助長される．

防除

薬剤の防除効果は発生程度によって異なる．発病が少〜中程度であれば，比較的高い．甚発生下では全く効果が認められない．風当たりの強い園地では防風ネットや防風垣を設置する．

7) 核果類かいよう病　　英名：Bacterial canker of stone fruits

オウトウ，アンズ，スモモなどの核果類の重要な細菌病で，現在，病原としては2つの細菌 *Pseudomonas syringae* pv. *syringae* 及び *P. syringae* pv. *morsprunorum* が知られている．我が国では1969年に新たにウメかいよう病が発見され，病原細菌が *P. syringae* pv. *morsprunorum* と同定された．

病原細菌

Pseudomonas syringae pv. *syringae* Van Hall 1902

Pseudomonas syringae pv. *morsprunorum* (Wormald 1931) Young, Dye and Wilkie 1978

これら2種の細菌はきわめて近縁の細菌であり，学名も *Pseudomonas*

syringae pv. *syringae* に統一すべきという意見も強い.

グラム陰性の細菌である．棹状で，1ないし3本の単極性鞭毛を有する．運動性で，芽胞，莢膜を形成せず，大きさは 1.5〜4.5×1.0〜2.0μm 程度である．培地上で白色，中高，円形，平滑，全縁で湿光を帯びたコロニーを形成する．生育温度は 5〜30℃，15〜25℃が増殖適温で，35℃以上の高温で死滅する．

以上のような *Pseudomonas syringae* の一般的な性質のほかに，系統や菌株により細菌学的性質や病原性でそれぞれ異なる点もある．

病徴

葉，枝，花及び果実に発生する．若い果樹では枝で，成木では果実の被害が大きい．葉では水浸状の小さな斑点が最初に現れ，中心が褐色壊死部，周辺に淡黄色の中毒部を伴う病斑が多い．後に壊死部は穿孔，脱落する．果実でも最初，水浸状の小斑点で，後に黒褐色となり，中心部がやや盛り上がった病斑となる．後に乾燥したかさぶた状となるのが特徴である．新梢では縦型，紡錘形の凹んだ褐色病斑を生じ，樹脂を出すことが多い．

発生生態

病原細菌は常に樹木の表面細菌として棲息している．本細菌は葉柄基部の亀裂などから侵入して，枝にかいようを生じる．また，しばしば潜在感染のまま越冬し，翌春，温度が上昇すると発病する．このような越冬枝上のかいよう部や潜在感染部から，雨天の際流れ出る病原細菌が第一次伝染源となって，感染が広がる．その他，感染した芽から溢出する細菌塊，居住型生存する病原細菌も重要な第一次伝染源となりうる．新梢や葉の病斑から降雨の際，病原細菌が飛散して第二次感染が起こる．花腐れは感染した芽から起こる場合と密腺からの花器感染によって起こる場合がある．

防除法

無病の苗を用いる．罹病枝は外科的に除去する．その後，剪定鋏は次亜塩素酸ソーダや逆性石鹼等で消毒する．薬剤散布を開花期から行う．ストレプトマイシン剤や銅剤などが有効である．

8) キウイフルーツかいよう病　英名：Bacterial canker of kiwifruit

1984年ころより，静岡県において見出されたキウイフルーツの病害で，その後，国内各地のキウイ産地でも発生が確認されている．近年，世界の主要生産国（ニュージーランド，イタリア，チリ）で本病による被害が増大している．

病原細菌

Pseudomonas syringae pv. *actinidiae* Takikawa, Serizawa, Ichikawa, Tsuyumu and Goto 1989

グラム陰性の細菌である．棹状で，1ないし3本の極性鞭毛を有する．大きさは 1.5〜4.5×1.0〜2.0μm である．培地上で白色のコロニーを形成する．生育温度は 5〜30℃，15〜25℃が増殖適温で，32℃以上の高温で死滅

する．毒素生産能やエフェクター遺伝子の有無によって，5つのbiovarの存在が確認されている（2015年現在）．

病徴

葉では春から7月にかけて，褐色～暗褐色で小型・不整形の斑点が現れ，その周囲には淡黄色のハローを伴う．その後，病斑は拡大し，褐色～赤褐色となる．新梢では幅1mm前後の細長い，条状の亀裂を生じ，先端が黒変して枯死する．亀裂部やその周辺に白色で粘質の菌泥を生じる．感染及び発病は蕾や花にも及び，この場合，花腐れを生じるが，花腐細菌病とは異なり，花器の黒褐変は起こらない．枝幹では2月中旬以降，菌泥が溢出し，春には赤褐色を呈し，樹皮に亀裂を生じる．

発生生態

病原細菌は気孔及び傷から侵入し，感染が起こる．病原細菌は腐生生活も行い，キウイフルーツのほか，他の植物体上でも病斑を形成することなく，生存する．同じマタタビ科のサルナシにも強い病原性を有するため，これも伝染源となりうる可能性がある．実際，サルナシやミヤママタタビから同一細菌が検出されている．

防除

秋冬期から梅雨明けの本病感染期間の雨よけ被覆は防除効果が高い．罹病した樹幹部の外科的除去も効果がある．剪定鋏などの消毒は重要である．また，銅剤の散布は葉の初期発病を抑え，抗生物質テラマイシン剤やカスガマイシン剤の樹幹注入と休眠期の銅剤散布の組合せは高い防除効果がある．

9）ブドウピアース氏病　　英名：Pierce's disease of grape

ワインの産地である南カルフォルニアで1884年に大発生し，大きな被害を与えたのが最初の報告である．現在は米国南東部の諸州，メキシコ，コスタリカ，ベネズエラなどで発生が報告され，中南米ではとくに本病の発生の拡大が懸念されている．病原細菌はブドウのみでなく，多様な植物に寄生することが明らかとなっている．また，研究面でも植物病原細菌のうちでゲノム解析が最初に完遂した記念すべき細菌である．

病原細菌

Xylella fastidiosa Wells, Raju, Hung, Weinsburg, Mandelco-Paul and Brenner 1987

木部局在性の難培養性グラム陰性細菌である．非流動性，鞭毛を持たず，好気性である．形態は短桿状で，大きさは0.3×1.0～4.0μmである．難培養性ではあるが，特殊な栄養培地上では生育する．しかし，コロニーは小円形，平滑，全縁型で，無色である．本細菌は媒介虫により伝搬するが，2時間以内の吸汁によって，媒介虫は病原細菌を獲得する．

病徴

病徴はブドウの種，あるいは品種によって異なる．また，発病してから

枯死に至る期間も2,3ヶ月から5,6年と大きな幅がある．感染から枯死に至る時間も品種によって異なる．病徴が激しく現れるのは生育旺盛な若いブドウ樹である．葉では最初に葉縁が乾燥枯死したり，火傷状の症状が現われるが，他の部分は緑のままである．そして，火傷状の部分は感染部位周辺に黄色斑点が現れ，これは徐々に拡大して周辺組織が萎れ始める．このような変色部は中心部や葉柄に向って拡大する．変色部は褐変し，最終的には葉が枯れ上がる．このような症状を示す葉は落葉するが，同じような症状が上下の葉に広がってゆく．枝にも先枯れなどの症状が出ることがある．また，蔓の成長も鈍化し，未熟果実は赤色に変化したりする．最終的には植物体の萎縮や枯死が起こる．

発生生態

病原細菌は多犯性で，昆虫と接木により伝搬するが，アメリカ大陸で単子葉から双子葉植物まで多様な植物に感染する．媒介虫はヨコバイ類とアワフキムシである．

防除法

ブドウでは実用的なレベルでの防除法はない．すべての栽培品種は本病に対して罹病性である．接木に際しては接穂や挿芽などの栄養繁殖器官は温湯消毒を行う．最も効果的な防除法は病原細菌の汚染地域から隔離した場所で栽培することである．

参考文献

1) Agrios, G. N. (2005) Plant Pathology 5th Edition. p.922. Elsevier Academic Press, San Diego.
2) 岸　国平編（1998）日本植物病害大事典．p.1276．全国農村教育協会．東京．
3) 日本植物病理学会編（2000）日本植物病名目録．p.857．日本植物防疫協会．東京．
4) 西山幸司・高橋幸吉・高梨和夫編（2004）作物の細菌病　追補3版．日本植物防疫協会．東京（CD-ROM版）．
5) Ou, S. H. (1985) Rice Diseases 2nd Edition. p.380. Commonwealth Agricultural Bureaux, London.

索引

日本語

あ行

アイソザイム：57
アグロシン：91, 204
アグロピン：91, 95
アクティブ・コレクション：221
亜種：54
アセトシリンゴン：75, 92, 226
アブラナ科黒腐病：156, 249
アルギン酸：22
アルビシジン：85
アンモニア生成：190
イソフラボノイド：128
遺伝資源：221
遺伝子工学：226
遺伝的植民地化：91
イネ白葉枯病：15, 31, 112, 152, 195, 229
イネもみ枯細菌病：6, 150, 232
インゲンかさ枯病：237
インジゴイジン：29
雨滴伝播：160
エアロゾル：160
栄養要求性：55, 190
液体窒素保存法：220
液体培養：184
壊死：119
エチレン：86
越冬植物：159
N-アセチルグルコサミン：21
N-アセチルムラミン酸：21
エフェクター：99, 105, 136
エマージング病：6, 149, 154, 194
エリシター：120
エリシター・レセプター説：144
エンドグルカナーゼ：98
エンドポリガラクトロナーゼ：98
avrD 遺伝子：121

オキシダーゼ：56
オキシリボヌクレオシド：178
OF テスト：189
オキシテトラサイクリン：202
オーキシン：85
オクトピン型：91, 93
オートトランスポーター：138
オパイン：90, 91, 95

か行

外被：26
外膜：21
化学的防除：211
化学分類：56
花器感染：156
核移行性配列：38, 138
核様体：25
隔離検疫：213
暈：256
火傷病：258
カスガマイシン：202
カタラーゼ：56, 189
核果類かいよう病：261
過敏感反応：119
芽胞：26
ガラクツロン酸：100
カロチノイド：30
カンキツかいよう病：255
カンキツスタボーン病：257
かん菌：19
感受性遺伝子：111：
寒天ゲル内拡散法：176
キウイフルーツかいよう病：262
奇形169：
気孔：78
キサンタン（ザンサン）ガム：224
キサントモナジン：30
希釈平板法：180
キチナーゼ：131

球菌：19
キュウリ斑点細菌病：252
境界領域：94
居住型生存：158
凝集反応：176
莢膜：22
菌株保存機関：222
菌体外多糖質：22
菌泥：172
クオラムセンシング：76
クオルモン：76
ククモピン：95
グラム染色：28
グラム陰性細菌：29，60
グラム陽性細菌：29，70
グルカナーゼ：130
グルタミン酸：220
クロールピクリン：198
繰り返し配列：35，38
グリセロール保存法：221
クロモゾームウォーキング：140
クワ縮葉細菌病：241
蛍光抗体法：177
形質転換：106：
継代培養法：220
系統分類：51
血清学：59
ゲノム：31
ゲノム解析：31
ゲノム情報：31，45
ゲノム創農薬：5，193
原核生物：1，2，18
検疫：212
健全種子：207
綱：60
抗原：23，59，176，177
抗原・抗体反応：59，177
光合成細菌：62
耕種的防除：207
合成培地：182
構成的抵抗性：110
抗生物質感受性：190
抗体：59

5-ケト-4-デオキシウロン酸：100
国内植物検疫：215
国際植物検疫：212
古細菌：18
枯損：170，174
枯死：169
ゴシポール：129
コスミドライブラリー：38，139
コッホの三原則：11，184
コルク化：132
コロナチン：82
昆虫伝搬：162
根頭がん腫病：8，61，89，259
根粒形成遺伝子：92
生物多様性条約：218

さ行

細菌の学名：52
細菌学的性質：51，55
サイトカイニン：85，99
細胞外多糖質：86，96，98，224
細胞質：24
細胞壁：19
細胞膜：23
サクシノグリカン：92
サプレッサー：130
サヤヌカグサ：152，208
サリチル酸：201
ザンサンガム（キサンタンガム）：224
色素：29
シキミ酸デヒドロゲナーゼ：125
シデロフォア：120
種：49
種の概念：49
周毛：27
宿主範囲：109
種苗検疫：215：
植物-微生物相互作用：7，45
植物検疫：7，212
植物検疫事業：213
植物細菌病学：11，16
植物防疫：212
植物防疫法：154，213

2,5-ジケト-3-デオキシグルコン酸：100
質的抵抗性：110
指定有害動植物：217
親和性：118
ジャガイモそうか病：72
ジャガイモ輪腐病：71
集落：48，189
主働遺伝子：111，113
受容体：76，86，120
種子伝染：6，150，155
上位分類：50，60
硝酸還元：190
植物病原細菌：2
シリンゴトキシン：83
シリンゴマイシン：83
シロイロナズナ：8，140
真空凍結乾燥法：219
真正細菌：18，48
侵入：78
親和性反応：118
水孔：78
垂直抵抗性：110
水平抵抗性：111
ストレプトマイシン：201
数理分類：56
スピロプラズマ：69，258
ジーンバンク：221
生物多様性条約：218，222
生化学的性質：55，56，189
性線毛：28
生態：149
生長素：190
静的抵抗性：110，126
生物的エリシター：120
生物防除：：8，203，205
生物農薬：8，204
石炭酸フクシン：28，173，188
接合：12，25，28，50
石灰硫黄合剤：198，199
接種：185
セリン：104，141
セリン/スレオニンカイネース：141，142

セルラーゼ：86
セルロース：86
潜在感染：158，207，262
先在性抗菌物質：127
染色体：2，23，25，49
選択培地：182，188
選択病原菌リスト：154
潜伏期間：260
線毛：27
全身獲得抵抗性：200
走化性：75
総合防除：211
相似性：55，58
増生：89，171
挿入配列：35

た行

第一次伝染源：158，161
対数増殖期：118，122
耐病性：16，112，113，207，227
タイプⅠ分泌機構：136
タイプⅡ分泌機構：99，136
タイプⅢ分泌機構：36，99，104，136
タイプⅣ分泌機構：76，93，136
タイプⅤ分泌機構：136
タイプⅥ分泌機構：136
タイプカルチャー：187，218
タイプ・ストレイン：222
タウマチン：130
タゲトキシン：84
タバコ野火病：83，242
タブトキシン：83
段階希釈法：180
炭素源：181，182，190
窒素源：182
中間宿主植物：208
注射接種：119，186
貯蔵物質：26
超低温保存法：220
DNAポリメラーゼ：177，178
定常期：102，118
抵抗性：109，110，111
抵抗性遺伝子：111

抵抗性遺伝子源：111，114，195
抵抗性台木：197
抵抗性品種：111，112，195
テルペノイド：129
伝染環：155
伝染源：155
伝達性プラスミド：25，137
伝播：160
凍結保存法：220
同定：177，179，187
動的抵抗性：110
トキソフラビン：83
特異的エリシター：120，121，144
特異的プライマー：177
毒素：81
特定重要病害：213
土壌伝搬：161
土壌微生物相：166
土壌湿度：164
土壌生息菌：159
突然変異：38，105
トマトかいよう病：5，71，156，246
ドメイン：18，38，45，140，141，142
トランスポゾン：105
トランスポゾンタギング：13，105，140
トロポロン：83，235

な行

内膜：21，137
流し込み培養：182
ナス科植物青枯病：96，245
難防除病害：2，149
軟腐病：100，254
2-ケト-3-デオキシグルコン酸：100
2成分調節機構：41，92
ニードル：138
二名法：48，59
認識：98，104，120
農業関連微生物：222
ノパリン型：91，93
ノボビオシン：198，201

は行

バイオフィルム：76
バクテリオシン：25，204
バクテリオファージ：11，14
パターン認識受容体：121
発生予察：216
発病因子：80
hrp クラスター：36，99
バリダマイシン：202
ハロー12，173
半合成培地：182
判別品種：：109
ピアース氏病：6，49，263
B・E法：173
非親和性反応：118
非生物的エリシター：120
微生物遺伝資源：221
微生物農薬：203，225
微生物除草剤：225
微生物殺菌剤：225
非伝達性プラスミド：25
非動化：124
非病原性遺伝子：111
飛沫伝染：160
皮目：79，158
氷核活性：225
病原型：1，48，54
病原性：12，13，111，184
病原性因子：80，98，142
病原性検定：126，184
病原力遺伝子：110
標準菌株：187，218
標徴：171
病徴：：169
ピリン：105
品種抵抗性：110
品種特異的エリシター：121
ファイトアレキシン：128
ファージ：161
ファゼオロトキシン：83
不完全優性遺伝子：113
複合抵抗性育種：142

複合培地：182
付傷接種：127
噴霧接種：185
プライマー：177
プラスミド：25, 90
プラズマレンマ：125
フラジェリン：26, 121
プロテアーゼ：87
プロテインカイネース：141
プロトプラスト：21
プロヒビチン：127
プロベナゾール：201
分子分類：57
平板培養：182
鞭毛染色：28, 188
分離：180
分類学：49
ペクチナーゼ：101
ペクチン：100
ペクチン酸：100, 101
ペクチン酸リアーゼ：102
ペクチンメチルエステラーゼ：98
ペクチンリアーゼ：102
ペプチドグリカン：57, 121
β-グルコシダーゼ：189
鞭毛：26, 77
防御組織：131
防除：193
放線菌：201
ホスホジエステラーゼ：143
ポリガラクツロナーゼ：101
ポリガラクツロン酸：101
ポーリン：21
ボルドー液：197

ま行

マイコプラズマ様微生物：12, 69, 175
マップベースクローニング：142
マンノピン：95
ミキモピン：95
水保存法：220
ミトコンドリア移行シグナル：143
命名規約：52, 53

メガプラスミド：97
メソゾーム：24
毛根病：61, 95
モノクローナル抗体：59
モリキューテス：68
門：60

や行

薬剤耐性菌：206
野菜軟腐病：49, 170, 254
野生稲：114, 142, 195
優性遺伝子：113
有害動植物：213
誘導抵抗性：110
輸出検疫：214
ユニバーサルプライマー：52
輸入禁止品：213
輸入検疫：213
輸入検査品：213

ら行

らせん菌：19
ラテックス凝集反応：176
LAMP法：178
離層：132
リゾビトキシン：85
罹病化：112, 195
リピドA：22
リピド相：22
リボゾーム：19, 24
リボゾームRNA：24
リボヌクレアーゼ：125
リポ多糖質：22, 174
リポタンパク：21
量的形質遺伝子座（QTL）：196
リンゴ火傷病：4, 6, 193, 258
輪作：209
レクチン：128
レース：109
劣性遺伝子：113
レバン：22, 56, 189
ロイシンジッパー：38, 140
ロイシン・リッチ・ドメイン：142

わ行

ワックス層：126

英数字・遺伝子

A

acc：91
acs：90
acetosyringone：92
activation domain：38，140
active resistance：110
Agrobacterium tumefaciens：8，61，75，89，226，259
AHL：76
albicidin：85
Approved list：53
AraC：37
attachment：91
auxin：85
avirulence gene：111
avirulent strain：38
avirulence：111，145
avrB：38，143
avrBs1：35
avrBs2：35，143
avrBS3/pth：13，35，38，39，140
avrBS3/pthA：38，40，140
avrPto：144
avrRpm1：143
avrXa7：38，40
avrXa10：38，40

B

Bacillus：9，26，72，206，225
bacterial exudation method：173
BCA：8，9
biovar：54
border sequence（BS）：94
Burkholderia glumae：62，150，233
Burkholderia plantarii：150，235
Burrill, T. J.：11

C

celA：98
cell membrane：23
cell wall：19
cellular T-DNA（cT-DNA）：94
chromosome：25
class：60，61，70
Clavibacter michiganensis subsp. *michiganensis*：5，71，247
Clavibacter michiganensis subsp. *sepedonicus*：71
clipping method：185
coccus：19
compatible：55
conjugation：25
constitutive resistance：110
cultivar-specific resistance：110
Curtobacterium：49，60，71
Curtobacterium flaccumfaciens pv. *flaccumfaciens* 71
cytoplasm 24

D

De Bary, A.：10
Dickeya chrysanthemi：67，75，101
Dickeya dadantii：8，67，100
Dickeya zeae：67
DIMBOA：128

E

egl：67，75，101
emergency signal：125
endoglucanase：98
endospore：26
Enterobacter：60，67
Enterobacteriaceae：60
EPS：98，105，224
EPS1：86，97，98
Erwinia：67，68
Erwinia amylovora：67，75，258

F

fimbriae（pl. fimbriae）：27
Fisher, A.：11
flagellin：26
flagellum（pl. flagella）：26
Frankia：4

G

gene-for-gene：16, 111, 145
genome：25
genus：54, 60
glassy-winged sharpshooter：6
gossipol：129

H

harpin：45, 46
Hooke, R.：10
homology：58
Hop：104, 105
horizontal resistance：111
housekeeping gene：59
hpaB：43, 44
hpaF：43, 44
HR：119
hrc：36, 104
hrp：38, 104, 137
hrpE3：43
hrpF：43
hrpG：37
hrpL：104
hrpS：104
hrpZ：104
HrpG：37
HrpX：35, 37, 38
hypersensitive reaction：119
hypersensitive reaction and pathogenicity (*hrp*) genes：13, 137
hypertrophy：89

I

IAA：104
iaaH：94

iaaM：94
immobilization：124
incompatible：55
induced resistance：110
infiltration method：186
injection method：186
insertion sequence：34
IPM：193, 211
ipt：94
IRRI：6, 17, 113, 114, 152
IR8：6, 152
IS：34, 35, 41
ITS（internal transcribed spacer）region：63, 188

K

Koch, R.：11, 50
Koch's postulates：184
Kuhn, G.：10

L

LB（=left border）：91
Leeuwenhoek, A. V.：10, 50
lipopolysaccharide：22
lipoxigenase：125
LPS：22
LRR（leucine-rich repeat）：38, 140, 141, 142, 143

M

marginalan：22
mesosome：24
Mollicutes：56, 60, 68, 70
Mycoplasma-like organism：69

N

NBS：140, 141, 143
NBS-LRR：143
needle-pricking method：185
noc：91
nod：92
nos：90
Nocardia：24

nomenclature : 53
non-transmissible plasmid : 25
nuclear localizing sequence (NLS) : 38, 140
nucleroid : 2, 25

O

opine : 90
outer membrane : 20, 21, 29

P

PAGE : 57
Pasteur, L : 11
pathogenicity island : 41
pathovar : 15, 48, 54, 55
Pectobacterium carotovorum subsp. *carotovorum* : 5, 49, 67, 100, 101, 254
PegA : 98
PehA : 98
PehB : 98
PehC : 98
peptideglycan : 20
PglA : 98
phaseolotoxin : 83
Pierce's disease : 12, 263
pilus (pl. pili) : 27
PIP box : 37, 41
plant activator : 200
plant inducible promoter (PIP) : 37, 41
PmeA : 98
polysaccharide : 92
porin : 21
preformed substance : 127
proferrorosamine A : 29
prokaryotes : 18
Proteobacteria : 60, 63
psc : 92
Pseudomonadaceae : 60, 64, 65
Pseudomonas : 49, 60, 65
Pseudomonas syringae : 66, 80, 103, 104, 105, 143
Pseudomonas syringae pv. *actinidiae* : 66, 262
Pseudomonas syringae pv. *lachrymans* : 5, 66, 252
Pseudomonas syringae pv. *maculicola* : 66, 104
Pseudomonas syringae pv. *mori* : 66, 241
Pseudomonas syringae pv. *morsprunorum* : 261
Pseudomonas syringae pv. *phaseolocola* : 115, 237
Pseudomonas syringae pv. *syringae* : 66, 237
Pseudomonas syringae pv. *tabaci* : 66, 82, 242
Pseudomonas syringae pv. *tomato* : 5, 15, 66, 143, 248
pTi : 25
pyocyanin : 29
pyoverdin : 29

Q

qualitative resistance : 110
quantitative resistance : 110

R

Ralstonia solanacearum : 5, 8, 14, 33, 62, 96, 245
race : 55, 109
reemerging disease : 6
resistance : 110, 111, 145
restricted fragment-length polymorphism (RFLP) : 140, 178
ribosome : 24
RB (=right border) : 91
Rhizobacter : 66, 67
Rhizobiaceae : 60, 61
rhizobitoxin : 85
Rhizobium : 4, 49, 60, 61
Rhizobium radiobacter : 4, 49, 60, 61
Rhizobium rhizogenes : 61
Rhodococcus : 71
RNA-Seq : 32, 41
rRNA : 24, 58

Rpg4：121
RPM1：38，143
RPS2：38，140，143
RT-PCR：40
rubrifacine：30
R-gene：38
16S rRNA：52，55，60，58，179
16S rDNA：58，191

S

succinoglycan：22
serovar：59
Serratia：60，67，225
sign：171
slime：22
Smith, E. F.：11
soft rot：170，254
species：53，58
Spiroplasma：19，49，60，68，258
Spiroplasmataceae：60，68
spray inoculation：185
static resistance：110
Streptomyces：49，60，72
Streptomyces acidiscabies：72
Streptomyces albus：72
Streptomyces acabies：72
subspecies：54，109
susceptible gene：111
symbiosis：4
symptom：171
syrA：104
syrB：104
syringomycin：83
syringotoxin：83

T

tabtoxin：83
tagetitoxin：83
taxa：60
T-DNA：94
teichoic acid：21
Ti plasmid：90
tmr：94

tms：94
toxoflavin：83
transferred DNA：90，226
tropolone：83
tumor-inducing plasmid：90，226
two-component regulatory system：42
type culture：53，54，218
type strain：49，222
type III secretion system：137

U

vir：75，90，91，92，227
virA：75，92
virB：92，93
virC：92，93
virD：92
VirD1/D2：93
virE：92
virE1：92
virE2：92，93
virG：75，92
VirG：92
virulence gene：111
virulent：38，139

X

Xa1：114，141
Xa3：114，152
Xa21：114，142
xanthan：22
xanthomonadin：30
Xanthomonas：64
Xanthomonas axonopodis pv. *malvacearum*：64，116
Xanthomonas campestris pv. *campestris*：5，8，64，156，224，249
Xanthomonas citri pv. *citri*：5，255
Xanthomonas oryzae pv. *oryzae*：5，8，33
Xylella：65，138
Xylella fastidiosa：5，8，33，34，64，142，230

付録

1. 主要植物細菌病リスト

*（ ）は病原細菌

アルファルファ斑点細菌病（*Xanthomonas axonopodis* pv. *alfalfae*）
アブラナ科野菜黒斑細菌病（*Pseudomonas syringae* pv. *alisalensis*）
アブラナ科野菜黒斑細菌病（*Pseudomonas syringae* pv. *maculicola*）
アブラナ科野菜黒腐病（*Xanthomonas campestris* pv. *campestris*）
アブラナ科野菜斑点細菌病（*Xanthomonas campestris* pv. *raphani*）
アルファルファ萎凋病（*Clavibacter michiganensis* subsp. *insidiosus*）
イチゴ青枯病（*Ralstonia solanacearum*）
イチゴ角斑細菌病（*Xanthomonas fragarie*）
イネ黄萎病（*Phytoplasma oryzae*）
イネかさ枯病（*Pseudomonas syringae* pv. *oryzae*）
イネ褐条病（*Acidovorax avenae* subsp. *avenae*）
イネ株腐病（*Dickeya zeae*）
イネ白葉枯病（*Xanthomonas oryzae* pv. *oryzae*）
イネ条斑細菌病（*Xanthomonas oryzae* pv. *oryzicola*）
イネ内穎褐変病（*Pantoea ananas*）
イネ苗立枯細菌病（*Burkholderia plantarii*）
イネもみ枯細菌（*Burkholderia glumae*）
イネ葉しょう褐変病（*Pseudomonas fuscovaginae*）
インゲン萎ちょう細菌病（*Curtobacterium flaccumfaciens* pv. *flaccumfaciens*）
インゲンかさ枯病（*Pseudomonas syringae* pv. *phaseolicola*）
インゲン葉焼病（*Xanthomonas axonopodis* pv. *phaseoli*）
イタリアンライグラスかさ枯病菌（*Pseudomonas syringae* pv. *atropurpurea*）
ウリ科植物青枯病（*Erwinia tracheiphila*）
ウリ科植物 Yellow vine wilt （*Serratia marcescens*）
ウリ科野菜果実汚斑細菌病（*Acidovorax avenae* subsp. *citrulli*）
ウリ科野菜褐斑細菌病（*Xanthomonas cucurbitae*）
エノキタケ黒腐細菌病（*Pseudomonas tolaasii*）
エンドウつる枯細菌病（*Pseudomonas syringae* pv. *pisi*）
エンドウつる腐細菌病（*Xanthomonas pisi*）
エンバクかさ枯病（*Pseudomonas syringae* pv. *coronafaciens*）
エンバクすじ枯細菌病（*Pseudomonas syringae* pv. *striafaciens*）
オリーブがんしゅ病（*Pseudomonas savastanoi* pv. *savastanoi*）
各種野菜など軟腐病（*Pectobacterium carotovorum* subsp. *carotovorum*）
核果類かいよう病（*Pseudomonas syringae* pv. *morspunorum*）
核果類など根頭がん腫病（*Agrobacterium tumefaciens*）*現在：*Rhizobium radiobacter*
各種植物軟腐病ほか（*Dickeya chrysanthemi* pv. *chrysanthemi*）
カボチャ褐斑細菌病（*Xanthomonas cucurbitae*）
カトレヤ褐斑細菌病（*Acidovorax avenae* subsp. *cattleyae*）

カーネーション萎凋細菌病（*Burkholderia caryophylli*）
カリフラワー黒腐病（*Xanthomonas campestris* pv. *campestris*）
カリフラワー軟腐病（*Pectobacterium carotovorum* subsp. *carotovorum*）
カンキツ類かいよう病（*Xanthomonas citri* subsp. *citri*）
キウイフルーツかいよう病（*Pseudomonas syringae* pv. *actinidiae*）
キュウリ斑点細菌病（*Pseudomonas syringae* pv. *lachrymans*）
キク緑化病（*Phytoplasma aurantifolia*）
キャッサバ萎凋細菌病（*Xanthomonas axonopodis* pv. *manihotis*）
キャベツ黒斑細菌病（*Xanthomonas campestris* pv. *armoraciae*）
キャベツ黒腐病（*Xanthomonas campestris* pv. *campestris*）
クローブ Sumatra disease（*Ralstonia syzygii*）
クワ縮葉細菌病（*Pseudomonas syringae* pv. *mori*）
コムギ黒節病（*Pseudomonas syringae* pv. *japonica*）
コンニャク葉枯病（*Acidovorax konjaci*）
ゴマ斑点細菌病（*Pseudomonas syringae* pv. *sesami*）
サトウキビ白すじ病（*Xanthomonas albilineans*）
サトウキビ赤すじ病（*Pseudomonas rubrilineans*）
サツマイモ立枯病（*Streptomyces ipomoeae*）
ジャガイモ青枯病（*Ralstonia solanacearum*）
ジャガイモ黒脚病（*Dickeya dianthicola*, *Pectobacterium atrosepticum* または *Pectobacterium carotovorum* subsp. *carotovorum*）
ジャガイモそうか病（*Streptomyces acidiscabies*）
ジャガイモそうか病（*Streptomyces scabies*）
ジャガイモそうか病（*Streptomyces turgidiscabies*）
ジャガイモ輪腐病（*Clavibacter michiganensis* subsp. *sepedonicus*）
シロイヌナズナ全身感染（*Salmonella enterica*）
スイカ果実汚斑細菌病（*Acidovorax avenae* subsp. *citrulli*）
スイカ褐斑細菌病（*Xanthomonas cucurbitae*）
ダイズ斑点細菌病（*Pseudomonas syringae* pv. *glycinea*）
ダイズ葉焼病（*Xanthomonas axonopodis* pv. *glycines*）
タバコ空洞病（*Pectobacterium carotovorum* subsp. *carotovorum*）
タバコ立枯病（*Ralstonia solanacearum*）
タバコ野火病（*Pseudomonas syringae* pv. *tabaci*）
タマネギ腐敗症（*Burkholderia cepacia*）
チャ赤焼病（*Pseudomonas syringae* pv. *theae*）
チューリップかいよう病（*Curtobacterium flaccumfaciens* pv. *oortii*）
チューリップ褐色腐敗病（*Burkholderia andropogonis*）
テンサイ斑点細菌病（*Pseudomonas syringae* pv. *aptata*）
トウガラシ斑点細菌病（*Xanthomonas vesicatoria*, *Xanthomonas euvesicatoria*）
トウモロコシ萎ちょう細菌病（*Pantoea stewartii* subsp. *stewartii*）
トウモロコシ褐条病（*Acidovorax avenae* subsp. *avenae*）
トウモロコシ条斑細菌病（*Burkholderia gladioli*）
トウモロコシ倒伏細菌病（*Dickeya zeae* など）
トウモロコシ葉枯細菌病（*Clavibacter michiganensis* subsp. *nebraskensis*）
トマト青枯病（*Ralstonia solanacearum*）
トマトかいよう病（*Clavibacter michiganensis* subsp. *michiganensis*）
トマト斑点細菌病（*Xanthomonas vesicatoria*, *Xanthomonas euvesicatoria*）

トマト斑葉細菌病（*Pseudomonas syringae* pv. *tomato*）
ナシ花腐細菌病（*Pseudomonas syringae* pv. *syringae*）
ナス青枯病（*Ralstonia solanacearum*）
ナス科植物青枯病（*Ralstonia solanacearum*）
ニンジン斑点細菌病（*Xanthomonas hortrum* pv. *carotae*）
ハクサイ黒腐病（*Xanthomonas campestris* pv. *campestris*）
ハクサイ軟腐病（*Pectobacterium carotovorum* subsp. *carotovorum*）
バラ根頭がんしゅ病（*Agrobacterium tumefaciens*）＊現在：*Rhizobium radiobacter*
ヒアシンス黄腐病（*Xanthomonas hyacinthi*）
ビート斑点細菌病（*Pseudomonas syringae* pv. *aptata*）
ビワがんしゅ病（*Pseudomonas syringae* pv. *eriobotryae*）
フジこぶ病（*Pantoea agglomerans* pv. *millettiae*）
ブドウ根頭がんしゅ病（*Agrobacterium vitis*）＊現在：*Rhizobium vitis*
マンゴーかいよう病（*Xanthomonas campestris* pv. *mangiferaeindicae*）
ムギ類条斑細菌病（*Xanthomonas translucens* pv. *translucens*）
メロン褐斑細菌病（*Xanthomonas cucurbitae*）
メロン果実汚斑細菌病（*Acidovorax avenae* subsp. *citrulli*）
メロン斑点細菌病（*Pseudomonas syringae* pv. *lachrymans*）
メロン果実汚斑細菌病（*Acidovorax avenae* subsp. *citrulli*）
メロン毛根病（*Agrobacterium rhizogenes*）＊現在：*Rhizobium rhizogenes*
モモせん孔細菌病（*Xanthomonas alboricola* pv. *pruni*）
モモ根頭がん腫病（*Agrobacterium tumefaciens*）＊現在：*Agrobacterium radiobacter*
ラッカセイ青枯病（*Ralstonia solanacearum*）
ラン科植物褐斑細菌病（*Acidovorax avenae* subsp. *cattleyae*）
リンゴなど火傷病（*Erwinia amylovora*）
レタス斑点細菌病（*Xanthomonas axonopodis* pv. *vitians*）
レタス腐敗病（*Pseudomonas cichori*）
ワサビ軟腐病（*Pectobacterium wasabiae*）
ワタ角点病（*Xanthomonas citri* subsp. *malvacearum*）

2. 主要植物病原細菌の学名

*（　）は病名

Agrobacterium tumefaciens（モモ根頭がんしゅ病など）*現在：*Rhizobium radiobacter*
Agrobacterium rhizogenes（メロン毛根病など）*現在：*Rhizobium rhizogenes*
Agrobacterium vitis（ブドウ根頭がんしゅ病）*現在：*Rhizobium vitis*
Burkholderia glumae（イネもみ枯細菌病）
Burkholderia plantarii（イネ苗立枯細菌病）
Burkholderia andropogonis（チューリップ褐色腐敗病など）
Burkholderia caryophyll（カーネーション萎凋細菌病）
Burkholderia gladioli（トウモロコシ褐色腐敗病ほか）
Burkholderia cepacia（タマネギ腐敗症）
Clavibacter michiganensis subsp. *insidiosus*（アルファルファ萎凋病）
Clavibacter michiganensis subsp. *michiganensis*（トマトかいよう病）
Clavibacter michiganensis subsp. *nebraskensis*（トウモロコシ葉枯細菌病）
Clavibacter michiganensis subsp. *sepedonicus*（ジャガイモ輪腐病）
Curtobacterium flaccumfaciens pv. *flaccumfaciens*（インゲン萎ちょう細菌病）
Curtobacterium flaccumfaciens pv. *oortii*（チューリップかいよう病）
Dickeya chrysanthemi（各種植物軟腐病など）
Dickeya dadantii（マンゴー枝枯細菌病など）
Dickeya dianthicola（ジャガイモ黒脚病）
Dickeya zeae（トウモロコシ倒伏細菌病など）
Erwinia amylovora（リンゴ火傷病）
Erwinia tracheiphila（ウリ類青枯病）
Pantoea ananas（イネ内頴褐変病）
Pantoea stewartii subsp. *stewartii*（トウモロコシ萎ちょう細菌病）
Pectobacterium atrosepticum（ジャガイモ黒脚病）
Pectobacterium carotovorum subsp. *carotovorum*（各種野菜など軟腐病）
Pectobacterium wasabiae（ワサビ軟腐病）
Pseudomonas syringae pv. *actinidiae*（キウイフルーツかいよう病）
Pseudomonas syringae pv. *alisalensis*（ダイコン黒斑細菌病）
Pseudomonas syringae pv. *aptata*（ビート斑点細菌病）
Pseudomonas syringae pv. *atropurpurea*（イタリアンライグラスかさ枯病菌）
Pseudomonas syringae pv. *coronafaciens*（エンバクかさ枯病）
Pseudomonas syringae pv. *eriobotryae*（ビワがんしゅ病）
Pseudomonas syringae pv. *glycinea*（ダイズ斑点細菌病）
Pseudomonas syringae pv. *japonica*（コムギ黒節病など）
Pseudomonas syringae pv. *lachrymans*（キウリ斑点細菌病など）
Pseudomonas syringae pv. *maculicola*（キャベツ黒斑細菌病など）
Pseudomonas syringae pv. *mori*（クワ縮葉細菌病）
Pseudomonas syringae pv. *morspunorum*（ウメかいよう病など）
Pseudomonas syringae pv. *oryzae*（イネかさ枯病）
Pseudomonas syringae pv. *phaseolicola*（インゲンかさ枯病）

Pseudomonas syringae pv. *pisi*（エンドウつる枯細菌病）
Pseudomonas syringae pv. *sesami*（ゴマ斑点細菌病）
Pseudomonas syringae pv. *striafaciens*（エンバクすじ枯細菌病）
Pseudomonas syringae pv. *syringae*（ナシ花腐細菌病など）
Pseudomonas syringae pv. *tabaci*（タバコ野火病）
Pseudomonas syringae pv. *theae*（チャ赤焼病）
Pseudomonas syringae pv. *tomato*（トマト斑葉細菌病）
Pseudomonas cichorii（レタス腐敗病など）
Pseudomonas fuscovaginae（イネ葉しょう褐変病）
Pseudomonas rubrilineans（サトウキビ赤すじ病）
Pseudomonas savastanoi pv. *savastanoi*（オリーブ olive knot）
Pseudomonas tolaasii（エノキタケ黒腐細菌病）
Pseudomonas viridiflava（レタス腐敗病）
Ralstonia solanacearum（ナス科植物（トマトなど）青枯病、タバコ立枯病）
Streptomyces acidiscabies（ジャガイモそうか病）
Streptomyces ipomoeae（サツマイモ立枯病）
Streptomyces scabiei（ジャガイモそうか病）
Streptomyces turgidiscabies（ジャガイモそうか病）
Xanthomonas albilineans（サトウキビ白すじ病）
Xanthomonas axonopodis pv. *glycines*（ダイズ葉焼病）
Xanthomonas axonopodis pv. *manihotis*（キャッサバ萎凋細菌病菌）
Xanthomonas axonopodis pv. *phaseoli*（インゲン葉焼病）
Xanthomonas axonopodis pv. *vitians*（レタス斑点細菌病）
Xanthomonas campestris pv. *campestris*（キャベツ黒腐病など）
Xanthomonas citri subsp. *citri*（カンキツかいよう病）
Xanthomonas citri pv. *malvacearum*（ワタ角点病）
Xanthomonas campestris pv. *mangiferaeindicae*（マンゴーかいよう病）
Xanthomonas campestris pv. *raphani*（ラディッシュ斑点細菌病など）
Xanthomonas arboricola pv. *pruni*（モモ穿孔細菌病）
Xanthomonas cucurbitae（カボチャ褐斑細菌病など）
Xanthomonas fragarie（イチゴ角斑細菌病）
Xanthomonas hortrum pv. *carotae*（ニンジン斑点細菌病）
Xanthomonas hyacinthi（ヒアシンス黄腐病）
Xanthomonas oryzae pv. *oryzae*（イネ白葉枯病）
Xanthomonas oryzae pv. *orizicola*（イネ条斑細菌病など）
Xanthomonas pisi（エンドウつる腐細菌病）
Xanthomonas vesicatoria（ピーマン斑点細菌）

著者略歴

加来　久敏（かく　ひさとし）
　　昭和45年3月：佐賀大学大学院　修士課程修了
　　昭和49年4月：農林省　中国農業試験場　環境部　病害第一研究室配属
　　昭和55年10月〜56年9月：米国ウイスコンシン大学客員研究員
　　昭和61年4月〜平成2年5月：熱帯農業研究センター　主任研究官，IRRIとの国際共同研究に参画
　　平成2年6月〜平成8年9月：農業生物資源研究所　微生物探索評価研究チーム長
　　平成8年10月〜平成18年3月：農業生物資源研究所　上席研究官
　　平成18年7月1日〜現在：（株）サカタのタネ　研究顧問

　学位
　　農学博士（東京大学）：「イネ品種の白葉枯病に対する抵抗反応に関する研究」

　受賞歴
　　日本植物病理学会賞「植物病原細菌の遺伝的多様性と感染機構に関する研究」
　　日本植物病理学会学術奨励賞「イネ品種の白葉枯病菌に対する抵抗反応に関する研究」
　　日本植物病理学会論文賞
　　トムソン・ロイター引用栄誉賞他

　著作
　　「微生物の事典」（朝倉書店，分担編集）
　　「Bcaterial blight of rice」（IRRI，分担執筆）
　　「微生物資源国際戦略ガイドブック」（サイエンスフォーラム，分担執筆）他

JCOPY <（社）出版者著作権管理機構 委託出版物>		
	2016年10月3日　第1版第1刷発行	

2016

植物病原細菌学

著者との申し合せにより検印省略

ⓒ著作権所有

定価(本体8800円＋税)

著作者　加来 久敏 (かく ひさとし)

発行者　株式会社 養賢堂
　　　　代表者　及川 清

印刷者　株式会社 真興社
　　　　責任者　福田 真太郎

発行所　〒113-0033 東京都文京区本郷5丁目30番15号
　　　　株式会社 養賢堂
　　　　TEL 東京 (03) 3814-0911　振替00120
　　　　FAX 東京 (03) 3812-2615　7-25700
　　　　URL http://www.yokendo.com/

ISBN978-4-8425-0553-4　C3061

PRINTED IN JAPAN　　製本所　株式会社 真興社

本書の無断複写は著作権法上での例外を除き禁じられています。複写される場合は、そのつど事前に、（社）出版者著作権管理機構（電話 03-3513-6969, FAX 03-3513-6979, e-mail:info@jcopy.or.jp）の許諾を得てください。